一冊に凝縮 いちばんやさしいワード超入門

Office 2024／Microsoft 365対応

大石賢治

SB Creative

本書に関するお問い合わせ

この度は小社書籍をご購入いただき誠にありがとうございます。小社では本書の内容に関するご質問を受け付けております。本書を読み進めていただきます中でご不明な箇所がございましたらお問い合わせください。なお、ご質問の前に小社Webサイトで「正誤表」をご確認ください。最新の正誤情報を下記Webページに掲載しております。

本書サポートページ　https://isbn2.sbcr.jp/31048/

上記ページの「サポート情報」をクリックし、「正誤情報」のリンクからご確認ください。
なお、正誤情報がない場合は、リンクは用意されていません。

ご質問送付先

ご質問については下記のいずれかの方法をご利用ください。

Webページより

上記サポートページ内にある「お問い合わせ」をクリックしていただき、メールフォームの要綱に従ってご質問をご記入の上、送信してください。

郵送

郵送の場合は下記までお願いいたします。

〒105-0001
東京都港区虎ノ門2-2-1
SBクリエイティブ 読者サポート係

はじめに

仕事で事務作業をする際、必ずといってよいほど利用するのが、ワードです。「ワードを使わずに仕事をしている会社はないのではないか」というほど、このアプリケーションは使われています。

ワードは、社内だけで回覧するようなちょっとした文書といった身近なものから、ビジネスの最前線で使われる分析レポートや見積書、請求書、営業成績報告書など、ありとあらゆる幅広いシーンで使われています。

本書は、
「仕事などで必要だけど、使い方がよくわからない……」

といったワードの超初心者に向けた1冊です。本書を読めば、自信を持ってワードの基本操作が行えるようになります。紙面はすっきり理解できるよう読みやすいデザインを採用し、また、操作の解説は重要な部分のみを簡潔に伝えるようにしました。文字の入力方法から、文書の作成、編集、保存、プリンターでの印刷まで、一通りが行えるようになります。各ステップを一つずつ学習してもよいですし、わからないところだけを読むのもよいでしょう。付録の練習用ファイルも存分に使ってください。

読者のみなさまがワードを快適に使えるようになれば幸いです。

2025年2月
大石 賢治

ご購入・ご利用の前に必ずお読みください

- 本書では、2025年2月現在の情報に基づき、ワードについての解説を行っています。
- 画面および操作手順の説明には、以下の環境を利用しています。ワードのバージョンによっては異なる部分があります。あらかじめご了承ください。
  ・ワード　：Office 2024
  ・パソコン：Windows 11
- 本書の発行後、ワードがアップデートされた際に、一部の機能や画面、操作手順が変更になる可能性があります。あらかじめご了承ください。

本書の使い方

本書は、これからワードをはじめる方の入門書です。61のレッスンを順番に行っていくことで、ワードの基本がしっかり身につくように構成されています。

紙面の見方

レッスン
本書は1～7章で構成されています。レッスンは1章から通し番号が振られています。

ここでの操作
レッスンで使用する操作を示しています。

手順
レッスンで行う操作手順を示しています。画面と説明を見ながら、実際に操作を行ってください。

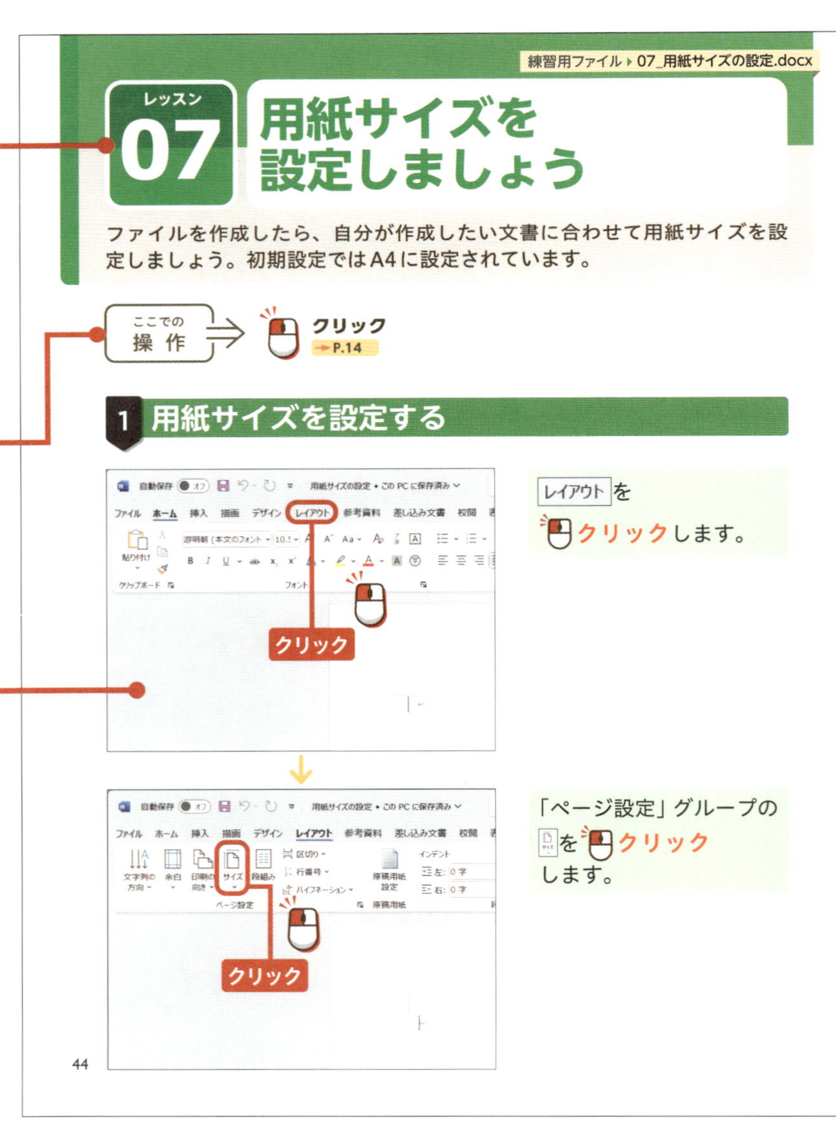

読みやすい！
書籍全体にわたって、読みやすい、太く、大きな文字を使っています。

安心！
一つひとつの手順を全部掲載。初心者がつまずきがちな落とし穴も丁寧にフォローしています。

役立つ！
多くの人がやりたいことを徹底的に研究し、仕事に役立つ内容に仕上げています。

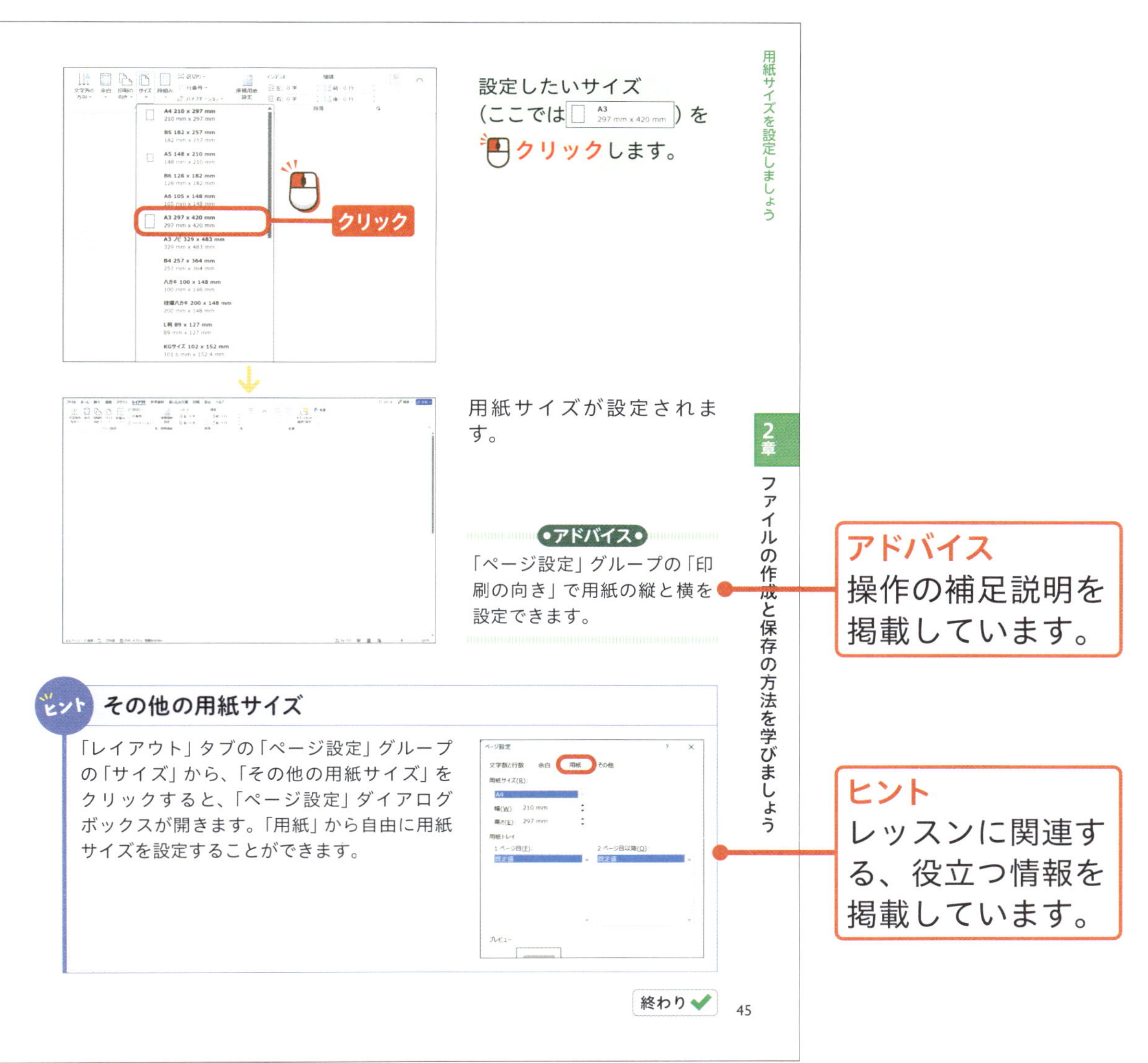

練習用ファイルの使い方

学習を進める前に、本書の各レッスンで使用する練習用ファイルをダウンロードしてください。以下のWebページからダウンロードできます。

練習用ファイルのダウンロード

https://www.sbcr.jp/support/4815630209/

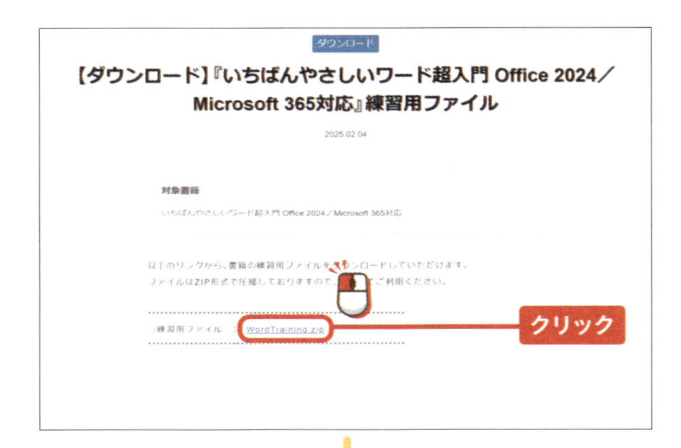

ここでは、Microsoft Edgeを使ったダウンロード方法を紹介します。

❶上記のURLを入力してWebページを開いて、「WordTraining.zip」をクリックしてダウンロードします。

※Microsoft Edgeのバージョンによっては「保存」をクリックしてダウンロードを行ってください。

❷「ファイルを開く」をクリックします。

※Microsoft Edgeのバージョンによっては「フォルダーを開く」をクリックして、「ダウンロード」フォルダーで「WordTraining.zip」をダブルクリックしてください。

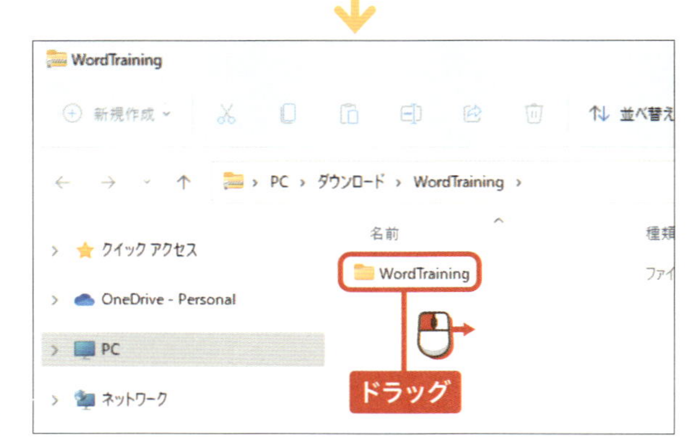

❸ZIPファイルの内容が表示されたら、「WordTraining」フォルダーをデスクトップなどの好きな場所に、ドラッグしてコピーしてください。

以降はコピーしたファイルをワードで開いて使用します。

練習用ファイルの内容

練習用ファイルの内容は下図のようになっています。ファイルの先頭の数字がレッスン番号を表します。なお、レッスンによっては練習用ファイルがない場合もあります。

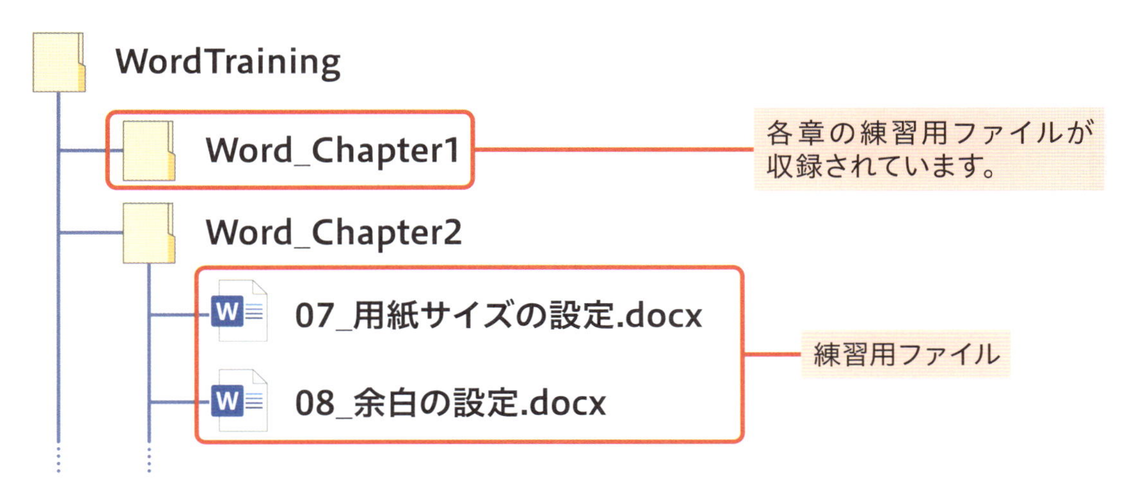

使用時の注意点

練習用ファイルを開こうとすると、画面の上部に警告が表示されます。これはインターネットからダウンロードしたファイルには危険なプログラムが含まれている可能性があるためです。本書の練習用ファイルは問題ありませんので、「編集を有効にする」をクリックして、各レッスンの操作を行ってください。

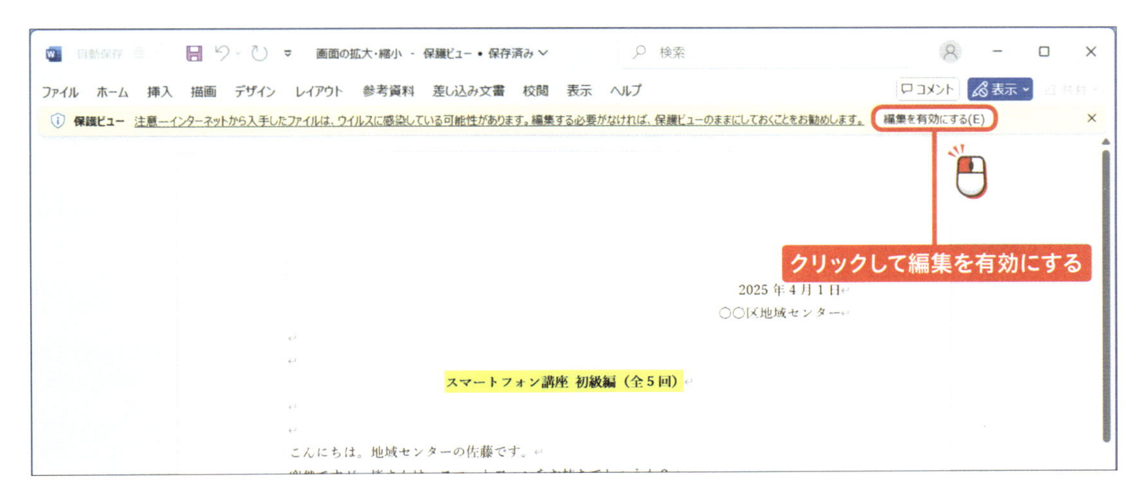

目次

1章 ワードの基本を学びましょう

2章 ファイルの作成と保存の方法を学びましょう

目次

3章 文書の作成と編集の方法を学びましょう

4章 文書のデザインを行いましょう

5章 写真や図形の挿入を学びましょう

目次

6章 表やグラフの挿入を学びましょう

7章 文書の印刷を行いましょう

学習の準備 1

マウス操作の基本を覚えましょう

ワードの操作では、マウスを使用する場面が多くあります。ここで、マウス操作の基本を身につけましょう。

1 クリック

マウスの左側のボタンを「カチ」と押す操作です。メニューやボタンによる操作の際や、ワードで文書内にマウスカーソルを置くときなどに使用します。マウス操作の中で、いちばん使う機会が多い操作です。

2 ダブルクリック

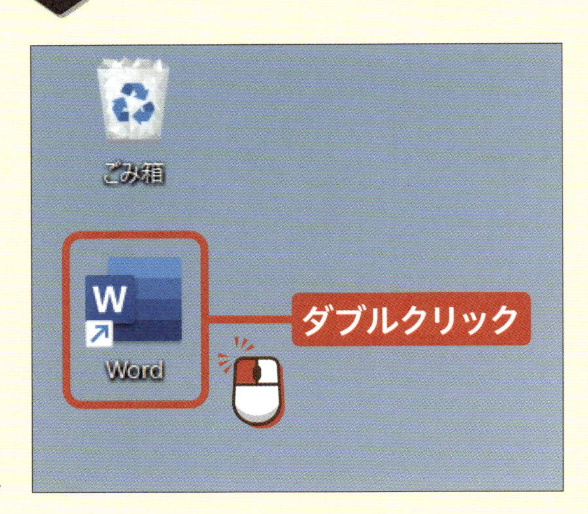

マウスの左側のボタンを「カチカチ」と素早く2回続けてクリックする操作です。デスクトップ画面のアイコンからワードを起動するときなどに使用します。

3 ドラッグ（&ドロップ）

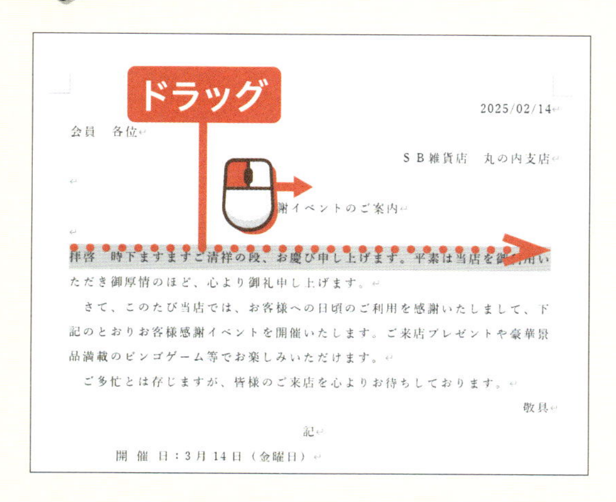

マウスの左側のボタンを押したまま、マウスを移動させる操作です。移動させた先で指を離す操作を「ドロップ」といいます。ワードで文字を選択するときなどに使用します。

4 右クリック

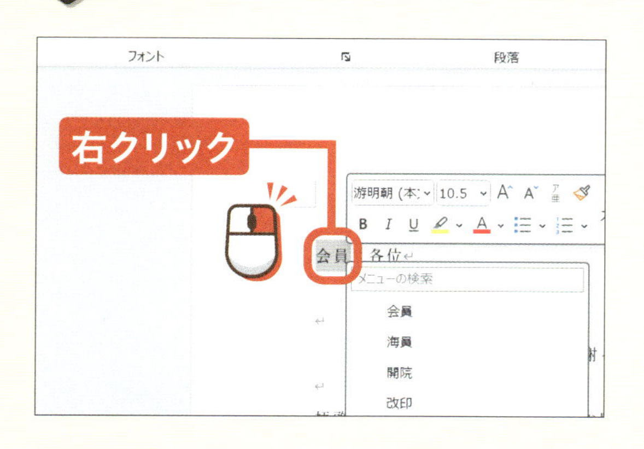

マウスの右側のボタンを「カチ」と押す操作です。ワードの画面内で行うと、操作メニューが表示されます。

5 ホイール

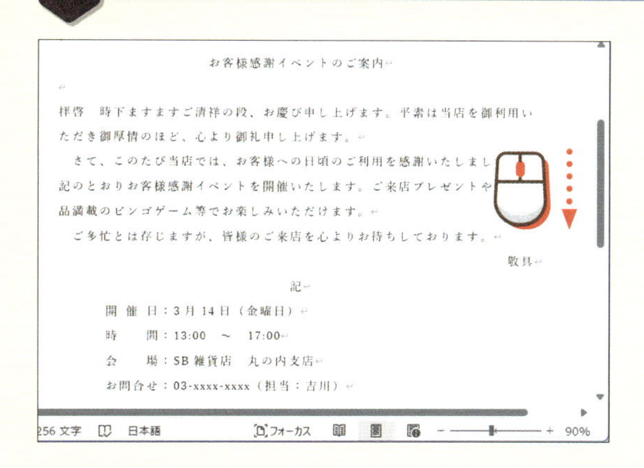

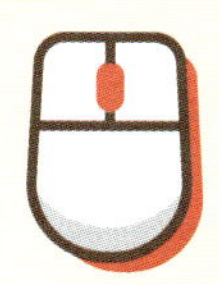

マウス中央にある回転する部分を「ホイール」といいます。これを上下に回転させることで、画面を上下にスクロールすることができます。また、キーボードのCtrlと組み合わせて画面の拡大・縮小をすることもできます。

学習の準備 2

キーボード操作の基本を覚えましょう

ワードでは、文字や数値などをキーボードから入力して文書を作成します。キーボード操作の基本を身につけましょう。

1 キーボードの基本

ここではキーボードの基礎について解説します。なお、入力については3章でも詳しく解説をしています。

デスクトップパソコンのキーボード

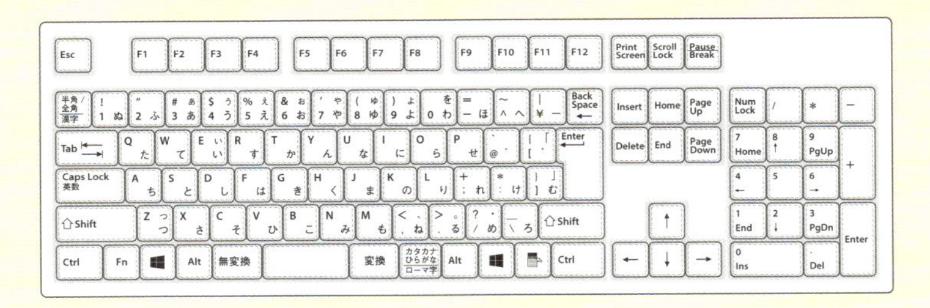

通常のキーボードの配列です。アルファベットとひらがなの書かれているキーで日本語を、数字の書かれているキーで数値を入力します。また、数値は右側にある電卓のようなキーでも入力することができます。

ノートパソコンのキーボード

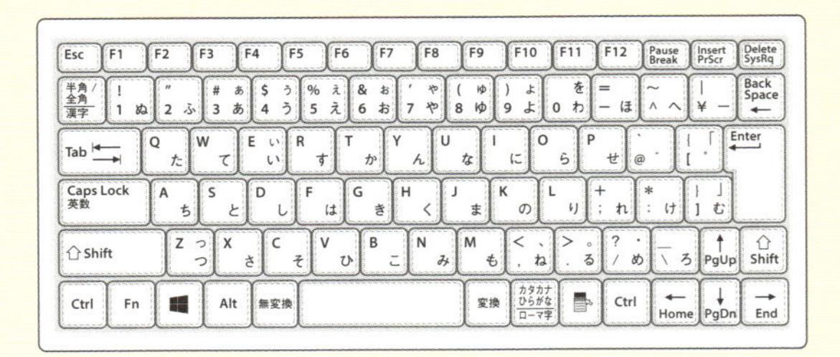

ノートパソコンのキーボードの配列です。多くの場合、デスクトップパソコンのキーボードとは違い、右側の電卓のようなキーがなくなっています。最上部のファンクションキーの幅が隙間なく配列されているのも特徴です。

2 数値の入力

数値の入力は、数字が書かれているキーを押して行います。

たとえば、1のキーを押すと、パソコン上で数字の「1」が入力されます。

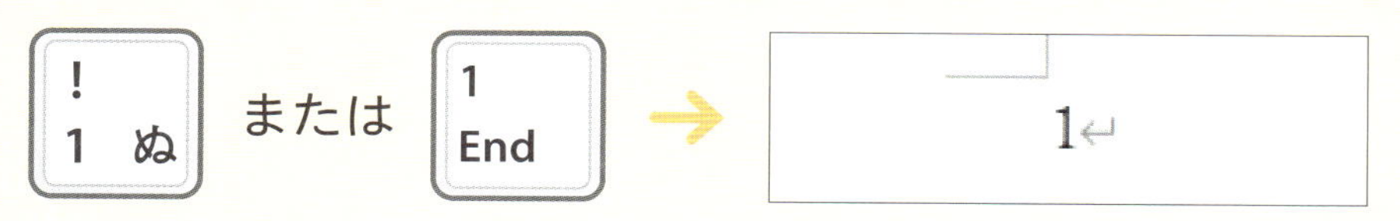

3 アルファベットの入力

アルファベットの入力は、アルファベットが書かれているキーを押して行います。

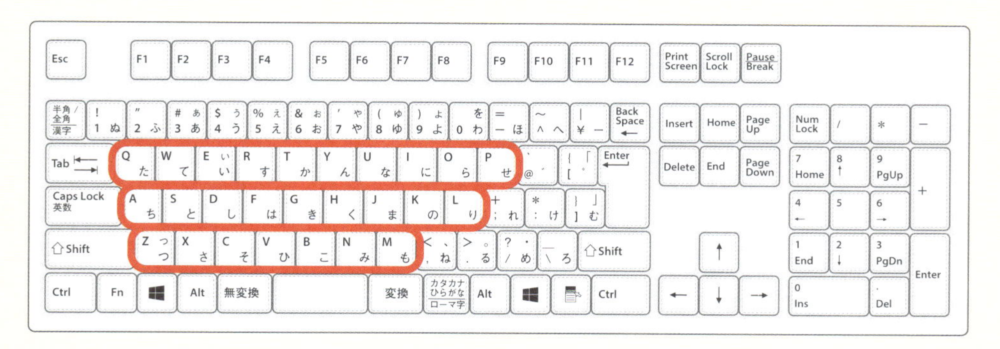

たとえば、Tのキーを押すと、パソコン上でアルファベットの「t」が入力されます（初期設定では小文字が入力されます）。

4 日本語の入力

日本語の入力は、アルファベットが書かれているキーを押して行います(ローマ字で入力の場合)。なお、「ひらがな」を使った入力についてはP.67を参照してください。

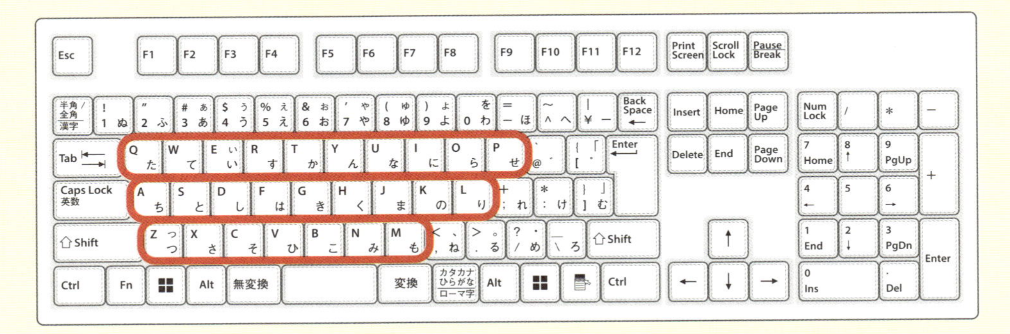

たとえば、Kのキーに続けてAのキーを押すと、パソコン上でひらがなの「か」が入力されます。

K の → A ち → か

ローマ字の母音

A	I	U	E	O
あ	い	う	え	お

ローマ字の子音

K	S	T	N	H
か行	さ行	た行	な行	は行

M	Y	R	W
ま行	や行	ら行	わ行

また小さい「ゃ」「ゅ」「ょ」を入力したい場合は、まず子音のキーを入力してから「Y」を入力し、その後に母音を入力します。たとえば、Tのキーに続けてYのキーを押し、その後にAのキーを押すと、「ちゃ」が入力されます。

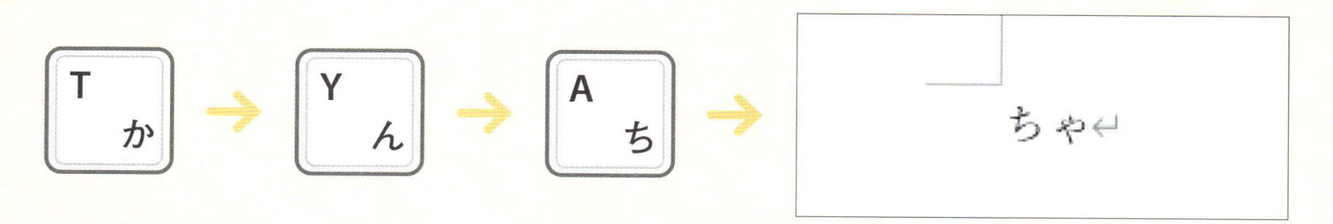

さらに小さい「っ」を入力したい場合は、子音のキーを2回入力してからその後に母音を入力します。たとえば、Sのキーを2回押してIのキーを押すと、「っし」が入力されます。

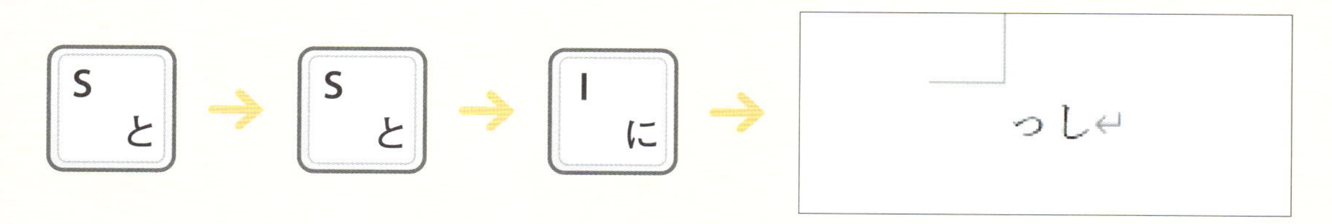

入力した日本語を漢字に変換したい場合は、変換またはSpaceを押しましょう。変換候補が表示されます（P.72を参照）。入力を確定したい場合はEnterを押しましょう。

入力モードの切り替えやローマ字入力とかな入力の切り替え、全角と半角の切り替えについては、3章で詳しく解説をしています。

学習の準備 3

ワードを導入するには？

ワードを導入するには、永続ライセンス版のOfficeを購入するか、サブスクリプションを契約する必要があります。

1 永続ライセンス版（Office 2024）

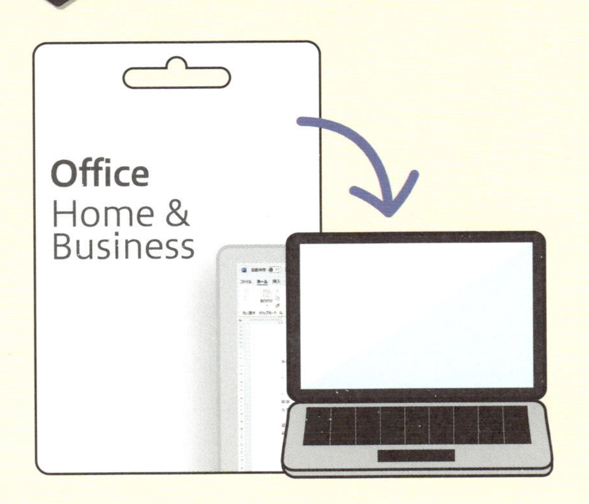

家電量販店やインターネットの通販サイトで購入ができる永続ライセンス版からは、「ワード2024」をインストールすることができます（本書ではこの2024版で解説しています）。永続ライセンス版は一度買えば永久に使い続けることができます。
購入後は永続ライセンス版に記載されている方法でパソコンにインストールしてから、ライセンス認証を行います。

2 サブスクリプション版（Microsoft 365）

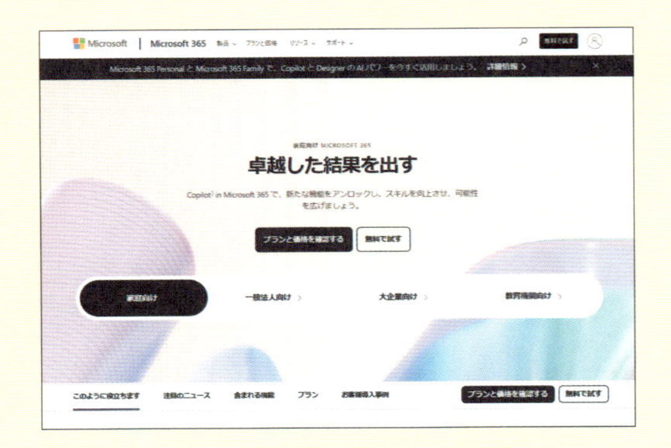

Microsoftの公式Webサイトから契約することのできるサブスクリプション版からは、「Microsoft 365」をインストールすることができます（この中にワードが含まれています）。サブスクリプションとは、月額もしくは年額を支払うことで、そのアプリやサービスを利用できる定額制のサービスです。契約を解除するとそのアプリやサービスを使うことができなくなります。
契約後は画面の指示に従ってパソコンにMicrosoft 365をインストールします。

1章

ワードの基本を学びましょう

レッスンをはじめる前に

ワードって何？

ワードは、パソコンで文書を作成するときに最も使われているワープロアプリケーションです。**ひらがなやカタカナ、漢字、英字や数字、記号などを入力して、文書を作成する**ことができます。

作成した文書は、**見出しの位置を変えたり、文字のサイズを変えたり、太字や斜体にしたりして、見やすくなるように調整する**こともできます。

本書では、ビジネス文書の作成を例に、ワードの使い方について解説をしていきます。

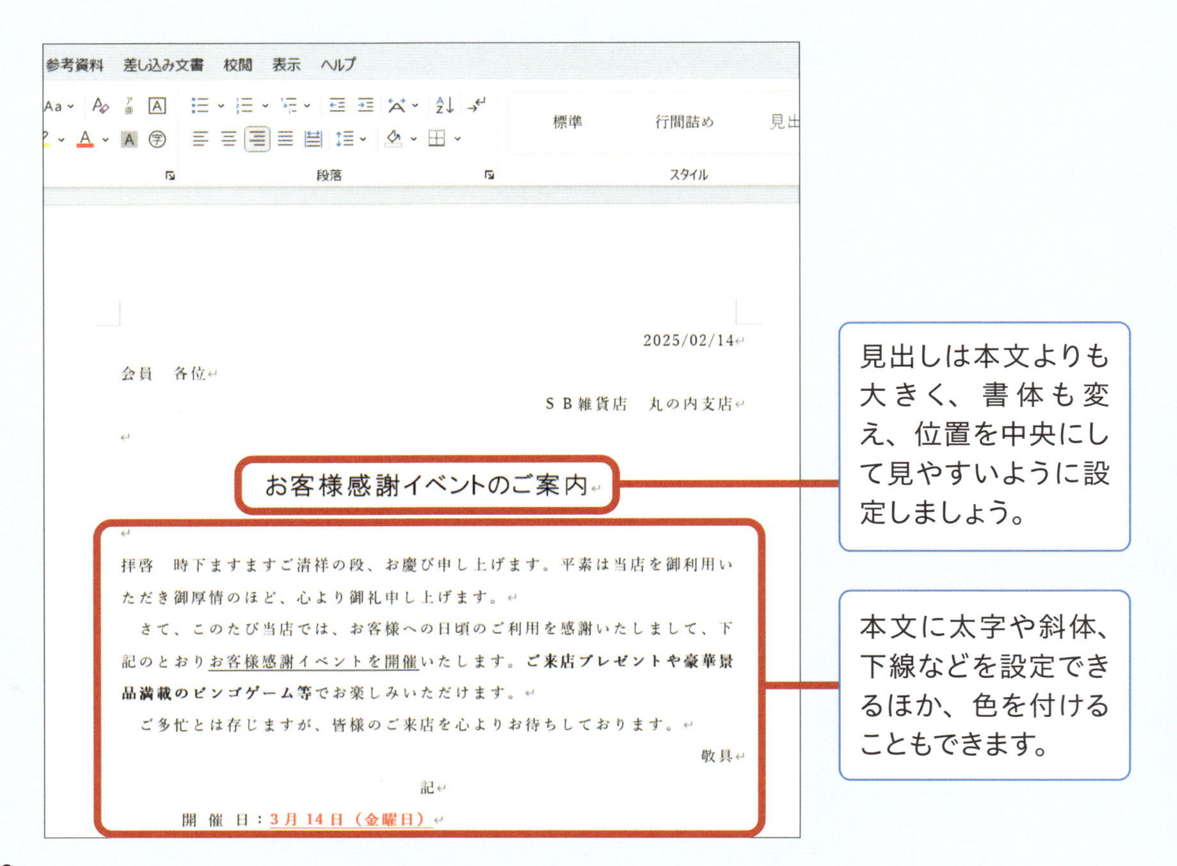

どのようなものが作れる？

ワードでは、さまざまな文書を作成することができます。章や節、項の見出しを付けて構成し、長文となるレポートや論文から、１枚程度の簡単な社内文書や報告書なども作成できます。また、本書では紹介していませんが、お店のチラシやサークルの案内、名刺、はがきの文面や宛名の印刷などの作成も行えます。

レポート

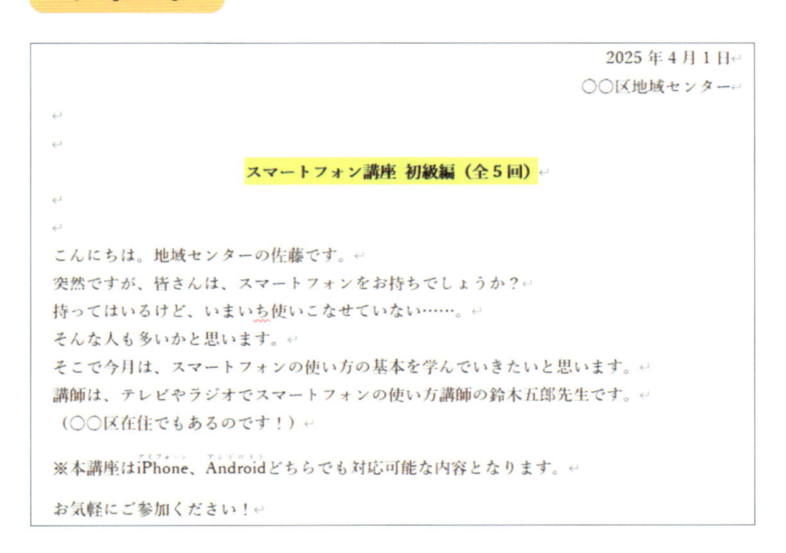

2025年4月1日
○○区地域センター

スマートフォン講座 初級編（全５回）

こんにちは。地域センターの佐藤です。
突然ですが、皆さんは、スマートフォンをお持ちでしょうか？
持ってはいるけど、いまいち使いこなせていない……。
そんな人も多いかと思います。
そこで今月は、スマートフォンの使い方の基本を学んでいきたいと思います。
講師は、テレビやラジオでスマートフォンの使い方講師の鈴木五郎先生です。
（○○区在住でもあるのです！）

※本講座はiPhone、Androidどちらでも対応可能な内容となります。

お気軽にご参加ください！

複数のページにわたる章、節、項で構成する長文のレポートや論文が作成できます。見出しの位置や大きさにメリハリを付け、読みやすい文書になるよう調整を行いましょう。

ビジネス文書

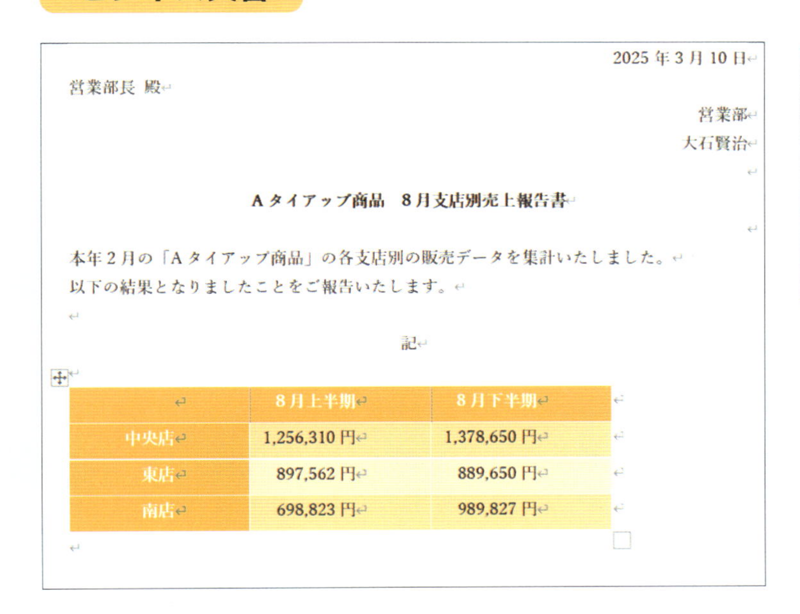

2025年3月10日

営業部長 殿

営業部
大石賢治

Aタイアップ商品　8月支店別売上報告書

本年２月の「Aタイアップ商品」の各支店別の販売データを集計いたしました。
以下の結果となりましたことをご報告いたします。

記

	8月上半期	8月下半期
中央店	1,256,310円	1,378,650円
東店	897,562円	889,650円
南店	698,823円	989,827円

社内のお知らせや報告書など、ビジネスシーンで使うビジネス文書は、表や写真の挿入、文字の装飾を利用して作成します。

レッスン
01 ワードでできることを確認しましょう

まずはワードで何ができるかを簡単に確認しましょう。大きく分けると、文書の作成、編集、調整、印刷が行えます。

1 文書を作成、編集する（3章）

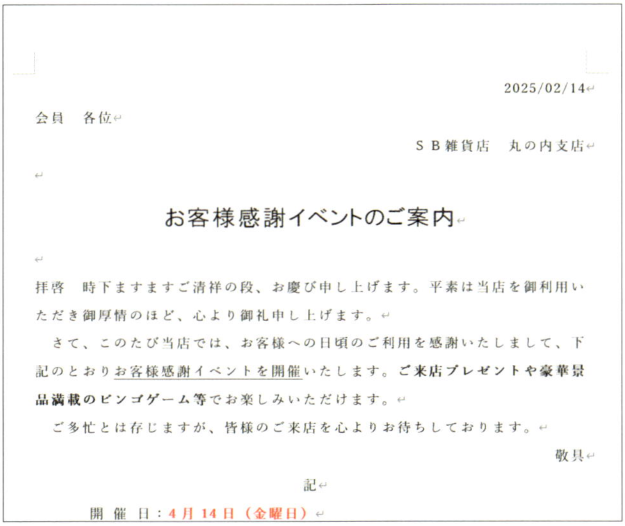

2025/02/14

会員　各位

ＳＢ雑貨店　丸の内支店

お客様感謝イベントのご案内

拝啓　時下ますますご清祥の段、お慶び申し上げます。平素は当店を御利用いただき御厚情のほど、心より御礼申し上げます。

さて、このたび当店では、お客様への日頃のご利用を感謝いたしまして、下記のとおりお客様感謝イベントを開催いたします。**ご来店プレゼントや豪華景品満載のビンゴゲーム等**でお楽しみいただけます。

ご多忙とは存じますが、皆様のご来店を心よりお待ちしております。

敬具

記

開催日：4月14日（金曜日）

ひらがな、カタカナ、漢字、アルファベットなどの文字や数字を入力して、文書を作成することができます。

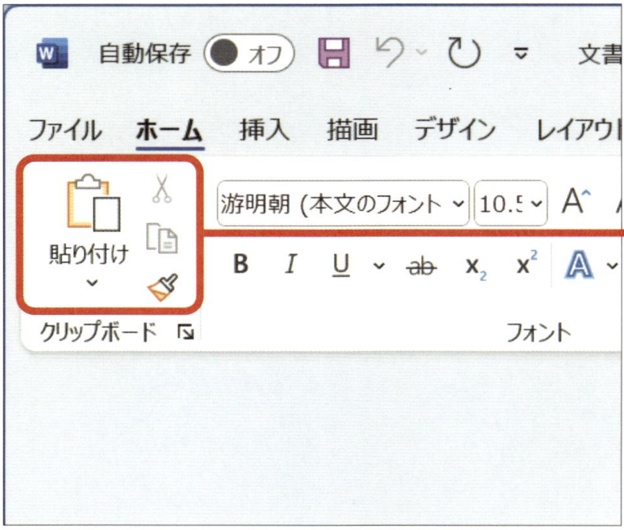

作成した文書は修正・削除したり、コピー・移動などを行ったりして、編集することができます。

2 文書をデザインする（4章）

文書を読みやすくするよう、文字の書式やサイズを変えたり、太字や斜体といった装飾を加えてデザインすることができます。

そこで今月は、スマートフォンの使い方の基本を学んでいきたい
講師は、テレビやラジオでスマートフォンの使い方講師の鈴木五
（○○区在住でもあるのです！）
※本講座はiPhone、Androidどちらでも対応可能な内容となりま
お気軽にご参加ください！
●鈴木五郎先生プロフィール
1978年生まれ。スマートフォンの使い方の先生としてテレビや
籍も多数出版。わかりやすい教え方が好評。
・開催日：毎週金曜日3時より開催（出入り自由）
・参加料：無料
・場所：地域センター中会議室
・申し込み：2枚目の申し込み書を受付の佐藤まで

ふりがなを振る

（○○区在住でもあるのです！）
※本講座はiPhone（アイフォーン）、Android（アンドロイド）どちら
お気軽にご参加ください！

取り消し線を引く

記
開催日：3月14日（金曜日）
時間：13:00 ～ ~~17:00~~ 18:00
会場：SB雑貨店　丸の内支店
お問合せ：*03-xxxx-xxxx*（担当：吉川）

見出し位置を調整する

2025/02/14
会員　各位
SB雑貨店　丸の内支店
お客様感謝イベントのご案内
拝啓　時下ますますご清祥の段、お慶び申し上げます。平素は当店を御利用いただき御厚情のほど、心より御礼申し上げます。
さて、このたび当店では、お客様への日頃のご利用を感謝いたしまして、下記のとおりお客様感謝イベントを開催いたします。**ご来店プレゼントや豪華景品満載のビンゴゲーム**等でお楽しみいただけます。

箇条書きを作成する

★ビンゴゲーム景品★

- 1等　1万円分クーポン券　1名
- 2等　5千円分クーポン券　5名
- 3等　人気商品詰め合わせセット　10

次のページへ

3 文書に写真や表を挿入する（5,6章）

文書に、パソコン内に保存している写真、エクセルで作成した表やグラフなどを挿入することができます。
ワードの機能を利用して、表を作成することも可能です。

Aタイアップ商品　8月支店別売上報告書

本年2月の「Aタイアップ商品」の各支店別の販売データを集計いたしました。
以下の結果となりましたことをご報告いたします。

記

	8月上半期	8月下半期
中央店	1,256,310円	1,378,650円
東店	897,562円	889,650円
南店	698,823円	989,827円

名前	住所	電話	メール
田中太郎	静岡県静岡市123	111-111-1111	yamada@△△△.co.jp
鈴木貴志	熊本県熊本市456	222-222-2222	suzuki@△△△.co.jp
佐藤明	愛媛県松山市789	333-333-3333	akisato@△△△.co.jp
高橋浩志	長野県長野市890	444-444-4444	hirositaka@△△△.co.jp

表

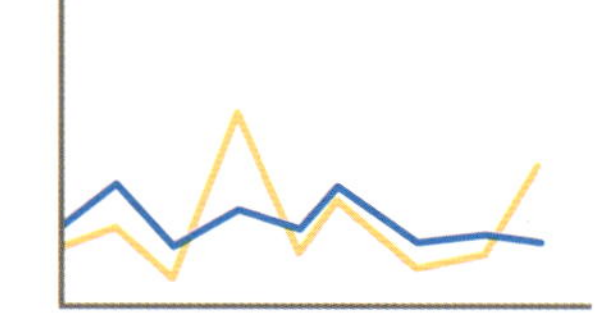

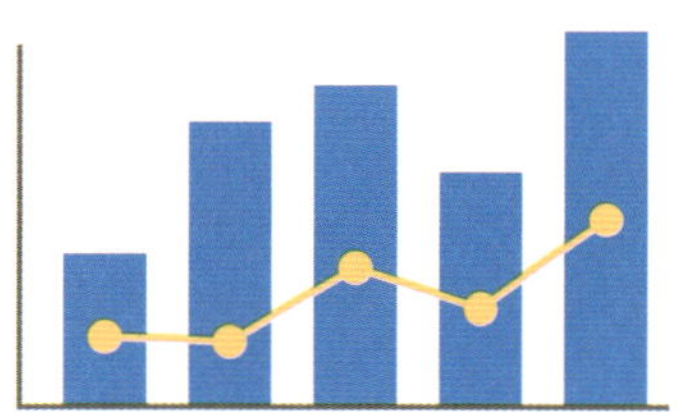

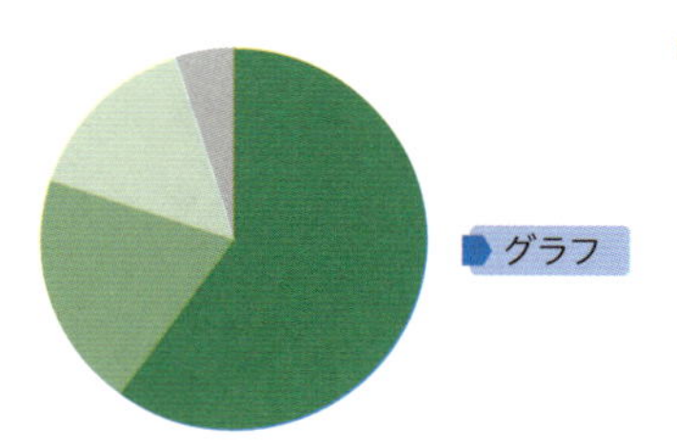

グラフ

写真

4 文書を印刷する（7章）

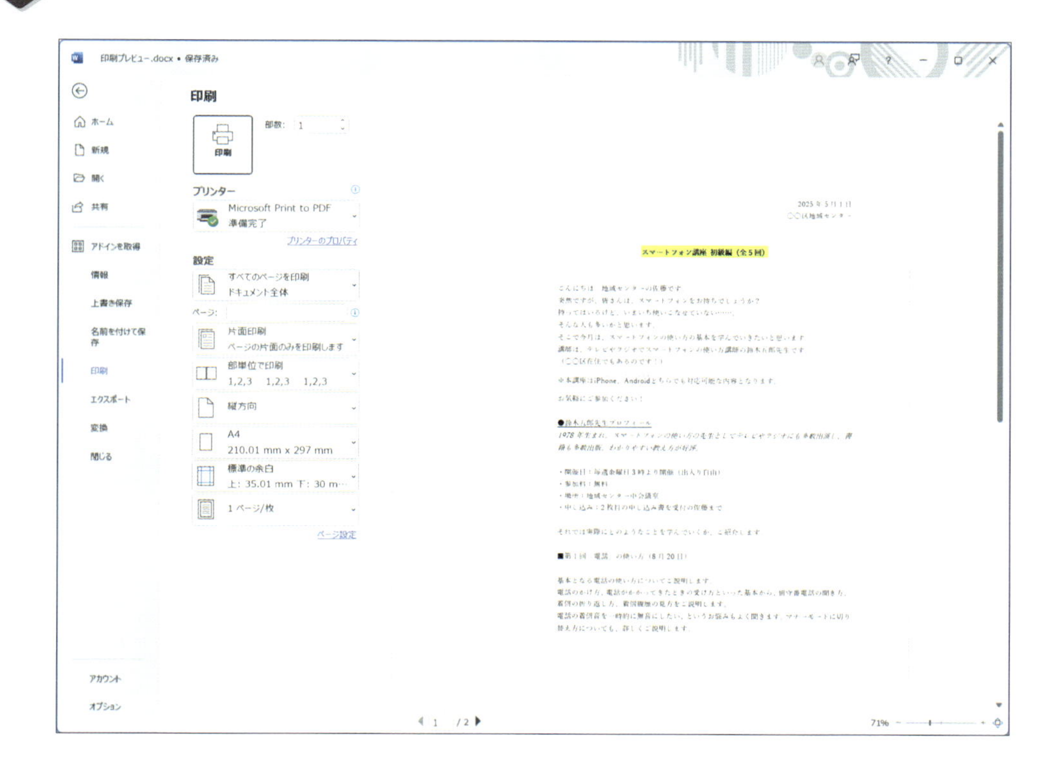

文書を作成したら、印刷を行いましょう。印刷範囲を限定したり、1枚の用紙に複数のページを印刷したりするなど、印刷に使える機能は多数あります。
紙に印刷する以外にも、PDF形式で出力することもできます。メールでファイルを送るときなど、PDFファイルにする頻度は多いでしょう。

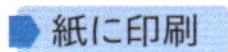
紙に印刷

PDFに出力

終わり

レッスン 02

ワードの起動と終了の方法を覚えましょう

まずはワードの起動と終了の方法を覚えましょう。ここでは、スタート画面から起動する方法を解説します。

クリック →P.14

入力 →P.16

1 スタート画面から起動する

パソコンを起動してデスクトップ画面を表示します。

デスクトップ画面の下側にある［スタート］をクリックします。

［すべて ＞］をクリックして、アプリケーションの一覧から［Word］をクリックします。

ワードが起動して、ホーム画面が表示されます。

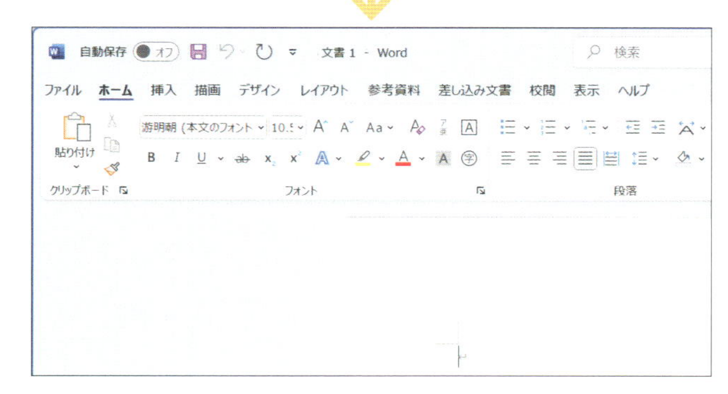

文書作成画面が表示されます。

ヒント Microsoftアカウントの作成方法

Officeソフトを使うにはMicrosoftアカウントを取得し、Officeソフトを購入する必要があります。Microsoftアカウントは、インターネットブラウザーでMicrosoftのWebサイト「https://account.microsoft.com/account」にアクセスし、「アカウントを作成する」をクリックして作成することができます。アカウントはメールアドレスがなくても無料で作成することができます。なお、アカウントを作成してサインインをすればOneDriveを使うこともできます。

次のページへ

2 パソコン内を検索して起動する

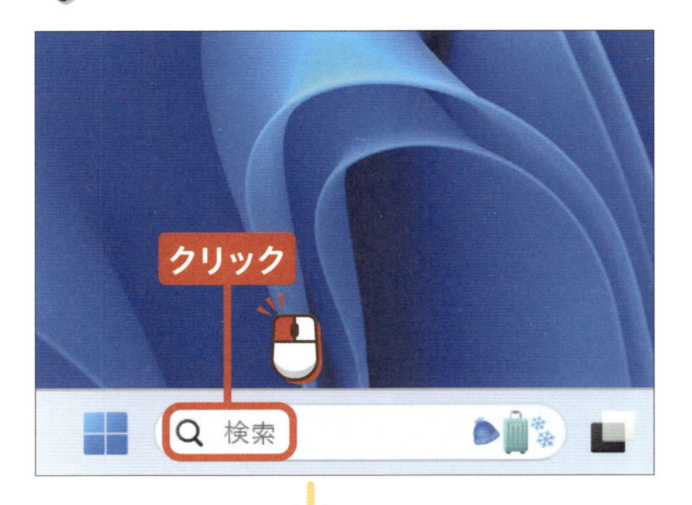

パソコンを起動してデスクトップ画面を表示します。

デスクトップ画面の下側にある 検索 をクリックします。

入力欄に「ワード」と入力します。

検索された一覧から Word アプリ をクリックします。

ワードが起動してホーム画面が表示されるので、白紙の文書を選択します。

アドバイス

文字の入力はP.16と3章を参照してください。

3 ワードを終了する

ワードの画面右上にある☒を🖱クリックします。

アドバイス

☒にマウスポインターを重ね合わせると、色が☒に変わりますが、問題ありません。

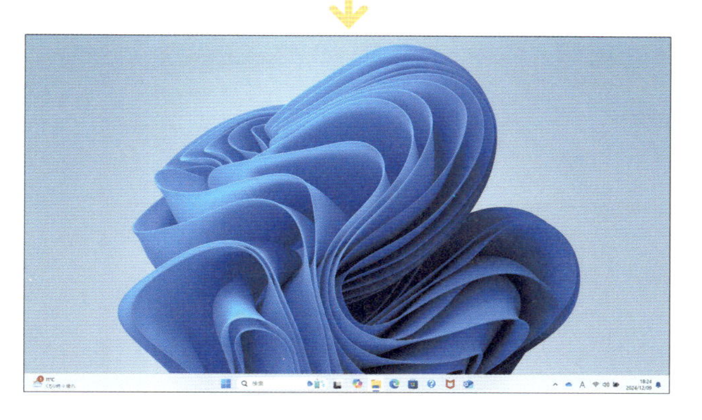

ワードが終了します。

ヒント 「変更を保存しますか?」と表示された場合

終了する際に、「〇〇に対する変更を保存しますか?」と表示される場合があります。
これは、文書作成画面に何か入力や変更、編集などを行った際に、保存せずに終了しようとすると表示されます。
表示された場合は、「保存」または「保存しない」のどちらかを選択しましょう。

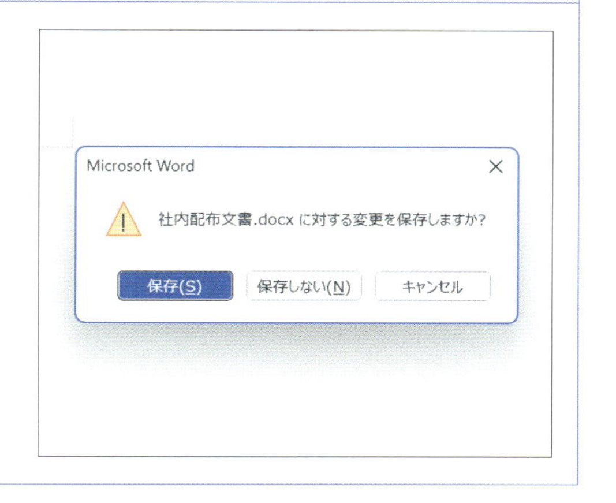

終わり✔

レッスン
03 ワードの画面の見方と役割を知りましょう

ワードを起動したら、画面の見方を覚えましょう。ここでは、起動時の画面と実際の文書作成画面について解説します。

1 起動画面を確認する

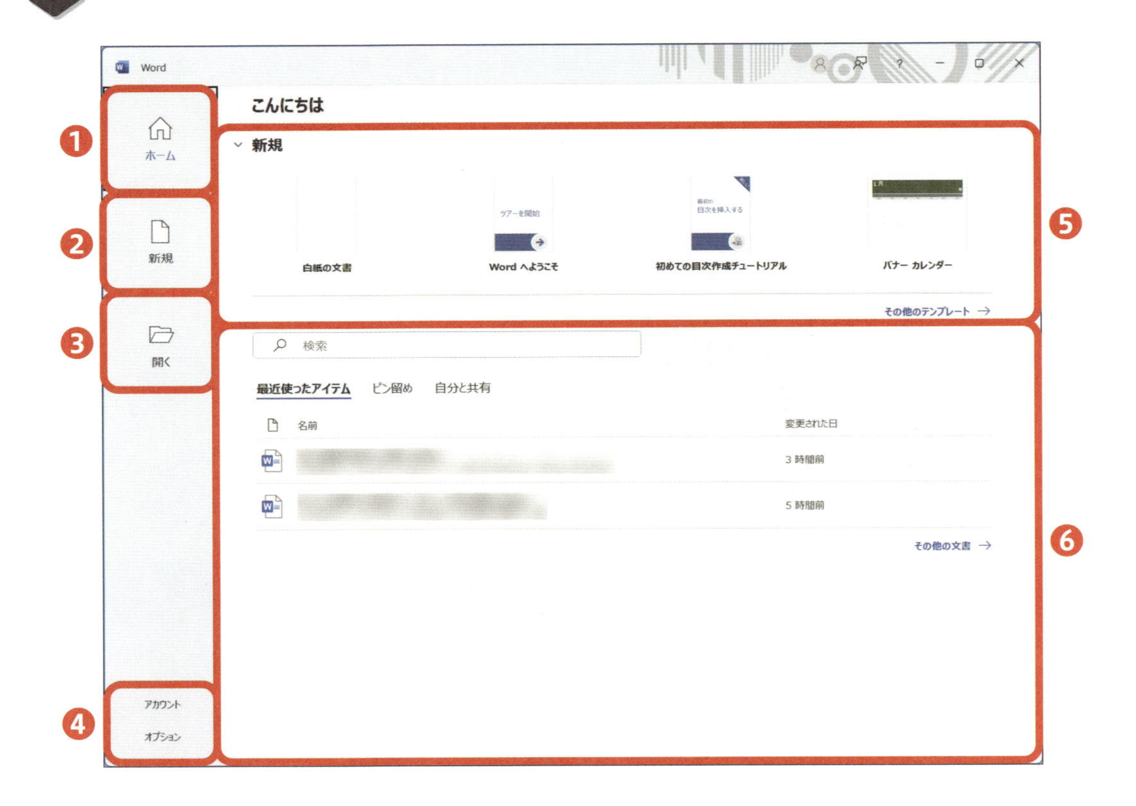

❶ホーム画面（起動画面）が表示されます。

❷新規にワードの文書作成画面を開くことができます。

❸過去に作成・保存したワードファイルを選択して開くことができます。

❹ワードのオプション画面やアカウント情報を開くことができます。

❺「新規」のショートカット画面です。ここに表示されているテンプレートによって文書作成画面を開くことができます。

❻最近開いたファイルなどが一覧で表示されます。

2 文書作成画面を確認する

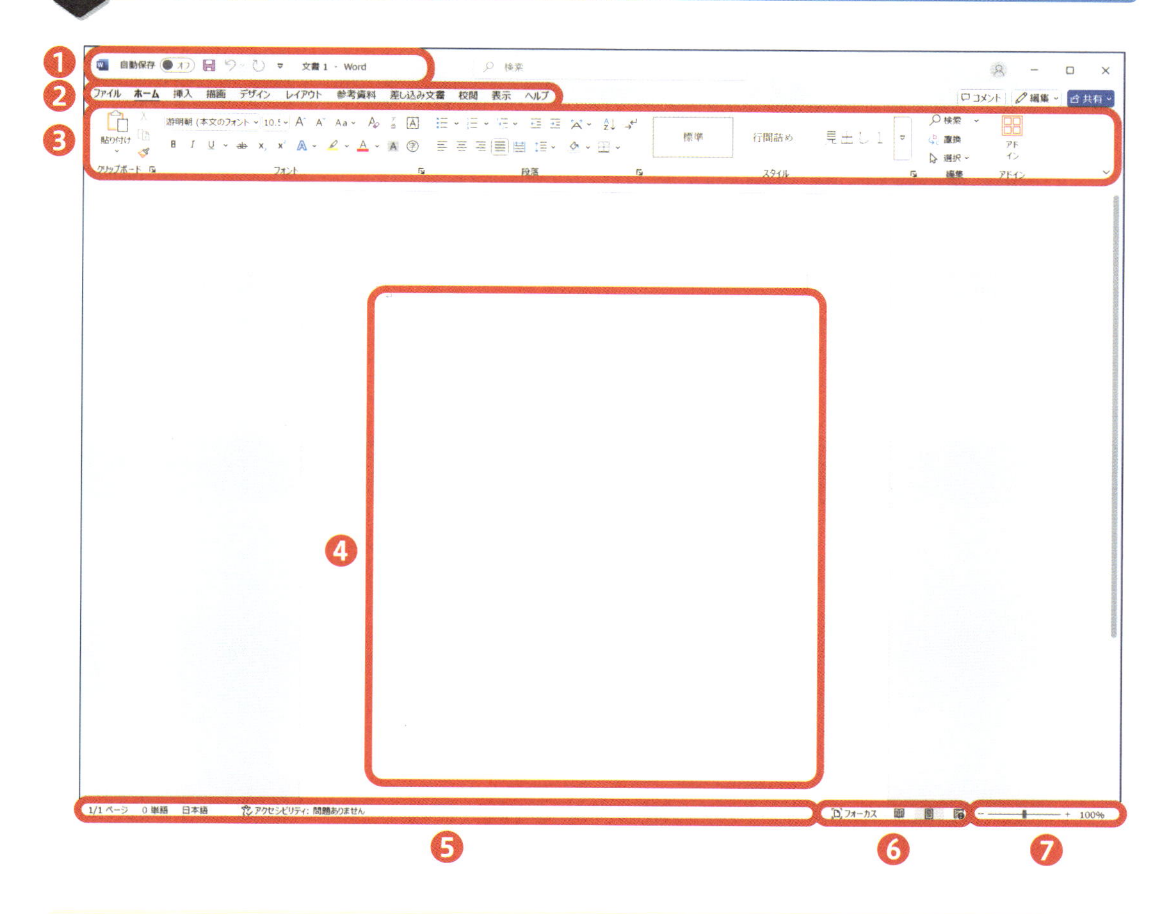

❶「クイックアクセスツールバー」です。初期設定では、「上書き保存」のアイコンが表示されています。

❷「タブ」が表示されています。それぞれのタブをクリックすることで、対応する「リボン」がその下に表示されます。

❸「リボン」が表示されています。リボンに表示された項目を選択すると、対応する機能が実行されます。リボンは機能の種類ごとに「グループ」に分けられています。

❹編集領域です。文字を入力するなど、文章を作成する領域になります。

❺「ステータスバー」です。ページ数や文字数、言語など、文書の作成状態を確認できます。

❻表示選択ショートカットが表示されています。ショートカットを選択すると、文書の表示モードを切り替えることができます。

❼作成中の文書の表示を拡大・縮小することができます。

終わり ✔

練習用ファイル ▶ 04_画面の拡大・縮小.docx

レッスン 04 画面を拡大・縮小しましょう

ワードの文書作成画面では、文書の一部分を確認するために画面を拡大したり、全体を確認するために縮小したりすることができます。

クリック →P.14

1 画面を拡大する

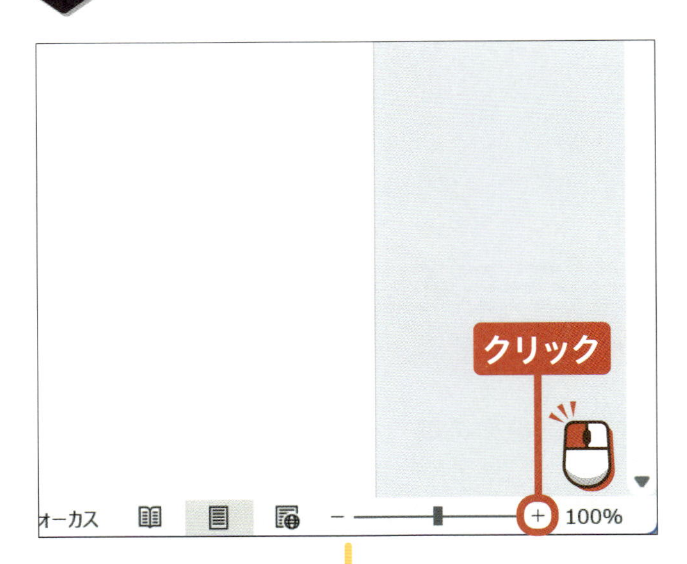

スライド画面の右下にある[＋]をクリックします。

アドバイス

右下の中央にある[▮]を右に動かす(ドラッグする)ことでも拡大できます。

スマートフォン講座 初級編（全５回）

こんにちは。地域センターの佐藤です。
突然ですが、皆さんは、スマートフォンをお持ちでしょうか？
持ってはいるけど、いまいち使いこなせていない……。
そんな人も多いかと思います。

画面が拡大されます。なお、クリックした回数が多いほど画面の拡大率が上がります。

アドバイス

最大で500％まで画面を拡大できます。

2 画面を縮小する

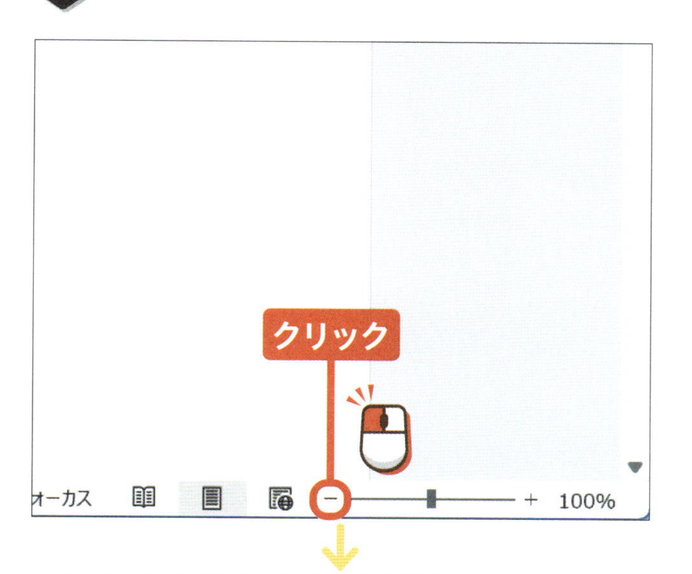

スライド画面の右下にある[ー]をクリックします。

●アドバイス●

右下の中央にある[▮]を左に動かす（ドラッグする）ことでも縮小できます。

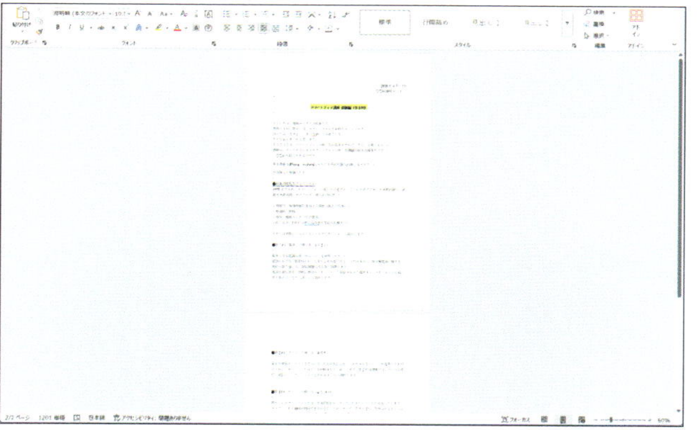

画面が縮小されます。なお、クリックした回数が多いほど画面の縮小率が上がります。

●アドバイス●

最小で10％まで画面を縮小できます。

ヒント そのほかの拡大・縮小方法

そのほかにもキーボードの[Ctrl]を押しながら、マウスのホイールを上下に回すことでも拡大・縮小ができます。
上に回すことで拡大、下に回すことで縮小となります。なお、この操作はワード以外のOfficeソフトや、インターネットブラウザーなどのアプリケーションでも行うことができます。

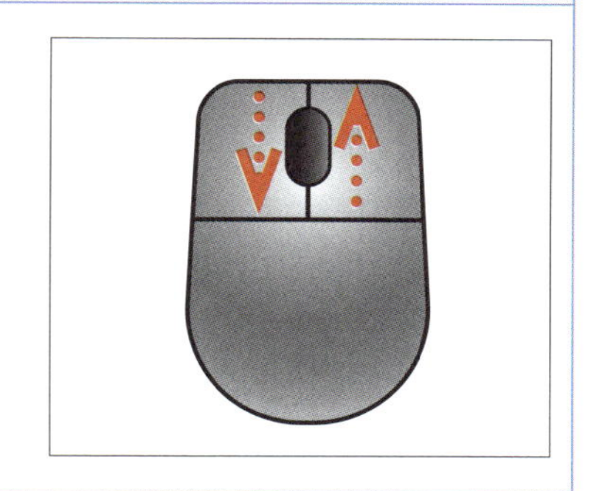

終わり

ステップアップ

Q. スタート画面から選択する以外にワードを起動する方法はあるの？

A. デスクトップ画面のワードのアイコンをダブルクリックします。

ワードを起動する際に、いちいちスタート画面を表示して選択するのは大変だ、という場合、デスクトップ画面にワードのショートカットを作成すると、アイコンをダブルクリックするだけで簡単に起動することができます。また、タスクバーにワードをピン留めすると、タスクバーには常にワードのアイコンが表示されるようになります。こちらをクリックすることでもワードを起動できるようになります。

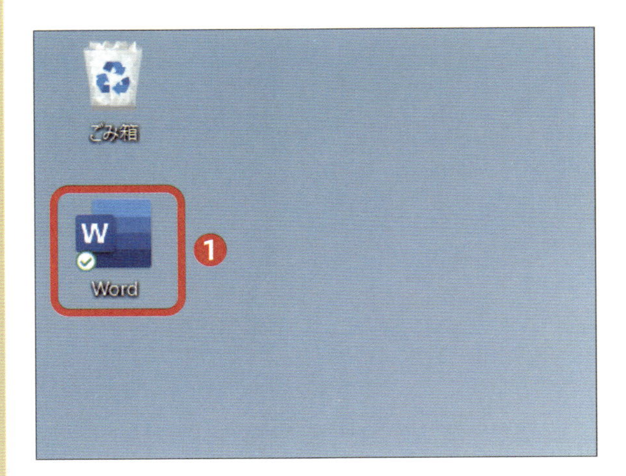

デスクトップ画面にワードのショートカットを作成している場合は、ショートカットアイコン❶をダブルクリックします。

タスクバーにワードをピン留めしている場合は、アイコン❷をクリックします。

2章

ファイルの作成と保存の方法を学びましょう

2章 ファイルの作成と保存の方法を学びましょう

レッスンをはじめる前に

ファイルを新規で作成しましょう

ワードで文書を入力するために、最初にファイルを新規で作成しましょう。新規で作成したファイルは何も入力がされていない、白紙の状態で表示されます。ここから文字を入力し、文書を作成していきます。
作成した文書のファイルは保存をしておかないと、次にファイルを開いたときにもう一度文字などを入力し直さないといけません。ファイルを保存しておけば、入力が途中になってしまっても続きから再開することができたり、保存したファイルをほかの人に渡して確認してもらったりすることができます。保存する際は、自分がわかるように名前を付けて保存しましょう。ほかの人に渡すファイルには、相手にもわかるような名前を付けるとよいでしょう。編集を更新する「上書き保存」もできます。

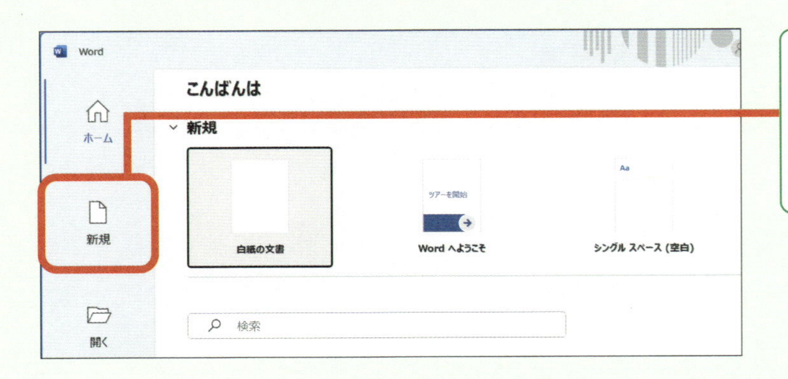

ワードを起動したら「新規」をクリックして、白紙の文書ファイルを作成します。

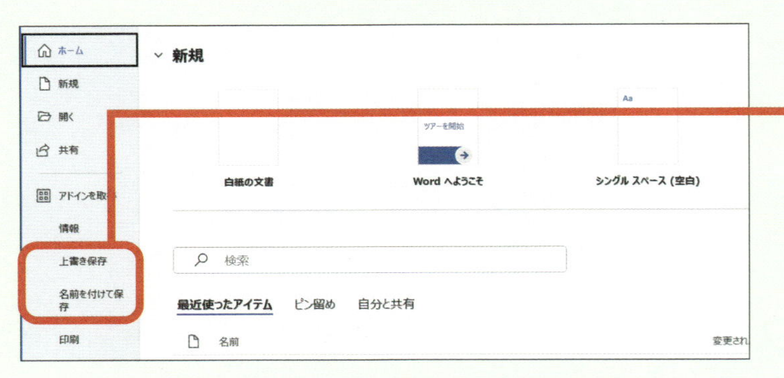

作成した文書ファイルは、「上書き保存」または「名前を付けて保存」をクリックして保存します。

保存したファイルを開きましょう

保存したファイルを開くと、途中まで作成していた文書ファイルが表示され、続きの作業を再開することができます。たとえば、やむを得ず文書の入力作業を中断したときなどは、その翌日などに再び作業の続きを開始することができます。また、ほかの人から受け取ったファイルを開いて、文書を編集するということもできます。

ワードを起動したら「開く」をクリックし、保存されている文書ファイルを開きます。

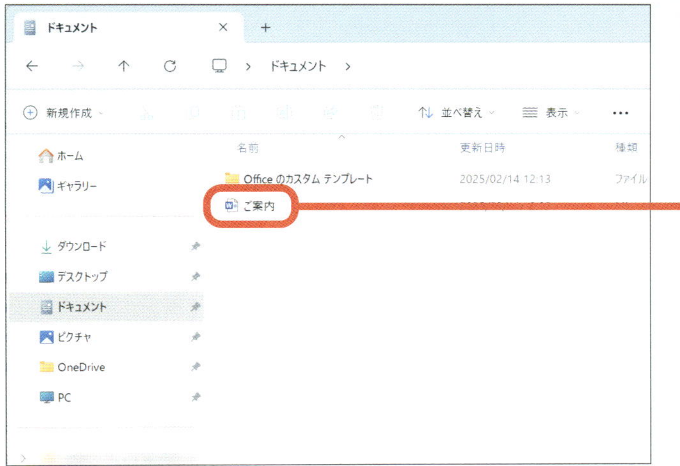

パソコン内に保存されている文書ファイルを開くことができます。

レッスン 05

ファイルを新規作成しましょう

ワードで文書を作成する前に、まずは新規でファイルを作成しましょう。今回は何も入力されていない状態のファイルを作成します。

クリック
→P.14

1 ファイルを新規作成する

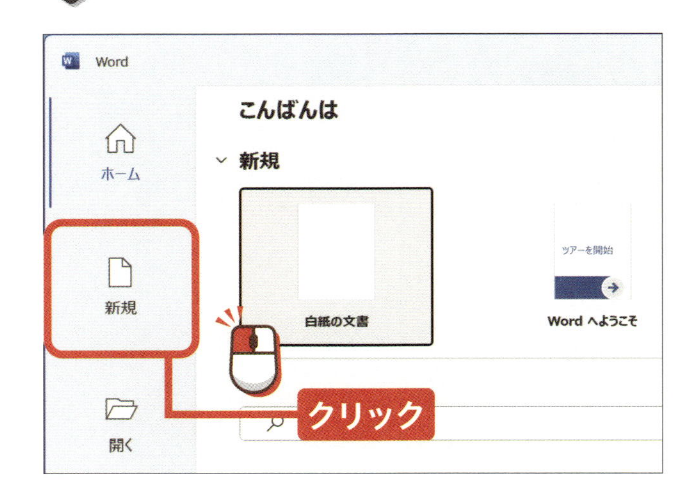

ワードを起動して、ホーム画面を表示します。

を

クリックします。

ヒント すでに文書を開いている場合

すでに文書を開いている場合は、「ファイル」タブをクリックするとホーム画面が表示されます。

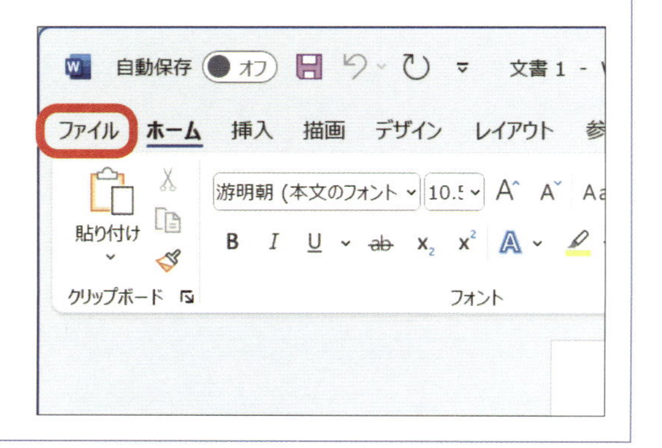

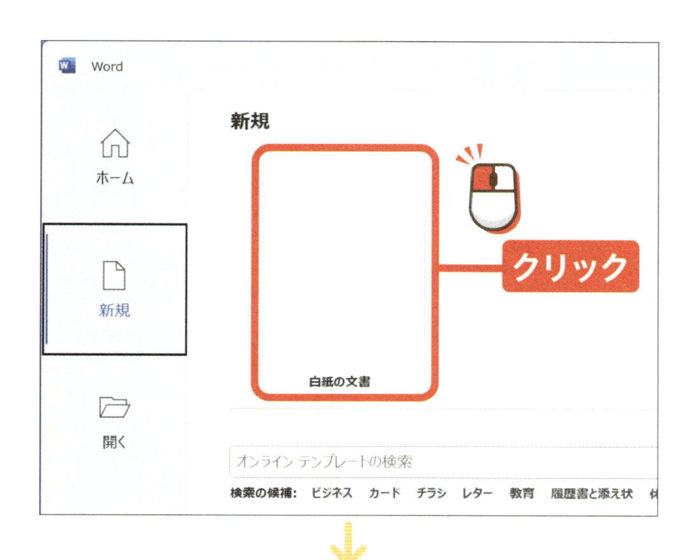

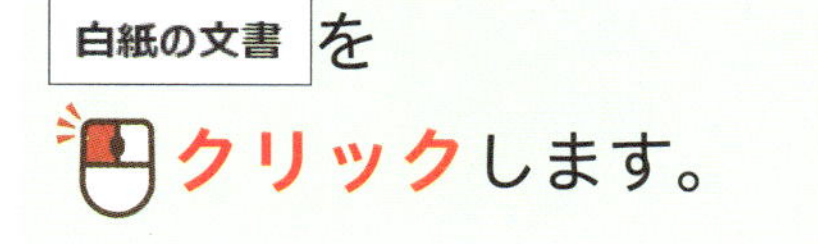

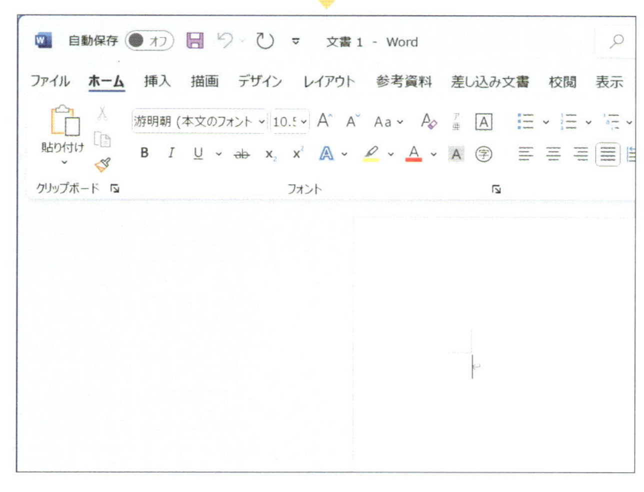

新規でファイルが作成され、ワードの文書作成画面が表示されます。

•アドバイス•

ホーム画面の「開く」から、保存されたファイルを開くことができます（詳しくはP.58を参照）。

ヒント ショートカットキーで白紙の文書を新規作成する

文書を開いている状態で、キーボードのCtrlとNを同時に押すと、新規の白紙の文書作成画面が表示されます。

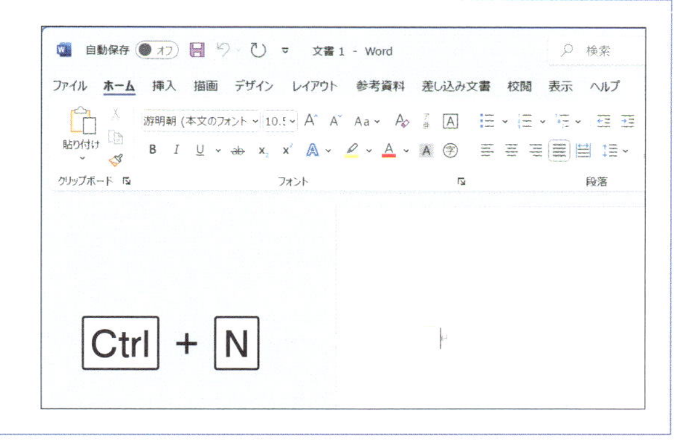

終わり

レッスン 06

テンプレートから新規作成しましょう

ワードには、ビジネスに使えるテンプレートがたくさん用意されています。テンプレートからファイルを作成してみましょう。

1 テンプレートからファイルを作成する

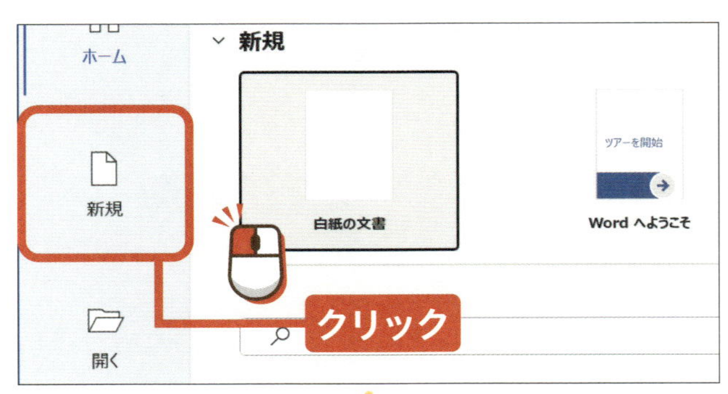

ワードを起動します。

を

クリックします。

オンライン テンプレートの検索 に作成する文書の内容に関するキーワード（今回は「ビジネス」）を入力します。

アドバイス

文字の入力についてはP.16と3章を参照ください。

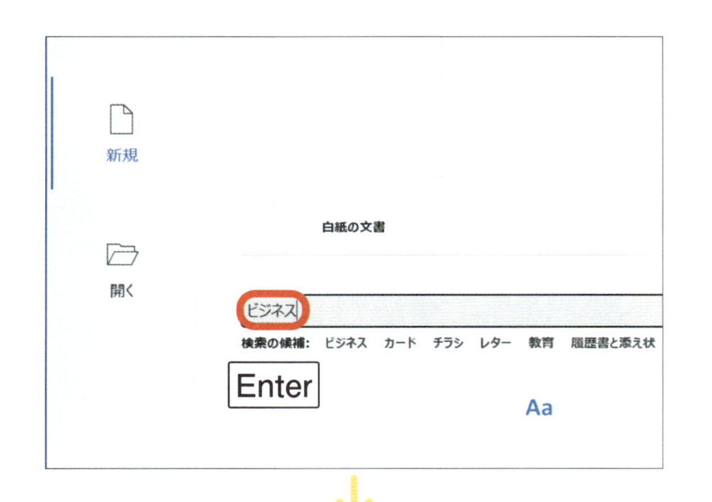

入力が完了したら、キーボードのEnterを押します。

利用したいテンプレートをクリックします。

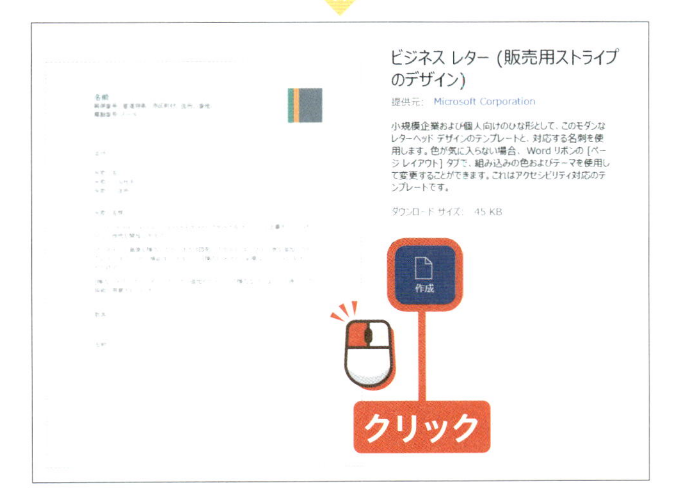

作成をクリックします。

終わり

練習用ファイル ▶ 07_用紙サイズの設定.docx

レッスン 07

用紙サイズを設定しましょう

ファイルを作成したら、自分が作成したい文書に合わせて用紙サイズを設定しましょう。初期設定ではA4に設定されています。

ここでの操作

→P.14

1 用紙サイズを設定する

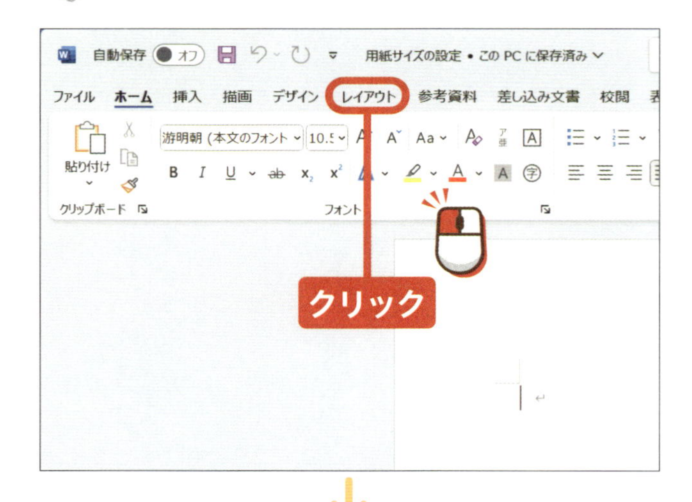

レイアウト を クリックします。

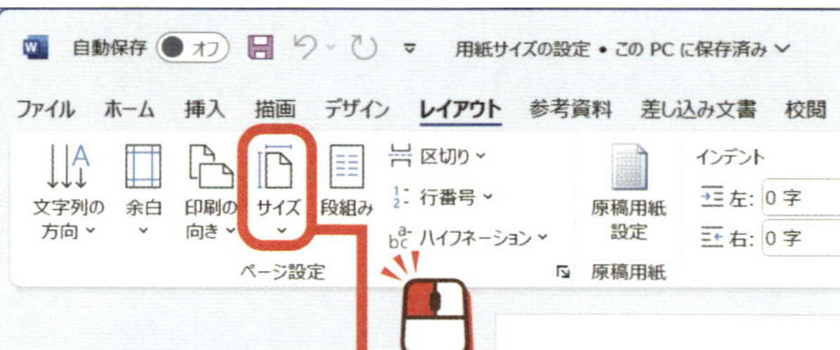

「ページ設定」グループの サイズ を クリックします。

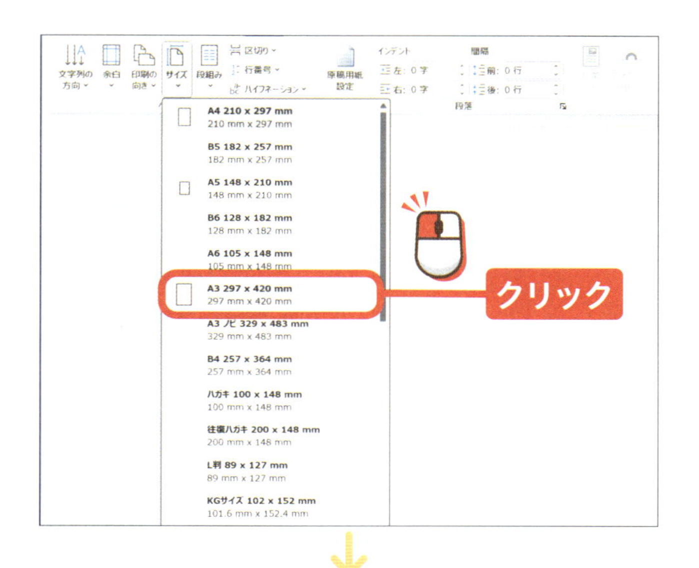

設定したいサイズ（ここでは 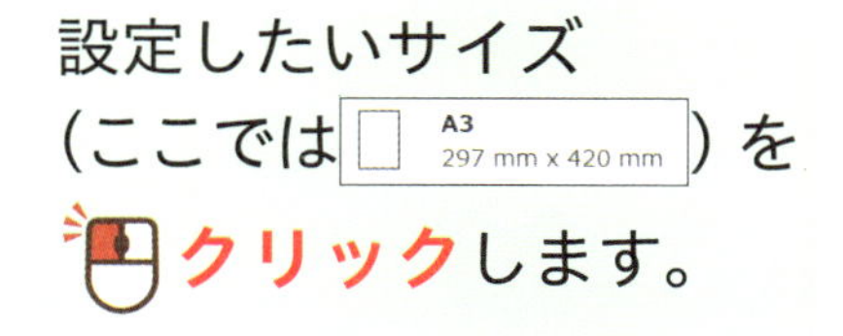 A3 297 mm x 420 mm）をクリックします。

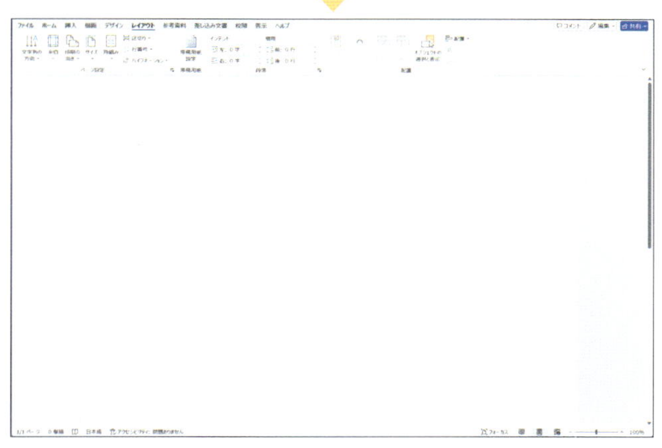

用紙サイズが設定されます。

アドバイス

「ページ設定」グループの「印刷の向き」で用紙の縦と横を設定できます。

ヒント その他の用紙サイズ

「レイアウト」タブの「ページ設定」グループの「サイズ」から、「その他の用紙サイズ」をクリックすると、「ページ設定」ダイアログボックスが開きます。「用紙」から自由に用紙サイズを設定することができます。

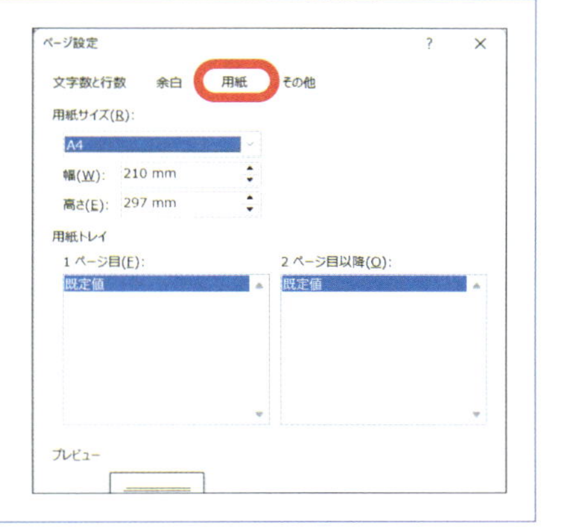

終わり

練習用ファイル ▸ 08_余白の設定.docx

レッスン 08 余白を設定しましょう

文書の上下左右にはあらかじめ余白が設定されています。余白の幅は自由に設定することができます。

クリック
P.14

1 余白を設定する

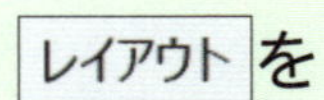を クリックします。

「ページ設定」グループの［余白］を クリックします。

アドバイス

「ページ設定」グループの「段組み」で2段組みなどの設定ができます。

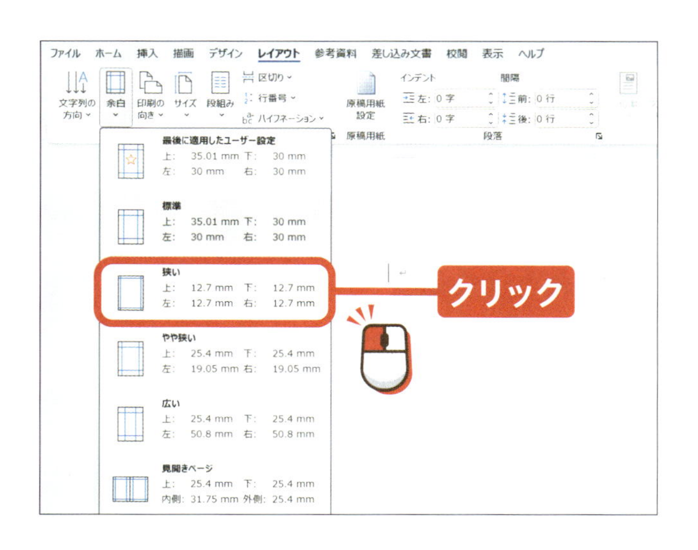

設定したい余白
（ここでは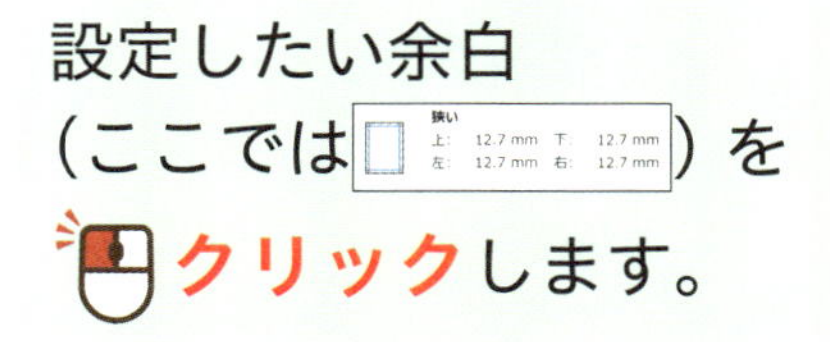）を
クリックします。

余白が設定されます。

ヒント ユーザー設定の余白

「レイアウト」タブの「ページ設定」グループの「余白」から、「ユーザー設定の余白」をクリックすると、「ページ設定」ダイアログボックスが開きます。「余白」から自由に余白を設定することができます。

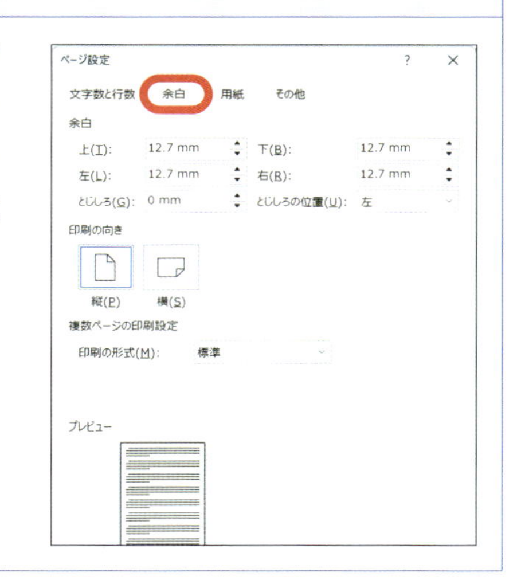

ヒント 行間の調整

「レイアウト」タブの「段落」グループの「間隔」では、文書の行間を調整することができます。たとえば「1行」に設定すると、行間に1行分の空きを入れることができます。

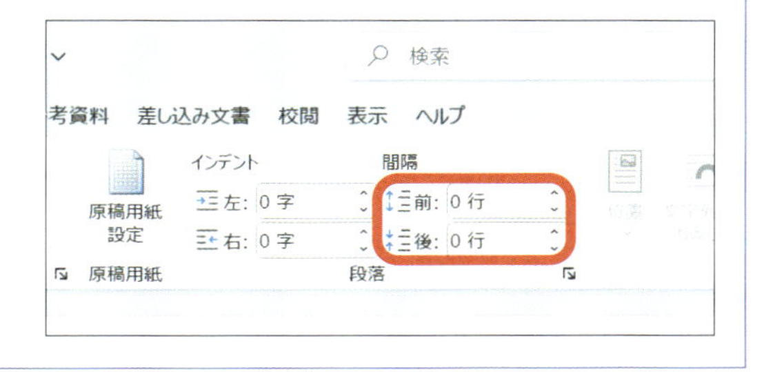

終わり

練習用ファイル ▶ 09_ページあたりの文字数の設定.docx

レッスン 09 ページあたりの文字数を設定しましょう

ワードでは、文書の1ページに入力できる文字数を「○字×○行」の形で設定することができます。文字数を設定してみましょう。

入力 P.16

1 ページあたりの文字数を設定する

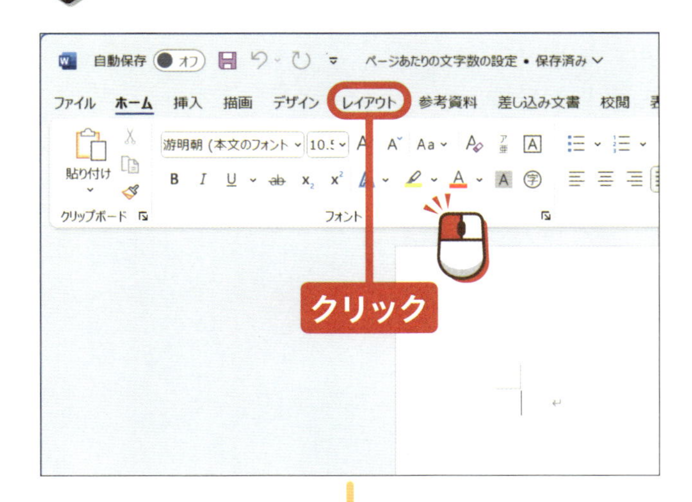

レイアウト を クリックします。

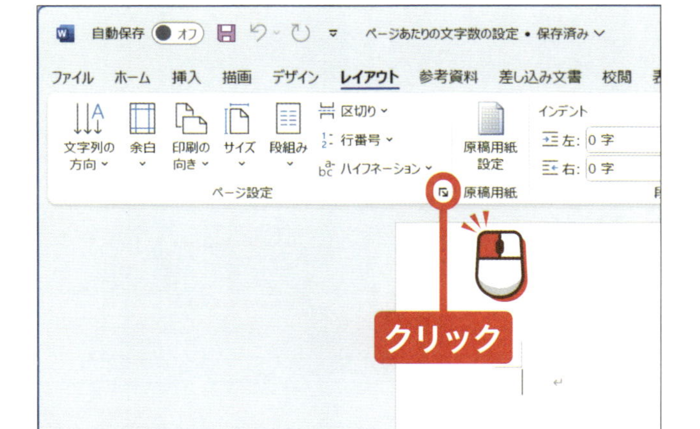

「ページ設定」グループの ⧅ を クリックします。

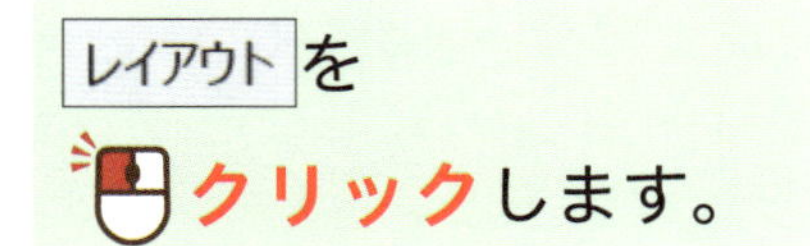

•アドバイス•

⧅をクリックすると、設定用のダイアログボックスが開きます。

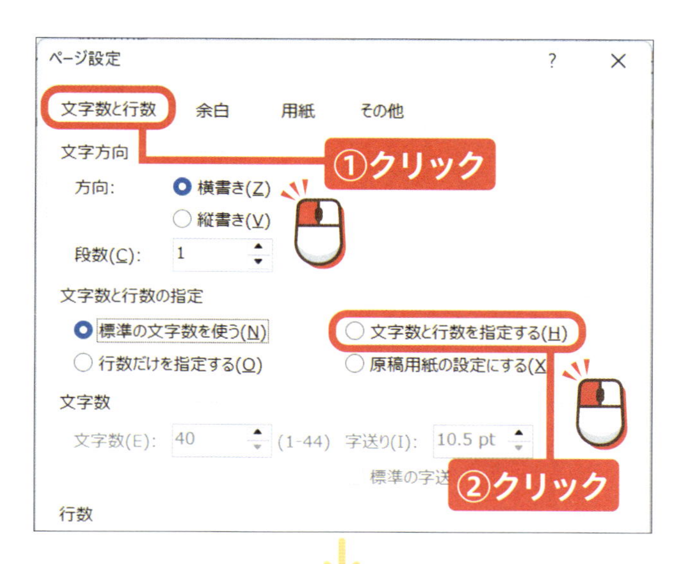

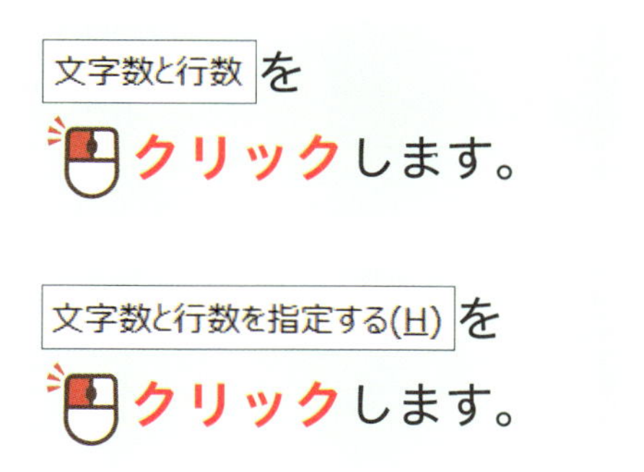

「ページ設定」ダイアログボックスが開きます。

文字数と行数 を クリックします。

文字数と行数を指定する(H) を クリックします。

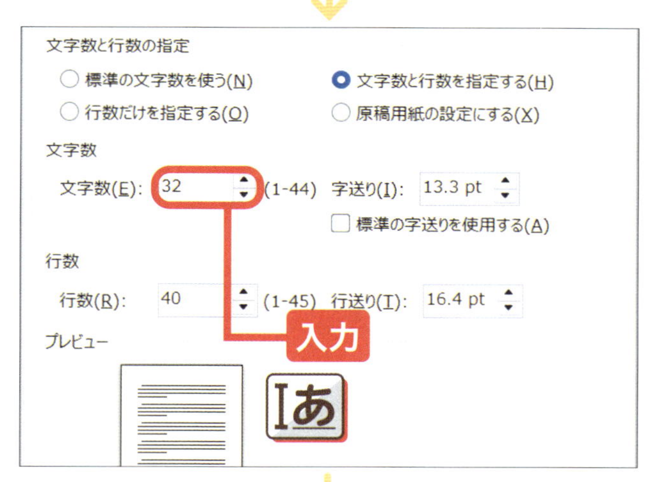

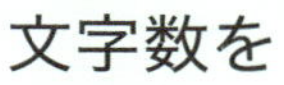

文字数を 入力します。

アドバイス

「行数」で行数を入力することができます。

OK を クリックします。

アドバイス

「行送り」で行間の設定を行うことができます。

終わり

練習用ファイル ▸ 10_縦書きと横書きの変更.docx

レッスン 10 縦書きと横書きを変更しましょう

ワードでは初期設定では横書きに設定されていますが、縦書きに変更することもできます。

1 縦書きに変更する

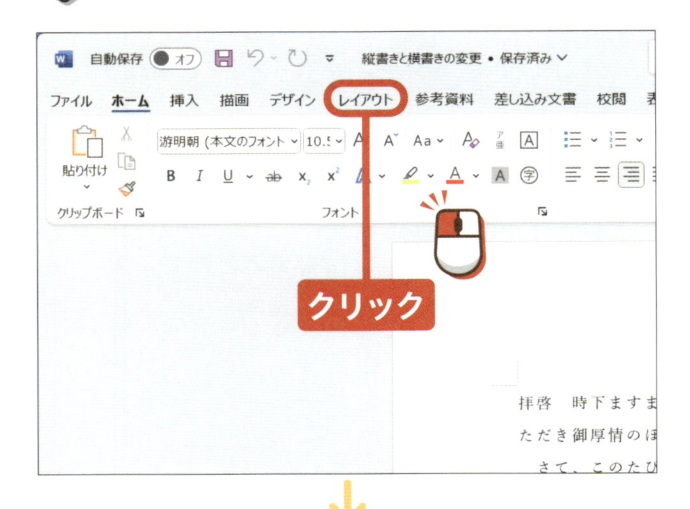

レイアウト を クリックします。

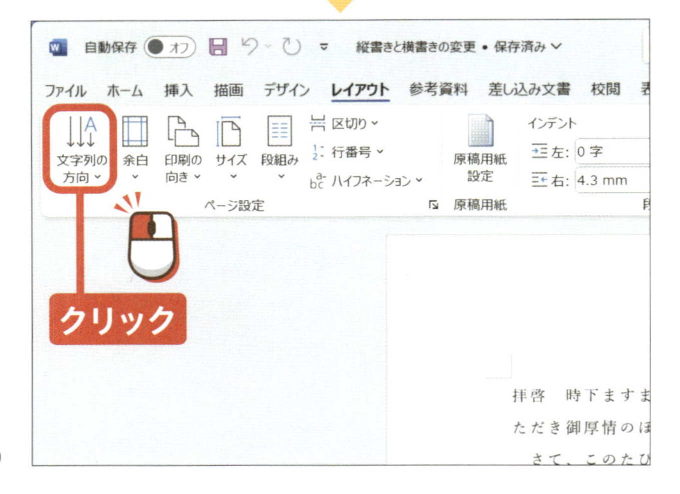

「ページ設定」グループの 文字列の方向 を クリックします。

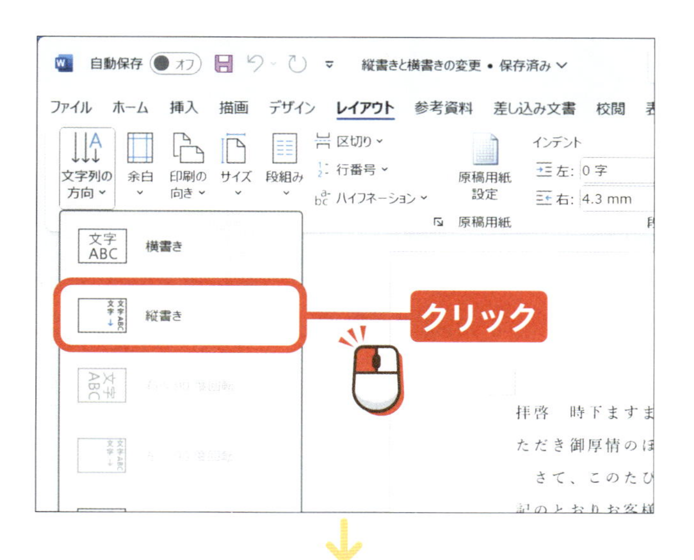

を

クリックします。

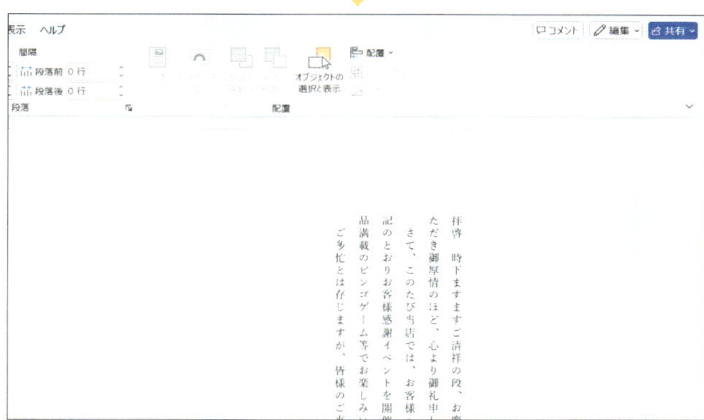

縦書きに設定されます。

●アドバイス●

縦書きに設定したときに、半角英数の文字は文字が縦にならずに横に倒れたような状態になります。縦にしたい場合は全角の英数を使いましょう。

ヒント 横書きに戻す

「レイアウト」タブの「ページ設定」グループの「文字列の方向」をクリックし、「横書き」をクリックすると、横書きに戻すことができます。

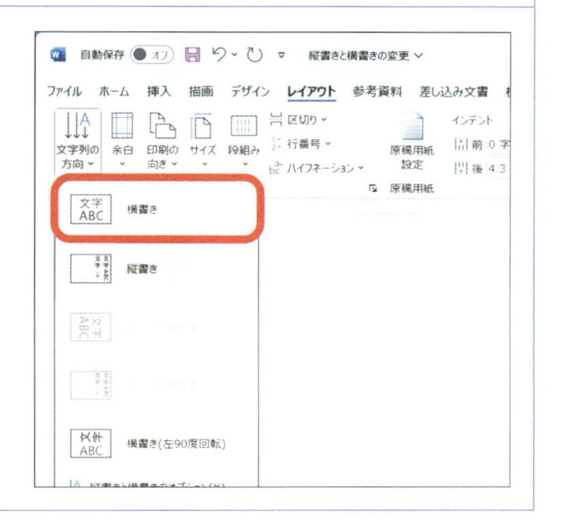

終わり

練習用ファイル ▶ 11_ファイルの保存.docx

ファイルを保存しましょう

ワードで文書を作成したら、忘れずに保存を行いましょう。保存しないと、作成した文書が消去されてしまいます。

1 ファイルに名前を付けて保存する

画面左上にある ファイル をクリックします。

ホーム画面が表示されます。

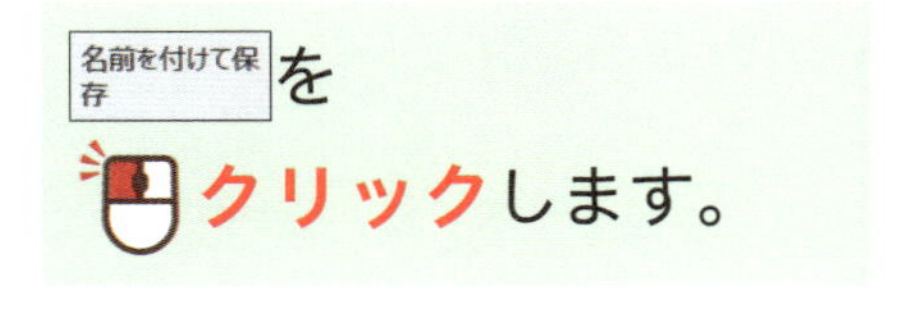

名前を付けて保存 をクリックします。

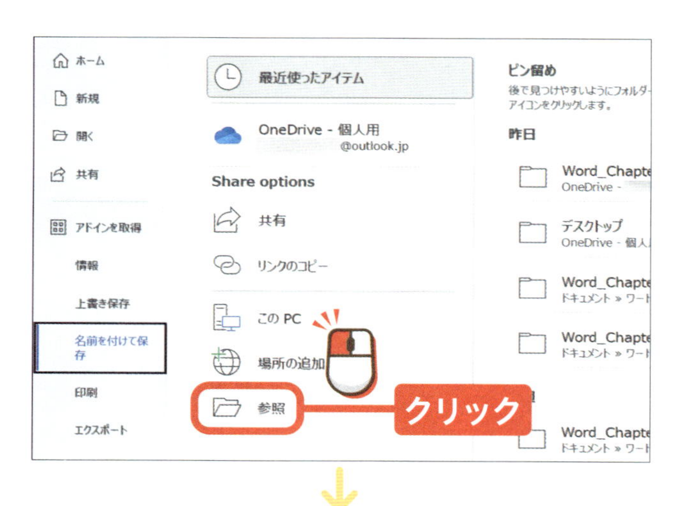

保存先を指定します。

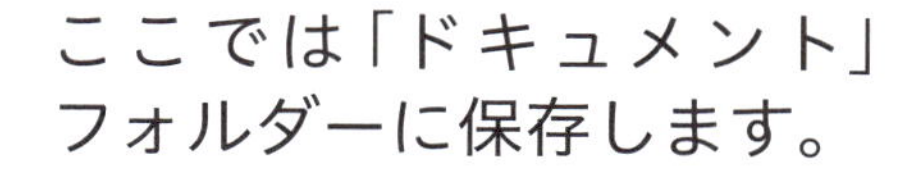
ここでは「ドキュメント」フォルダーに保存します。

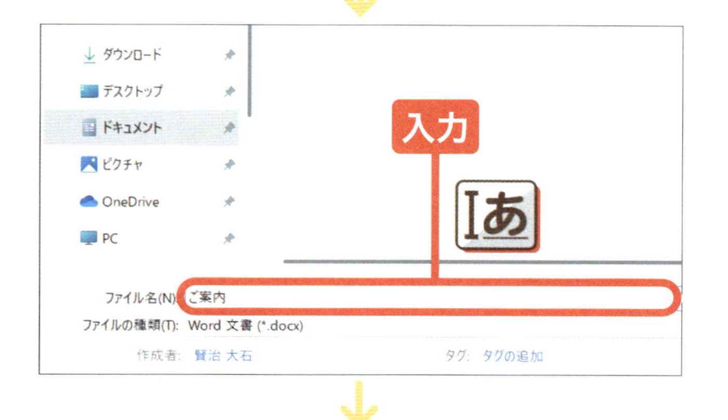

ファイル名を 入力します。

文字の入力方法は、P.16と3章を参照してください。

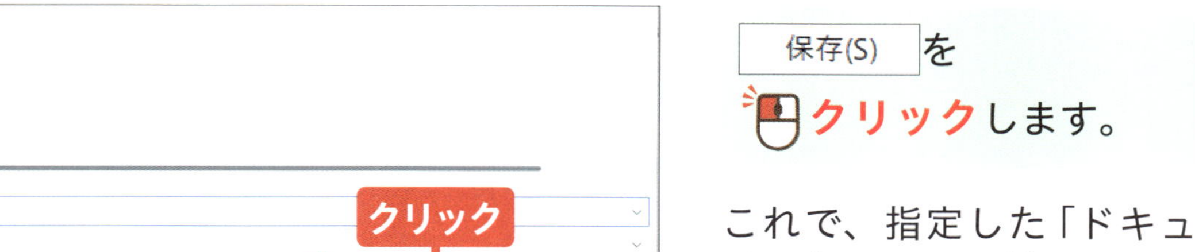

保存(S) を クリックします。

これで、指定した「ドキュメント」フォルダーにファイルが保存されました。

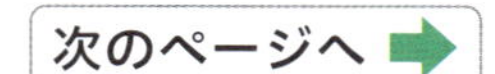
次のページへ

2 ワードを終了する際に同時に保存する

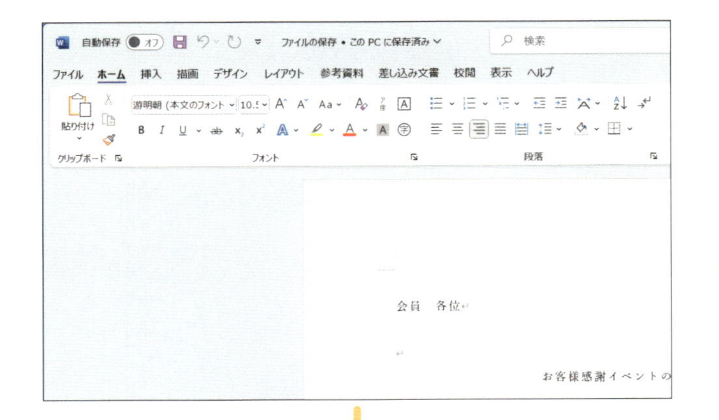

文章などを入力してから、保存を行っていない状態にします。

●アドバイス●

文章などの入力方法は、P.16と3章を参照してください。

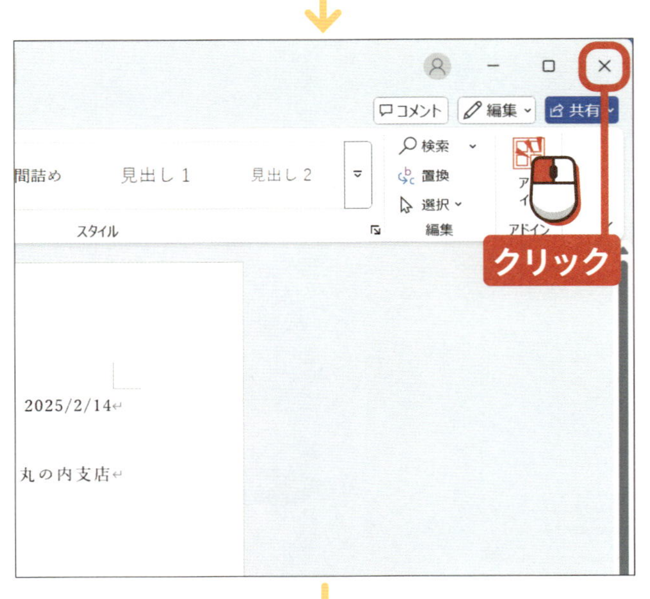

画面右上にある☒をクリックします。

●アドバイス●

☒にマウスポインターを重ね合わせると、色が☒に変わりますが、問題ありません。

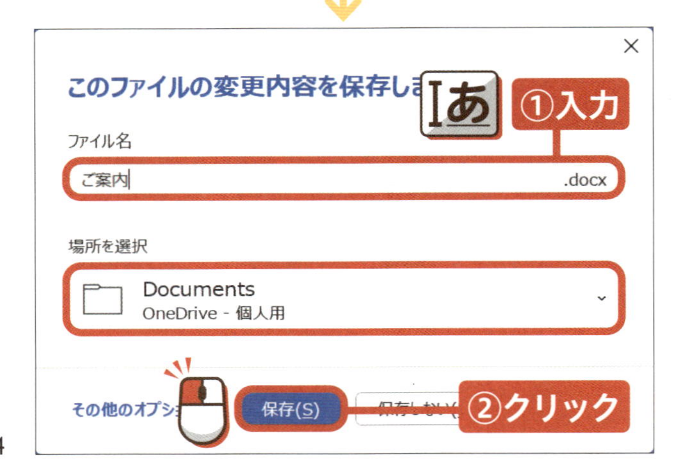

ファイル名を入力して、保存先を指定します。

保存(S)をクリックします。

ヒント バックアップとして名前を変えて保存する

ワードの文書を異なる名前で複数保存しておくと、何らかの理由でファイルが破損してしまった場合にも、もう一方のファイルで問題なく作業を行うことができます。仕事でファイルを管理している場合は、バックアップファイルとして別名のファイルを用意しておくとよいでしょう。バックアップファイルを用意する場合は、通常のファイルとは分けて名前を付けます。その際、「○○_バックアップ」などと名前を付けるとよいのですが、その後ろにさらに日付を入れておくと、いつのバックアップファイルなのかが一目瞭然となります。「○○_バックアップ_20250214」と付けると、2025年2月14日にバックアップしたファイルだということがすぐにわかります。

わかりにくい例

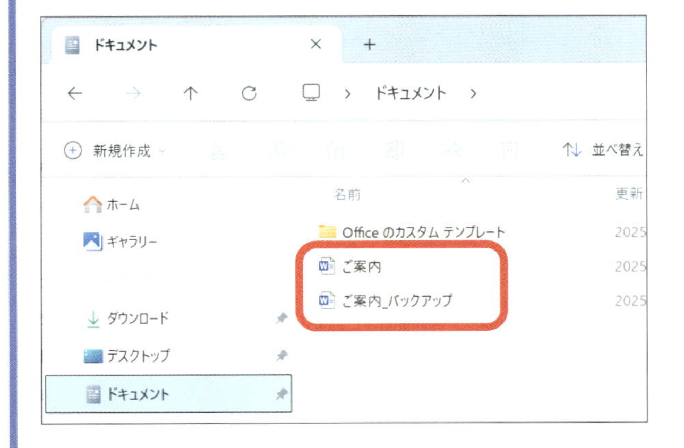

ファイル名ではたしかにバックアップファイルということがわかりますが、いつのバックアップファイルなのかわかりません。

わかりやすい例

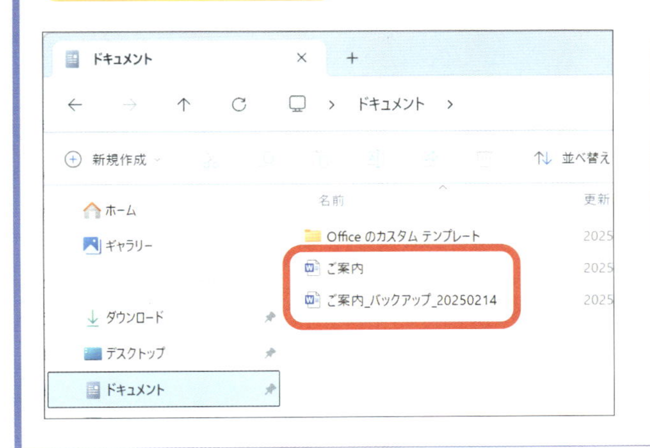

バックアップファイルを作る際には、バックアップだとわかるように名前を付けて、さらに後ろに日付を付けるなどすると非常にわかりやすいです。

次のページへ

3 ファイルを上書き保存する

画面左上にある ファイル を
クリックします。

上書き保存 を
クリックします。

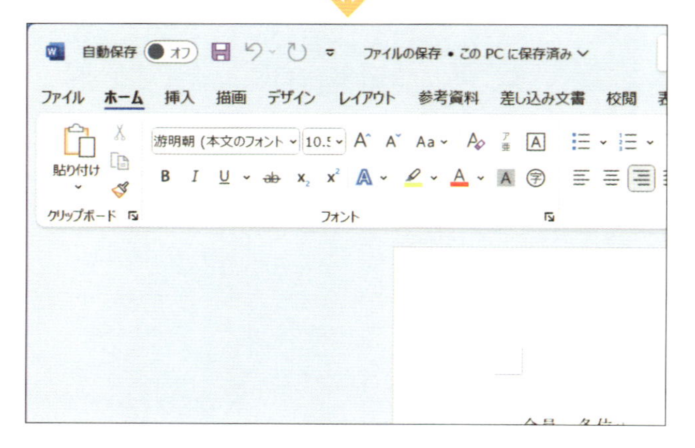

ファイルが上書き保存されます。

アドバイス

新規作成した後に、まだ一度も保存を行っていないファイルでは、「上書き保存」をクリックすると「名前を付けて保存」が実行されます。

4 ワードを終了する際に上書き保存する

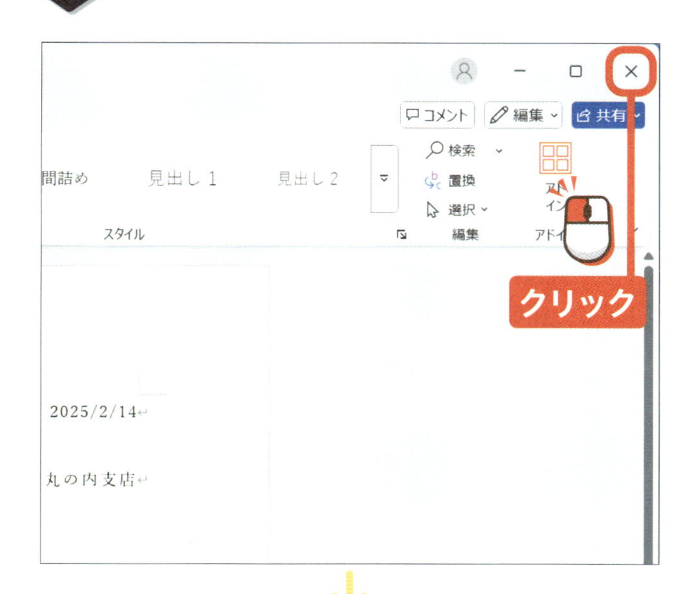

画面右上にある ✕ を クリックします。

アドバイス

保存を行った後に文書が変更されていない場合は、そのままワードが終了します。

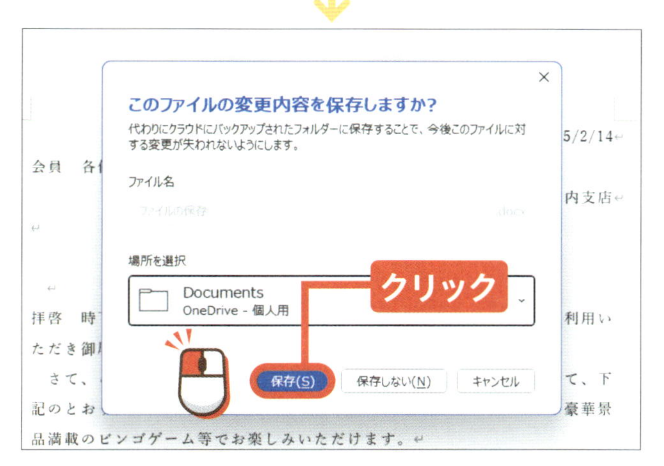

を クリックします。

アドバイス

まだ「名前を付けて保存」を行っていない場合は、P.54を参考に名前を付けて保存します。

ヒント 画面上部のアイコンから上書き保存する

文書作成画面のクイックアクセスツールバーには、(上書き保存のアイコン)が表示されています。これをクリックすることでも、上書き保存を行うことができます。

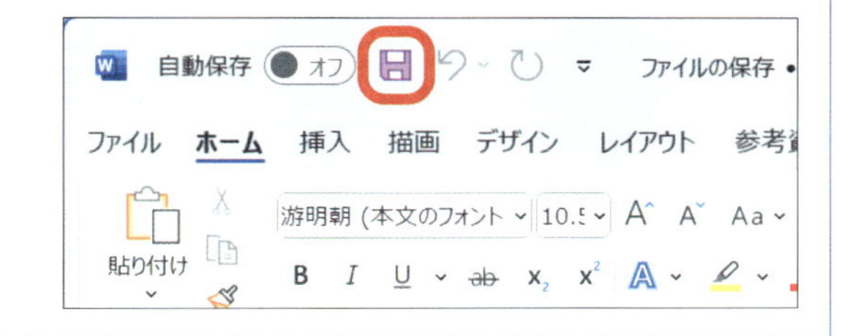

終わり

レッスン 12

保存したファイルを開きましょう

保存したファイルの続きから作業を行いたい場合などには、目的のワードファイルを選択して開きましょう。

クリック →P.14

ダブルクリック →P.14

1 ワードを起動してからファイルを選択する

ワードを起動して、ホーム画面を表示します。

を

クリックします。

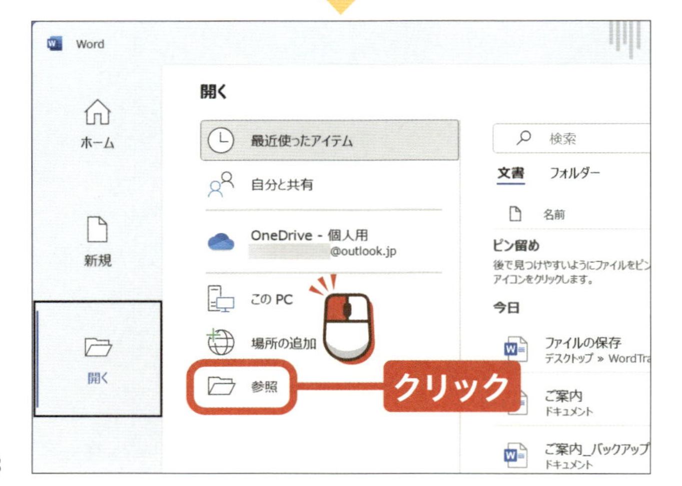

ファイルが保存されたフォルダーを表示します。

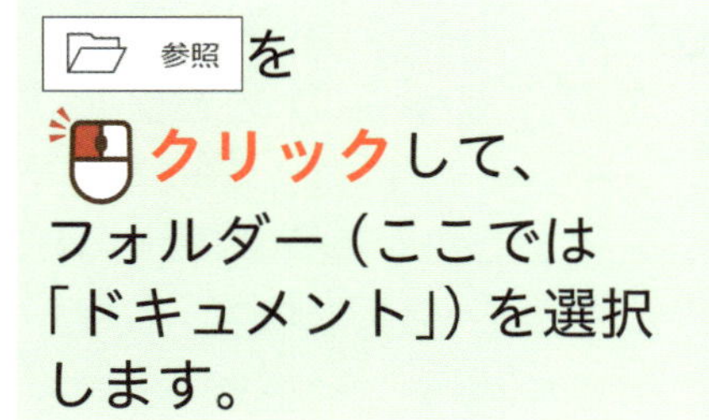

参照を

クリックして、

フォルダー（ここでは「ドキュメント」）を選択します。

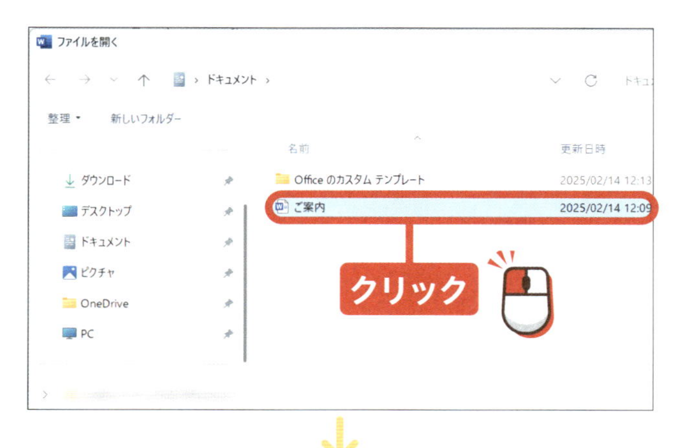

ファイルを選択します。

開きたいファイルを
クリックして
選択します。

を
クリックします。

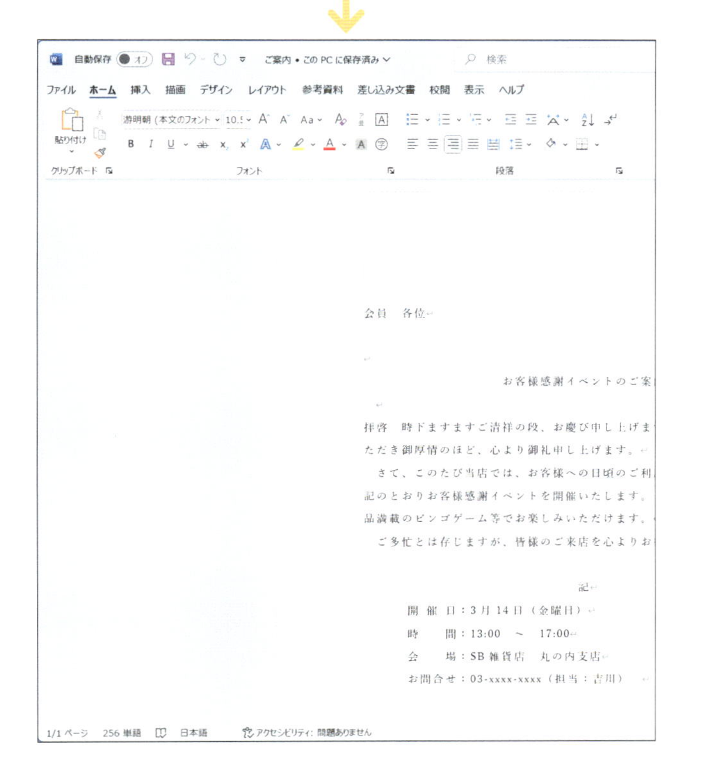

選択したファイルが開いて、文書作成画面が表示されます。

次のページへ

2 保存したファイルをダブルクリックして開く

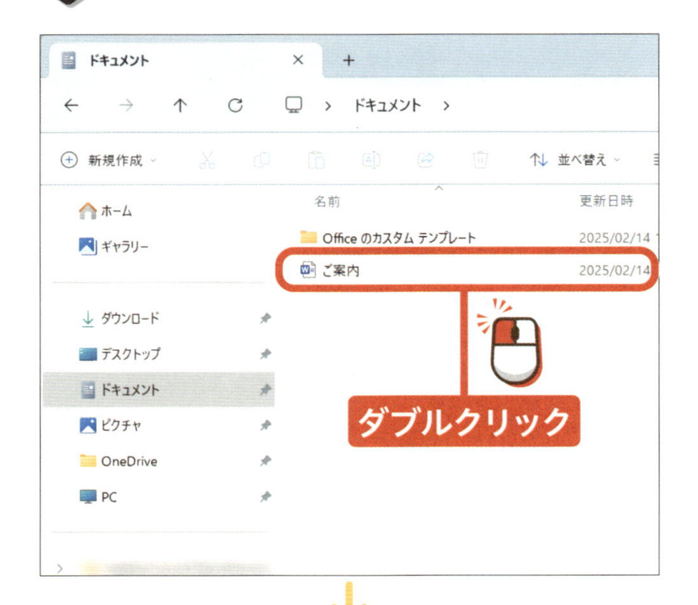

ファイルの保存されたフォルダーを表示します。

開きたいファイルを**ダブルクリック**します。

アドバイス

保存先のフォルダーは、Windowsのエクスプローラーなどを使って表示しましょう。

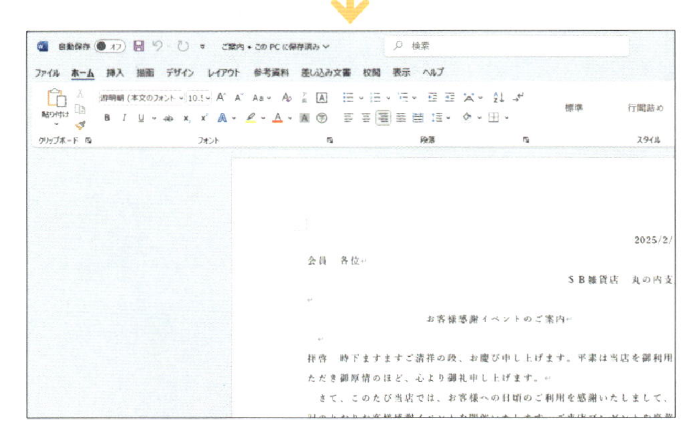

ファイルが開いて、文書作成画面が表示されます。

ヒント ファイルをクリックした場合

ファイルからは、「ダブルクリック」でなければワードを開くことができません。「クリック」をした場合は、ファイルを選択した状態になるだけです。

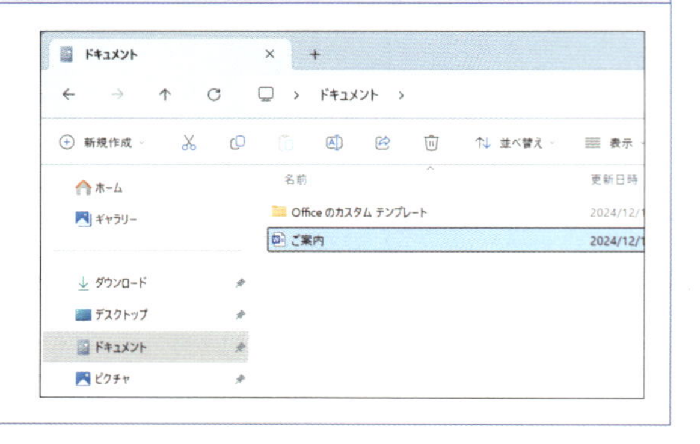

フォルダー内のファイルの表示方法を変更する

フォルダー内のファイルは表示方法を変更することができます。フォルダーの上にある「表示」タブをクリックして、表示方法を選択します。アイコンの大きさを変更したり、保存した日付などの詳細な情報を表示したりすることができるので、自分で見てわかりやすい表示にするとよいでしょう。また、「表示」をクリックし、「プレビューウィンドウ」をクリックすると、画面の右側にプレビュー画面が表示されます。これは、クリックして選択したファイルの内容が見えるもので、いちいちファイルを開かなくてもプレビューでどういうファイルなのかが確認できるという便利な機能です。

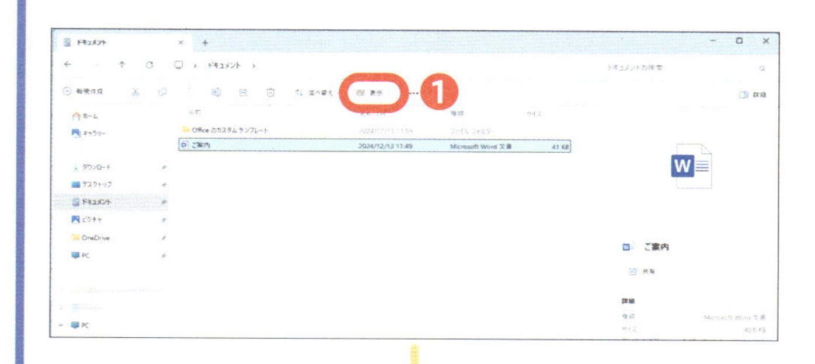

フォルダーを表示して、「表示」タブ❶をクリックします。

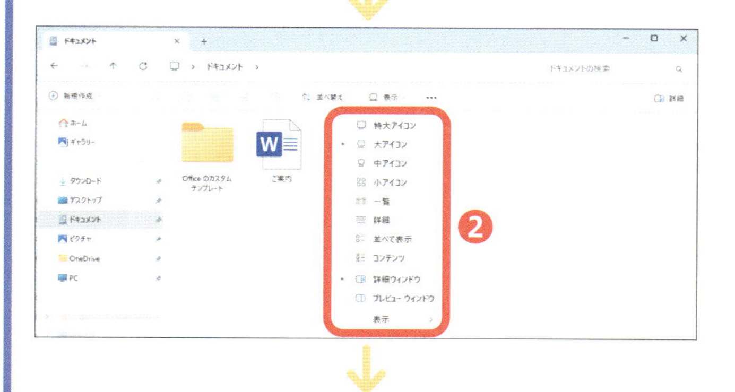

好きな表示方法❷を選択してクリックします。左の画像では、「大アイコン」を選択しています。

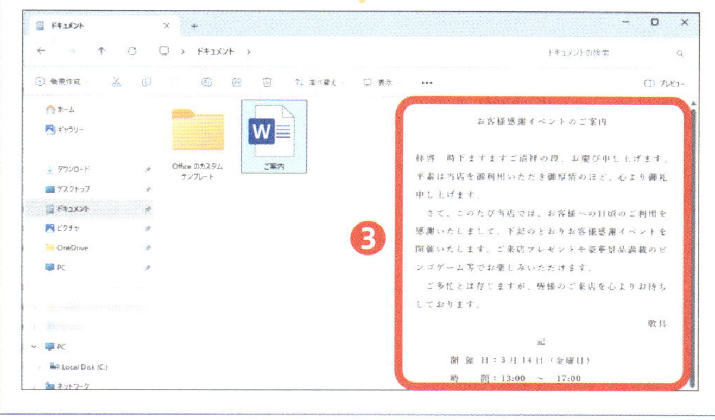

上の画面の❷で「プレビューウィンドウ」をクリックすると、フォルダーの右側にプレビュー❸が表示されます。

終わり

ステップアップ

Q. すでにファイルを開いた状態で新規作成するとどうなるの？

A. 別のファイルが新規作成されます。

すでにワードファイルを開いた状態で、新規でファイルを作成すると、別の画面でワードが起動して、ファイルが新規作成されます。新規ファイルを作成するには、P.40を参考に操作しましょう。

ワードファイルを開いた状態で画面左上の「ファイル」をクリックして、P.40を参考にファイルを新規作成します。

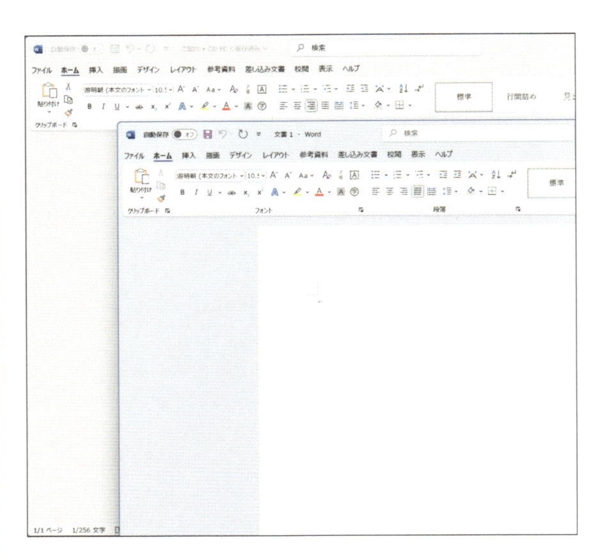

別の画面で新しいファイルが表示されます。なお、先ほどまでに開いていたワードファイルも開いたままなので、2つのファイルを同時に開いている状態になります。

3章

文書の作成と編集の方法を学びましょう

レッスンをはじめる前に

ワードで文書を作成します

ここからは、実際に文字を入力し、文書を作成する方法を解説します。ワードはひらがなやカタカナ、漢字といった日本語やアルファベット、数字、記号などを入力して文書を作成することができます。入力にはキーボードのキーを打つとキーボードに書かれているひらがながそのまま入力される「かな入力」と、キーボードに書かれているアルファベットをローマ字読みで入力する「ローマ字入力」の2種類があります。
なお、日本語を入力する際、文節単位で入力し、細かく変換しながら確定していく入力方法と、文章単位で入力する方法がありますが、自分のやりやすいほうで入力するとよいでしょう。

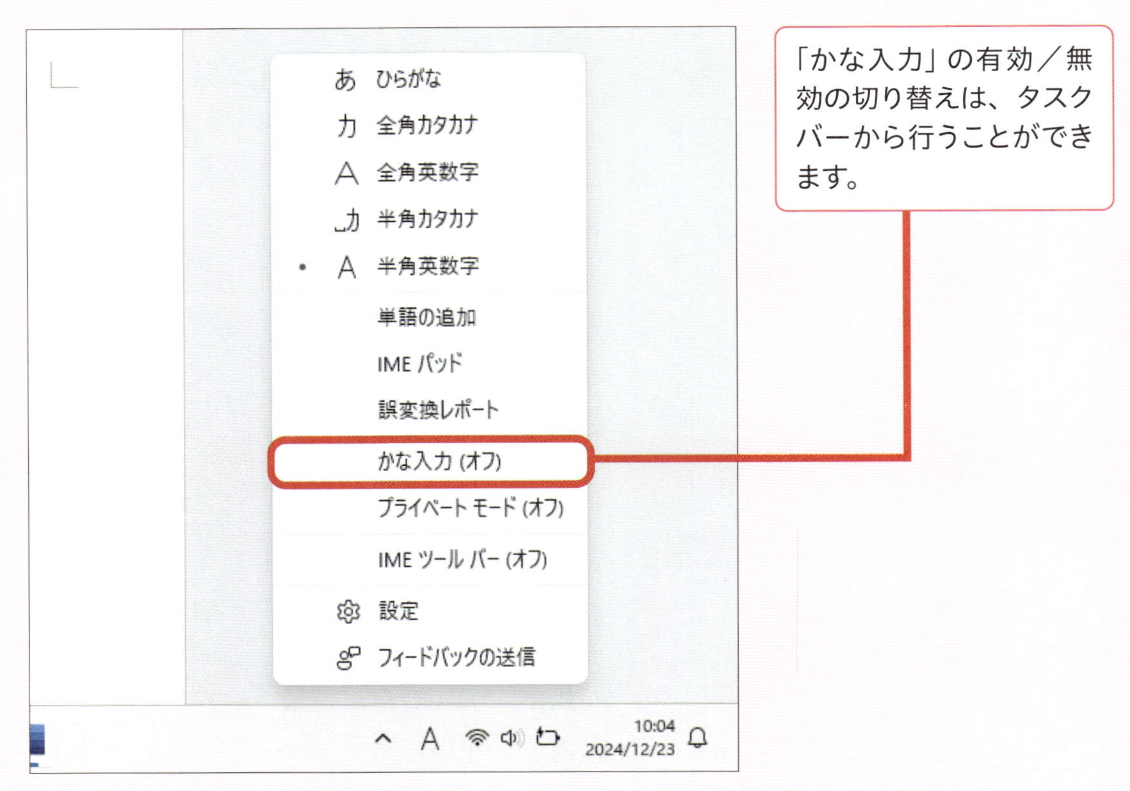

彼女は歌学に興味がある。
1 科学に
2 化学に
3 価額に
4 歌学に
5 下学に
6 華岳に
7 下顎に
8 かがくに
9 カガクニ

文章を入力した後に、文節単位で変換することができます。

作成した文書を編集します

文字を入力して作成した文書は、後から**文字の削除や追加、修正などの編集**を行うことができます。また、**文字をコピーしたり、移動したりする**こともできます。

編集は文書の作成には欠かせない基本的な操作ですので、本章でしっかりマスターするようにしましょう。

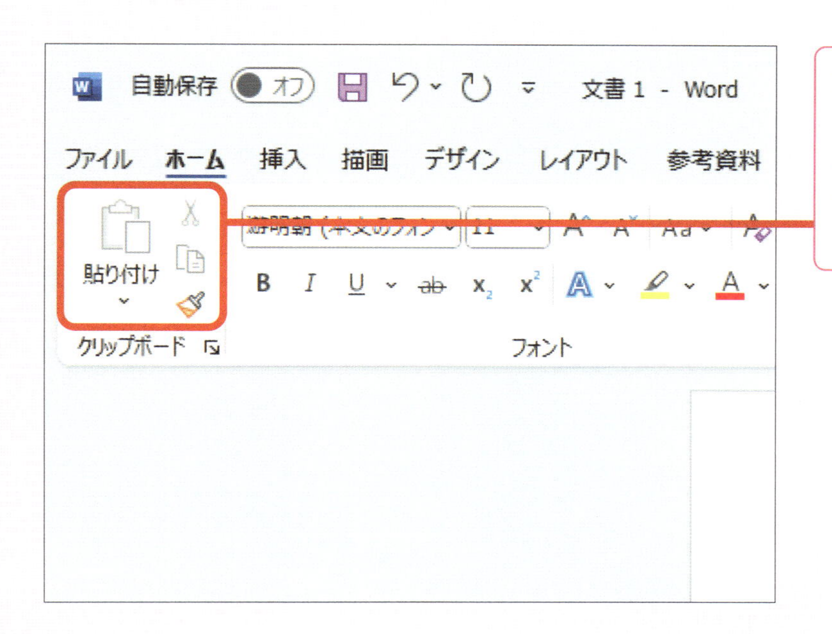

文字のコピーや移動のやり方をマスターして、スムーズに文書の編集を行えるようになりましょう。

レッスン 13 入力する方法を切り替えましょう

ワードに文字を入力する際、「ひらがな／半角英数字」モードや「かな／ローマ字」入力を切り替えます。

1 「ひらがな／半角英数字」モードを切り替える

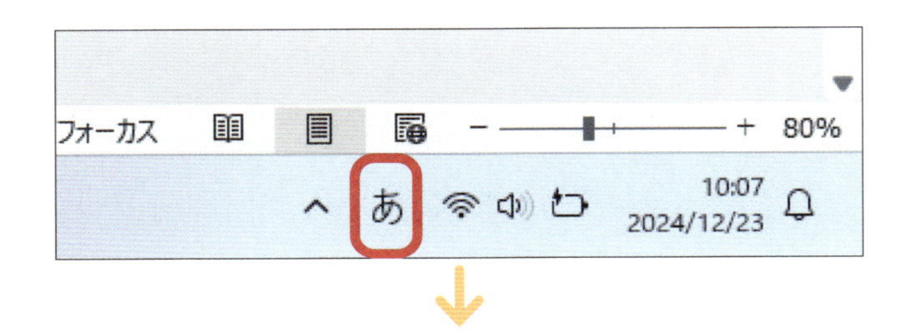

入力モードはWindowsのタスクバーで確認、切り替えを行います。

半角／全角

あ（ひらがなモード）のときにキーボードの半角／全角を押します。

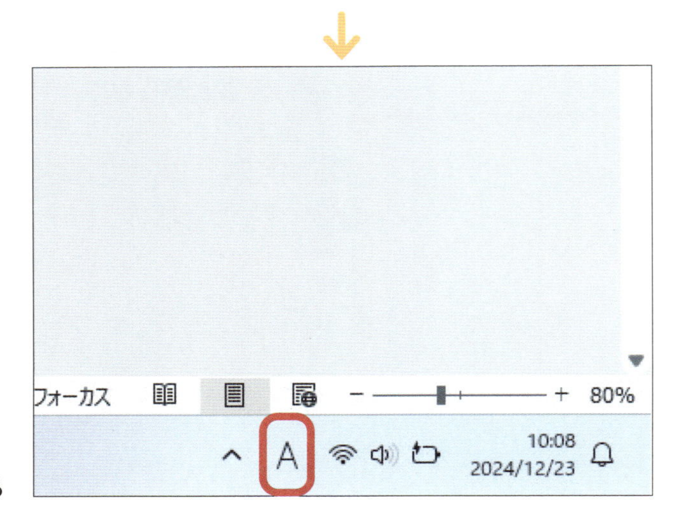

入力モードがA（半角英数字モード）に切り替わります。Aのときに半角／全角を押すと、ひらがなモードに切り替わります。

アドバイス

あまたはAをクリックすることでも入力モードの切り替えが行えます。

2 「かな／ローマ字」入力を切り替える

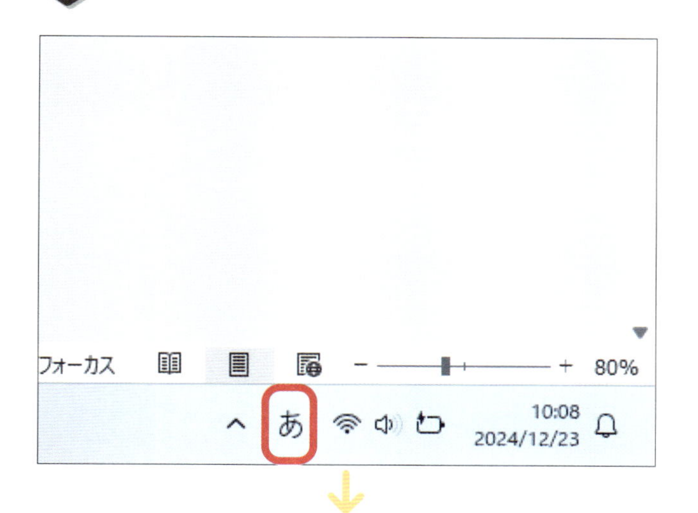

入力モードが あ（ひらがなモード）になっていることを確認します。

アドバイス

かな入力はひらがなモードの状態でないと利用できないので、A となっていたら、P.66を参考にひらがなモードに切り替えましょう。

Alt ＋ カタカナひらがな

キーボードの Alt ＋ カタカナひらがな を押すと、ローマ字入力とかな入力が交互に切り替わります。

アドバイス

パソコンによっては確認メッセージが表示される場合があるので、表示されたら「はい」をクリックしましょう。

ヒント メニューから「かな入力」に切り替える

タスクバーに表示されている あ または A ❶を右クリックすると、メニューが表示されます。「かな入力（オフ）」❷をクリックすると、かな入力に切り替わります（「かな入力（オン）」に切り替わります）。

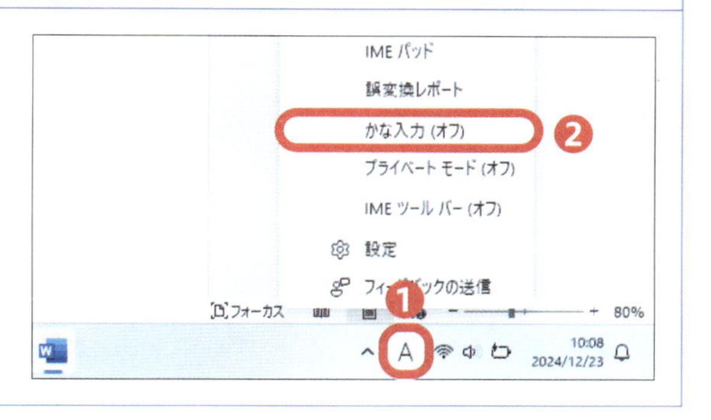

3 かな入力で文字を入力する

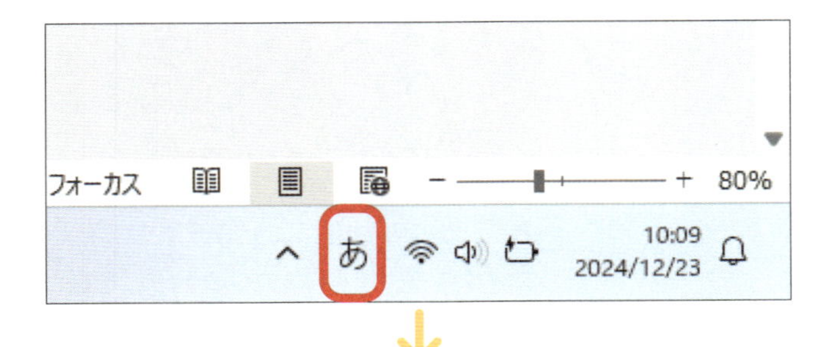

かな入力に切り替え、ひらがなモードとなっているのを確認します。

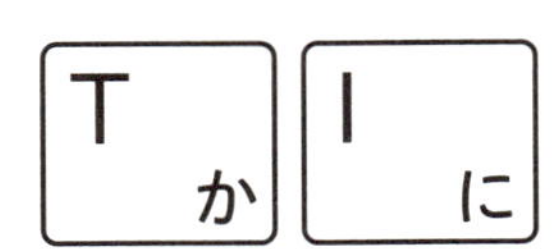

キーボードの[T][I]を順番に押します。

「か」「に」と入力されます。

●アドバイス●

かな入力ではキーの右下に書かれているひらがなが入力されます。

ヒント 濁音や促音などをかな入力する

かな入力で「ば」などの濁音を入力するには、もととなる文字キーを押した後に、[@]を押すことで入力ができます。また、半濁音の「ぱ」の場合は[「]、促音の「っ」や「ゃ」などの拗音、「ぁ」などの小さい文字の場合は[Shift]と一緒に文字キーを押します。

入力例

ばく → [F][@][H]

ぱり → [F][「][L]

きって → [G][Shift][Z][W]

しゃけ → [D][Shift][7][＊]

てぃー → [W][Shift][E][¥]

を → [Shift][0]

4 ローマ字入力で文字を入力する

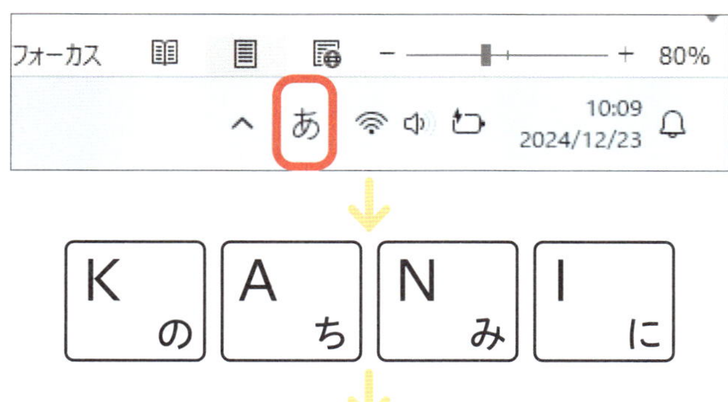

ローマ字入力に切り替え、ひらがなモードとなっているのを確認します。

キーボードのKANIを順番に押します。

「か」「に」と入力されます。

●アドバイス●

ローマ字入力では、キーの左上に書かれているアルファベットをローマ字読みにして入力します。

ヒント 濁音や促音などをローマ字入力する

ローマ字入力で「ば」などの濁音を入力するには、たとえば「ば行」の場合、Bを押して母音の文字キーを押します（が行はG、ざ行はZ、だ行はD）。また、半濁音の「ぱ」の場合はPを押して母音となる文字キー、促音（「っ」）の場合は次に続く子音を2回押して入力します。また、「ゃ」などの拗音や「ぁ」などの小さい文字の場合は子音と母音の間にYまたはHを押すか、Lか Xを押して小さくしたい文字キーを押します。

入力例

ばく → BAKU
ぱり → PARI
きって → KITTE
しゃけ → SYAKE
てぃー → TEXI－
を → WO

終わり

練習用ファイル ▶ 14_文字の入力.docx

レッスン 14

文字を入力しましょう

ワードにひらがなや漢字、カタカナなどの日本語やアルファベット、数字、記号などの文字を入力してみましょう。

1 日本語（ひらがな）を入力する

日本語を入力する場合、必ず あ （ひらがなモード）が表示されていることを確認します。

●アドバイス●

A （半角英数字モード）となっている場合は、P.66を参考に、ひらがなモードに切り替えます。

文書入力画面上のカーソルのある位置に、文字が入力されます。ここでは、ローマ字入力（P.69を参照）で文字を入力します。

「おはよう」（OHAYOU）と Iあ 入力します。

おはよう Enter

1 おはようございます。
2 おはようございます
3 おはようございます！
4 おはよう
5 お早う

カーソルの左側に「おはよう」と入力され、文字の下に点線が付いた状態で表示されます。

キーボードの Enter を押します。

おはよう

点線が消え、入力が確定します。

アドバイス

BackSpace などで、入力した文字を削除できます（詳しくはP.92を参照）。

ヒント 入力時に変換候補が表示された場合

日本語を入力している途中に、自動で変換候補が表示されます。候補の中に入力する文字があれば、それをクリックすると、その文字が入力されます。また、表示された入力候補をキーボードの Tab や ↑ ↓ を押して選択し、Enter で確定することでも入力が行えます。

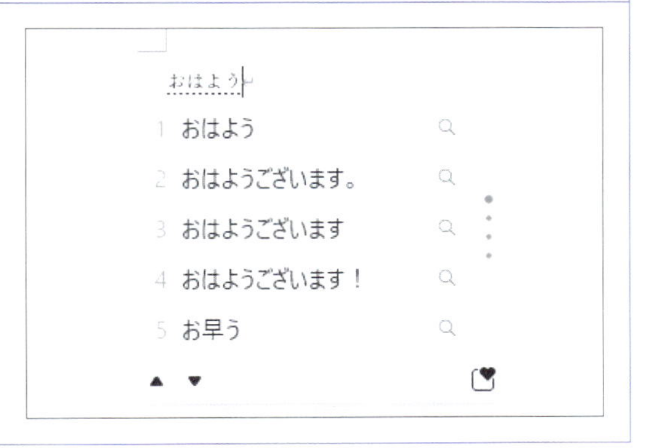

次のページへ

2 日本語(漢字)を入力する

入力する位置にカーソルを合わせます。

漢字で入力したい文字の読み（ここでは「ほしょう」）を Iあ 入力します。

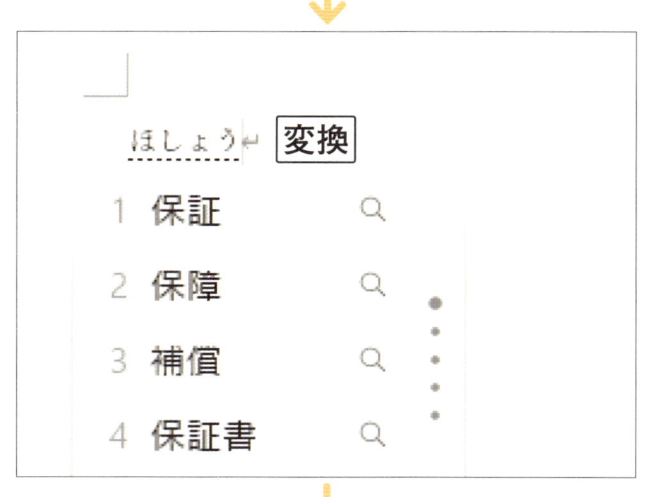

入力した漢字の読みの下に点線が付きます。

キーボードの 変換 を押します。

●アドバイス●

Space でも、入力した文字の変換が行えます。

文字の下の点線が太線に変わり、入力した文字が漢字に変換されます。

入力したい漢字でない場合は、もう一度 変換 を押します。

●アドバイス●

この段階で変換された漢字で確定したい場合は、Enter を押します。

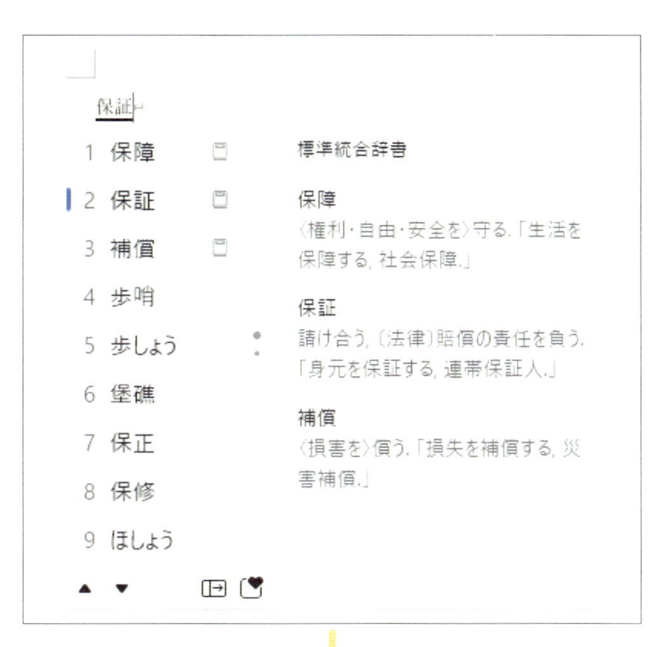

変換候補が表示されます。

↑↓を押して変換候補を選択します。

●アドバイス●

↑↓を押すと、変換候補の選択を移動させることができます。また、表示された変換候補を直接クリックして確定することもできます。

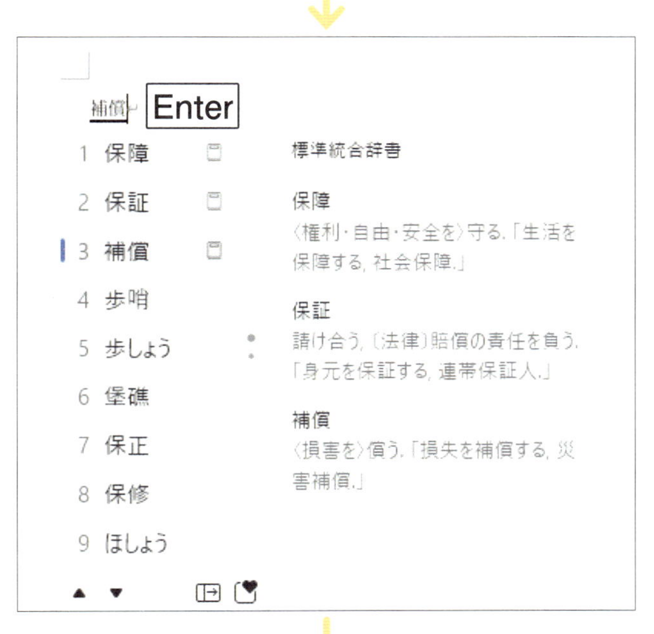

次の変換候補が選択されます。

キーボードのEnterを押します。

●アドバイス●

変換候補に□が表示されているものを選択すると、その言葉の意味などを辞書で見ることができます。

変換が確定します。

次のページへ

3 日本語(カタカナ)を入力する

入力する位置にカーソルを合わせます。

カタカナで入力したい文字の読み(ここでは「さーくる」)を Iあ 入力します。

さーくる 変換

1 サークル
2 サークルケイ
3 サークル活動
4 サークルスクエア

入力したカタカナの読みの下に点線が付きます。

キーボードの 変換 を押します。

●アドバイス●

Space でも、入力した文字の変換が行えます。

サークル Enter

文字の下の点線が太線に変わり、入力した文字がカタカナに変換されます。

キーボードの Enter を押します。

●アドバイス●

前回選択したものが先頭にくるなど、表示される入力候補の順番は変化します。

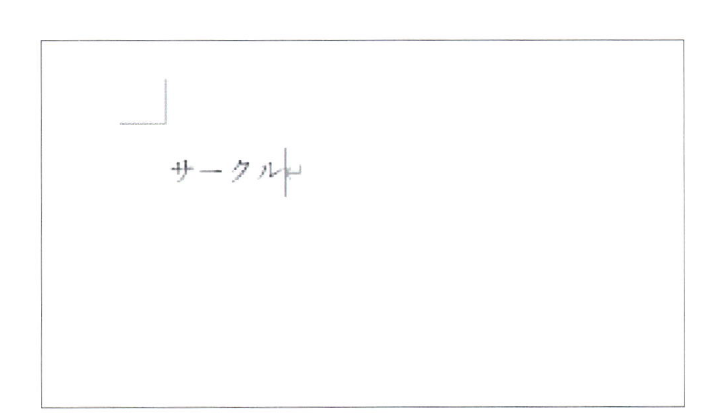

変換が確定します。

●アドバイス●

句読点を入力するには、あ（ひらがなモード）でキーボードの、。を押します。

F7で変換する

ヒント

一般的に使われていない固有名詞などの場合、変換を押しても分割されて変換されたり、候補にカタカナがなかったりとうまく変換されないことがあります。そのような場合はカタカナで入力したい読みの入力後にキーボードのF7を押すと、1回でカタカナに変換することができます。

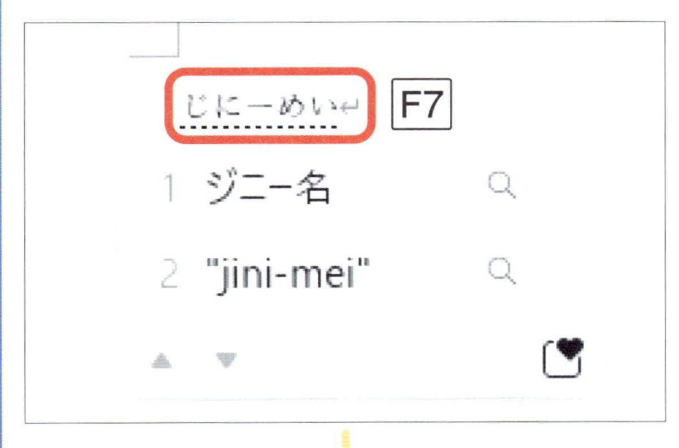

カタカナで入力したい文字の読みを入力し、キーボードのF7を押します。

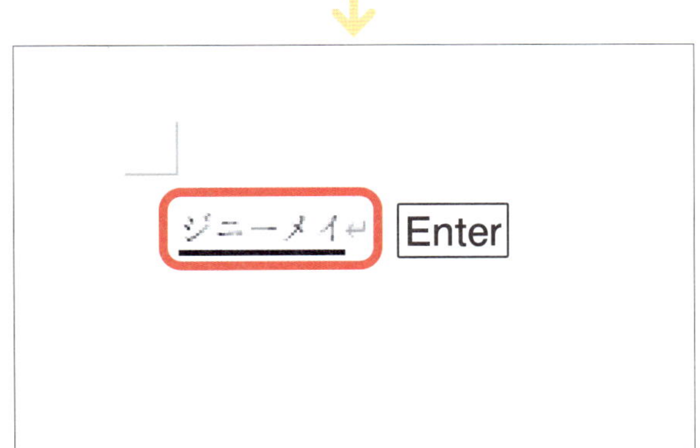

カタカナに変換されます。キーボードのEnterを押すと、入力が確定します。

次のページへ

4 数字を入力する

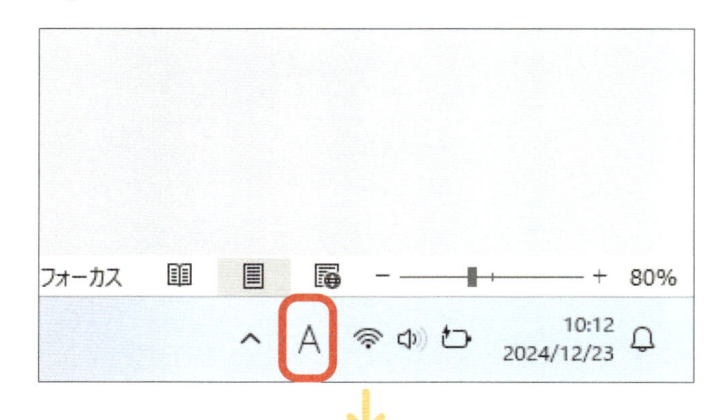

P.66を参考に、A（半角英数字モード）に切り替えておきます。

入力する位置にカーソルを合わせます。

数字が書かれているキーを押し、数字（ここでは「12345」）を入力します。

12345

数字が入力されます。

アドバイス

半角英数字モードの場合、入力後にEnterを押して確定させる必要はありません。

全角の数字を入力する

全角の数字を入力する場合は、タスクバーにある[あ]（または[A]などのIMEアイコン）を右クリックし、「全角英数字」をクリックして入力モードを「全角英数字モード」に切り替えます。全角英数字モードで数字を入力する場合、入力後に[Enter]を押すことで確定となります。なお、全角英数字モードは全角の数字のほか、全角のアルファベットも入力ができます。
全角英数字モードで[半角／全角]を押すと、半角英数字モードとの切り替えができ、また、[カタカナ ひらがな]を押すと、ひらがなモードに切り替えができます。

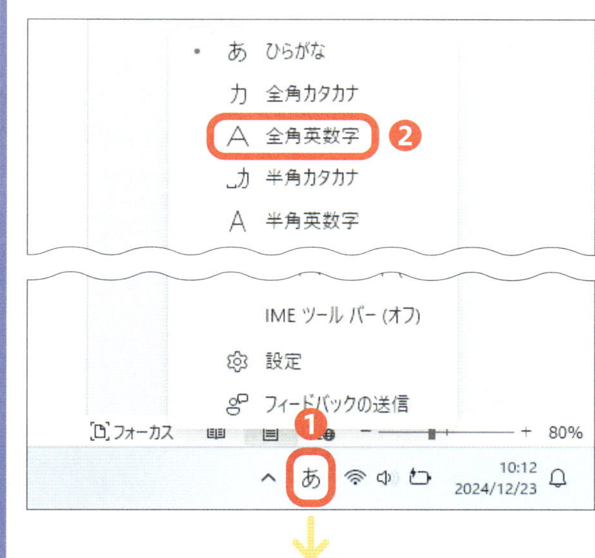

[あ]（または[A]など）1を右クリックして、「全角英数字」2をクリックします。

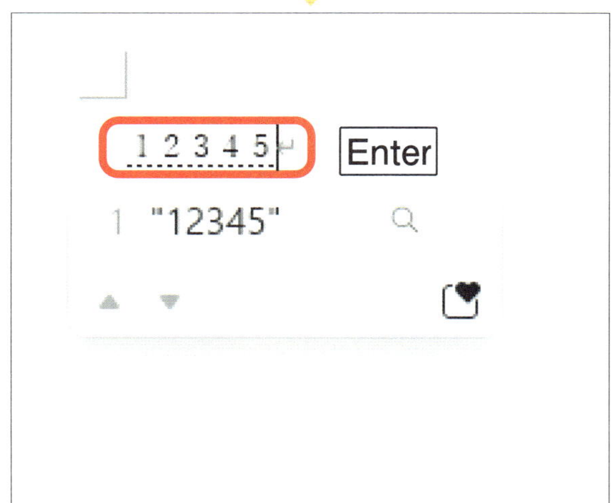

キーボードの数字キーを押して入力し、[Enter]を押すと、全角数字の入力が確定します。

次のページへ

5 アルファベットを入力する

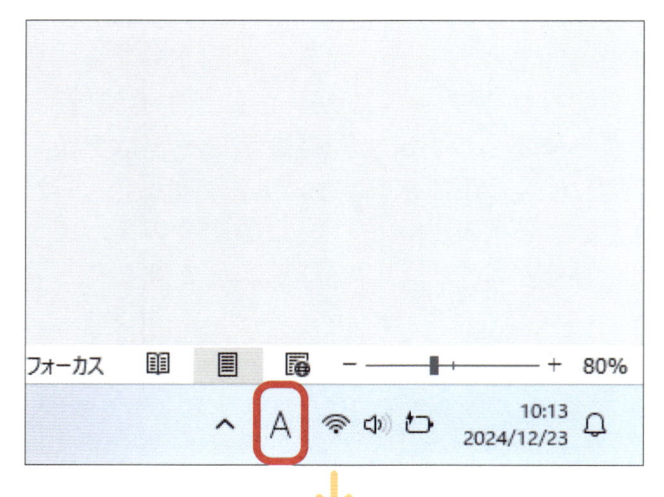

ここでは半角のアルファベットを入力します。P.66を参考に、A（半角英数字モード）に切り替えておきます。

●アドバイス●

全角のアルファベットを入力したい場合は、P.77をご参照ください。

入力する位置にカーソルを合わせます。

アルファベットが書かれているキーを押し、アルファベット（ここでは「HELLO」）をIあ入力します。

アルファベットが小文字で入力されます。続けて大文字で入力します。

キーボードのShiftを押しながら英字キーを押してアルファベット（ここでは「TOKYO」）をIあ入力します。

helloTOKYO

アルファベットが大文字で入力されます。

ヒント ひらがなモードで変換してアルファベットを入力する

ひらがなモードで「ほーむ」や「ぶっく」といった、一般的な英単語の読みを入力し、P.72を参考に変換候補を表示させると、変換候補に英単語が表示される場合があります。

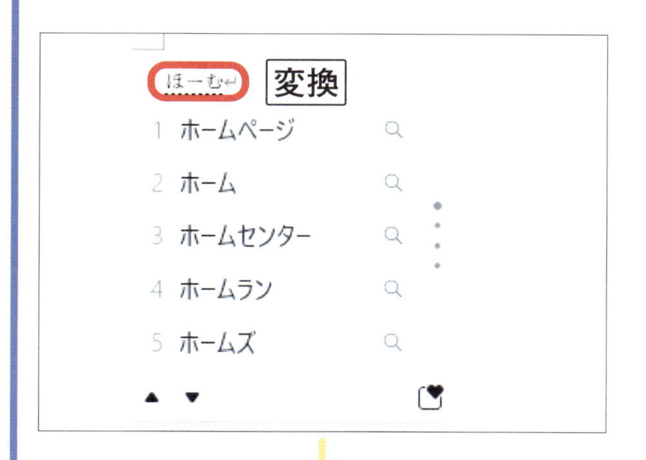

ひらがなモードに切り替えておきます。
「ほーむ」と入力して、キーボードの変換を押します。

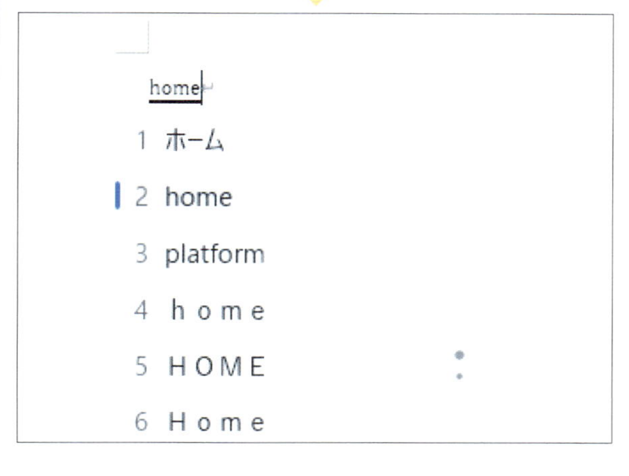

変換候補が表示されるので、入力したい変換候補をクリックなどで選択します。

また、ひらがなモードで入力し、キーボードのF9 F10を押すことでもアルファベットに変換できます。

次のページへ

6 記号を入力する

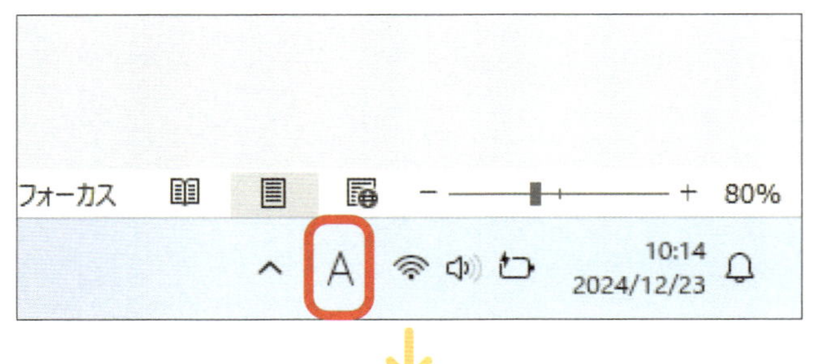

P.66を参考に、A（半角英数字モード）に切り替えておきます。

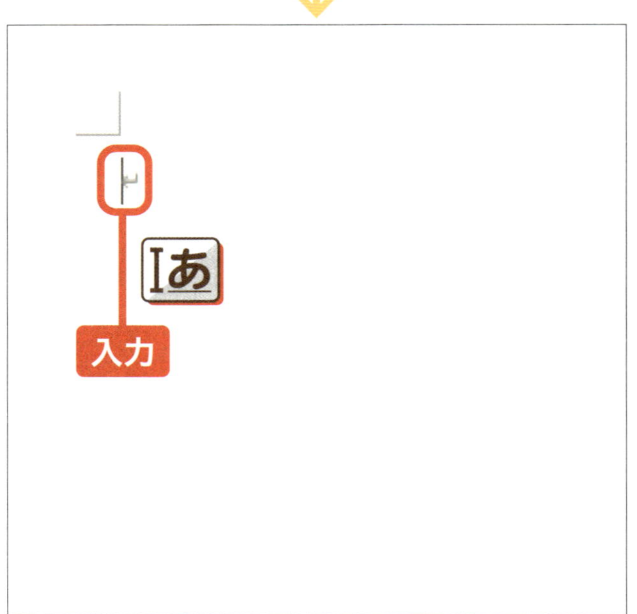

入力する位置にカーソルを合わせます。

記号が書かれているキーを押し、記号（ここでは「@」）を入力します。

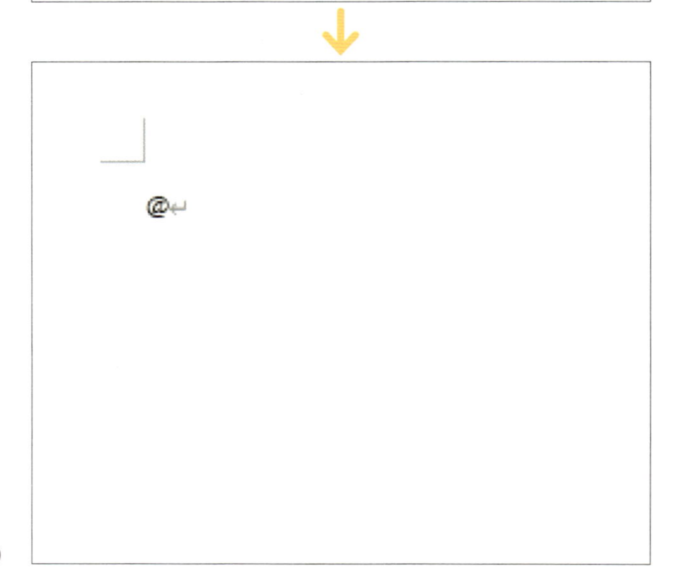

記号が半角で入力されます。

●アドバイス●

キーボードのShiftを押しながら記号キーや数字キーを押すと、キーの左上に書かれている記号が入力されます。

ひらがなモードで変換して記号を入力する

ひらがなモードで「ほし」や「から」といった記号の読みを入力し、P.72を参考に変換候補を表示させると、変換候補に記号が表示されるものもあります。また、同モードでカッコなどの記号を入力して同じように変換候補を表示させると、ほかのカッコや記号などが変換候補に表示され、入力できます。

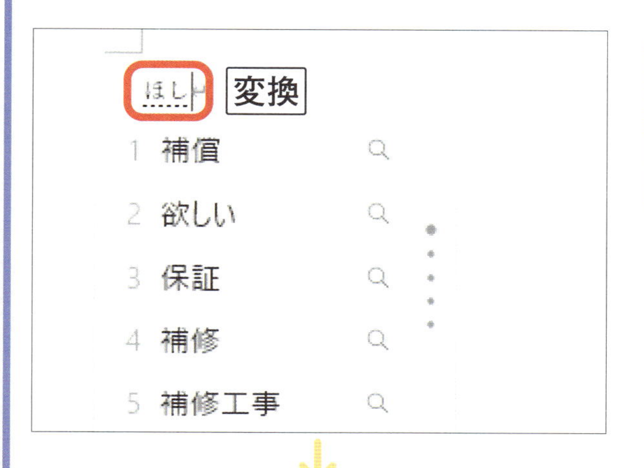

ひらがなモードに切り替えておきます。
「ほし」と入力し、変換を2回押します。

変換候補が表示されるので、入力したい変換候補をクリックなどで入力します。

読み	記号（例）
まる	○●◎
ばつ	×
さんかく	△▽▲▼∴
しかく	□◇■◆
ほし	☆★
から	～

読み	記号（例）
こめ	※
ゆうびん	〒
てん	・、，．：；‥…
かっこ	「」()【】『』[]<>《》{}“”
たんい	°℃￥＄％
やじるし	↑↓←→

終わり

練習用ファイル ▸ 15_文節で入力.docx

文節・文章単位で入力しましょう

文書の作成の際には、文節、または文章単位で文字を入力します。漢字などの変換は適宜確認し、正しく入力するようにしましょう。

入力

→P.16

1 文節単位で入力する

ここでは「家に帰る。」と入力します。

「いえに」と Iあ 入力し、キーボードの 変換 を押します。

アドバイス

文字を入力し、文字の下に点線が表示されているときにキーボードの Esc を押すと、入力を取り消せます。

「家に」と変換されます。

アドバイス

使いたい文字に変換されない場合、もう一度 変換 を押すと、変換候補が一覧で表示されます（P.72～73を参照）。

「かえる。」と あ入力し、キーボードの変換を押します。

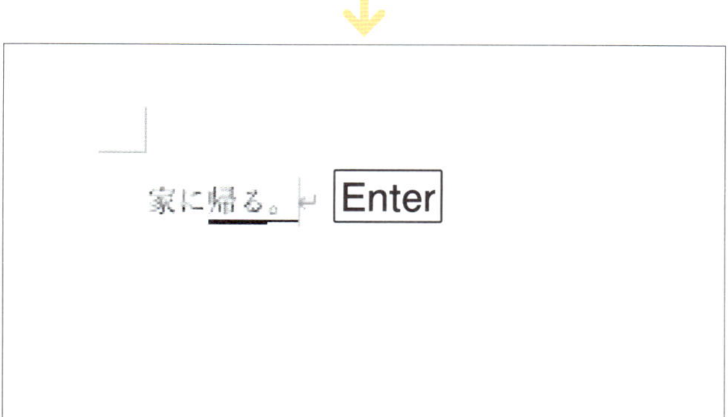

「帰る。」と変換されます。

キーボードのEnterを押すと、入力が確定します。

ヒント 入力モードを確認する

入力モードにより、同じキーでも入力される文字は異なります。文書を作成する際には、必ず入力モードが何になっているのかを確認するようにしましょう。入力モードの変更方法は、P.66を参照してください。

表示アイコン	入力モード	入力される文字	入力例
あ	ひらがな	ひらがな、漢字	さくら、紫陽花
カ	全角カタカナ	全角カタカナ	チューリップ
_ｶ	半角カタカナ	半角カタカナ	ﾁｭｰﾘｯﾌﾟ
Ａ	全角英数字	全角アルファベット、数字、記号	Ｆｌｏｗｅｒ、１２３、！
A	半角英数字	半角アルファベット、数字、記号	Flower、123、!

次のページへ

2 文章単位で入力する

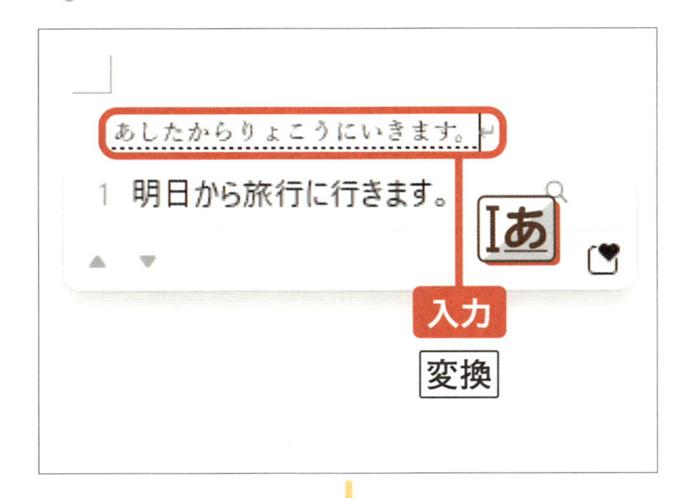

ここでは「明日から旅行に行きます。」と入力します。

文章（あしたからりょこうにいきます。）を入力し、キーボードの変換を押します。

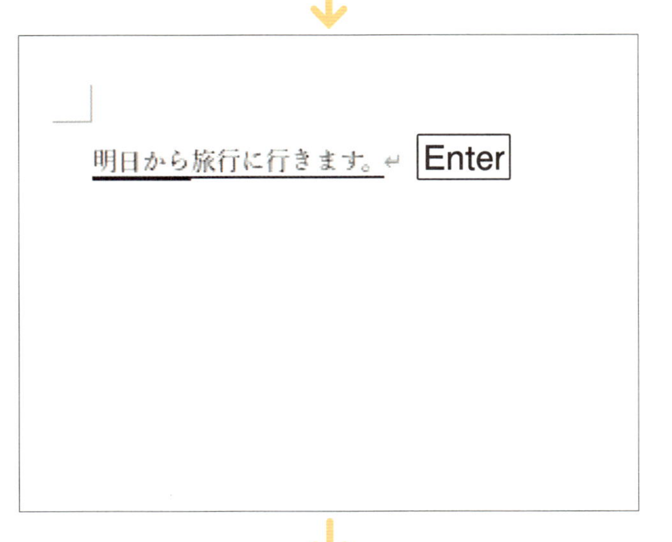

入力した文章が一括変換されます。

キーボードのEnterを押します。

アドバイス

変換された文字が入力したいものと異なる場合は、右ページのヒントを参考に変更しましょう。

明日から旅行に行きます。

変換が確定し、文章が入力されます。

アドバイス

変換を再度押すと、文節ごとに変換できます。

ヒント 文節ごとに変換を行う

キーボードの変換を押して変換した文字が意図しているものと違った場合は、→または←を押して文字の下に表示されている太い下線を変換し直したい文節に移動し、再度変換を押します。

彼女は歌学に興味がある。↵

1 科学に
2 化学に
3 価額に
4 華岳に
5 歌学に
6 下学に

キーボードの←を押して太い下線を移動し、変換を押すと、ほかの変換に変更できます。

また、キーボードの変換を押して変換後、文章内で変換される文節を変更したい場合は、Shiftを押しながら←または→を押し、選択範囲を変更してから変換を押します。

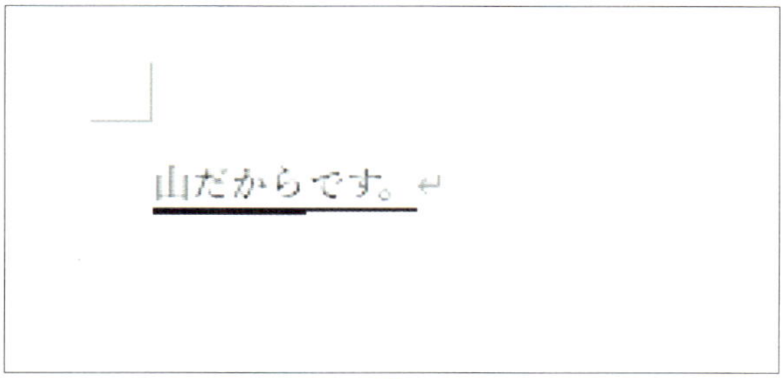

山だからです。↵

キーボードのShiftを押しながら←を押し、選択範囲を変更します。

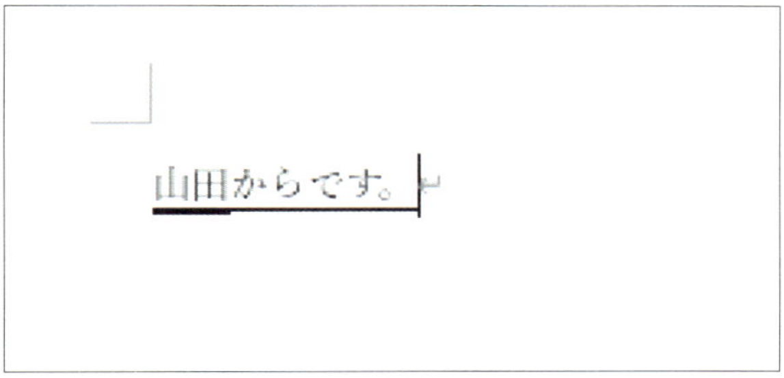

山田からです。↵

キーボードの変換を押すと、選択した文節が変換されます。

終わり

練習用ファイル ▶ 16_文字の選択.docx

レッスン16 文字を選択しましょう

入力した文字を選択しましょう。文字を選択すると、修正や削除、書体や飾りの設定をすることができます。

クリック ➜P.14

1 文字をドラッグで選択する

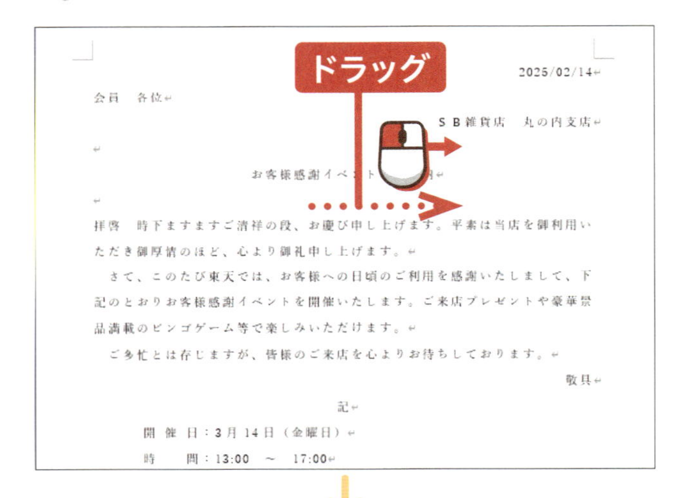

2025/02/14
会員　各位
ＳＢ雑貨店　丸の内支店
お客様感謝イベントのご案内
拝啓　時下ますますご清祥の段、お慶び申し上げます。平素は当店を御利用いただき御厚情のほど、心より御礼申し上げます。
さて、このたび東天では、お客様への日頃のご利用を感謝いたしまして、下記のとおりお客様感謝イベントを開催いたします。ご来店プレゼントや豪華景品満載のビンゴゲーム等で楽しみいただけます。
ご多忙とは存じますが、皆様のご来店を心よりお待ちしております。
敬具
記
開 催 日：3月14日（金曜日）
時　　間：13:00　～　17:00

選択したい文字を

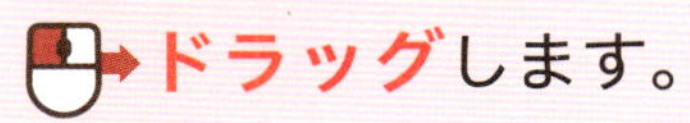
ドラッグします。

2025/02/14
会員　各位
ＳＢ雑貨店　丸の内支店
お客様感謝イベントのご案内
拝啓　時下ますますご清祥の段、お慶び申し上げます。平素は当店を御利用いただき御厚情のほど、心より御礼申し上げます。
さて、このたび東天では、お客様への日頃のご利用を感謝いたしまして、下記のとおりお客様感謝イベントを開催いたします。ご来店プレゼントや豪華景品満載のビンゴゲーム等で楽しみいただけます。
ご多忙とは存じますが、皆様のご来店を心よりお待ちしております。
敬具
記
開 催 日：3月14日（金曜日）
時　　間：13:00　～　17:00

文字が選択されます。

アドバイス

文字をダブルクリックすると、単語で選択することができます。

2 離れた文字を同時に選択する

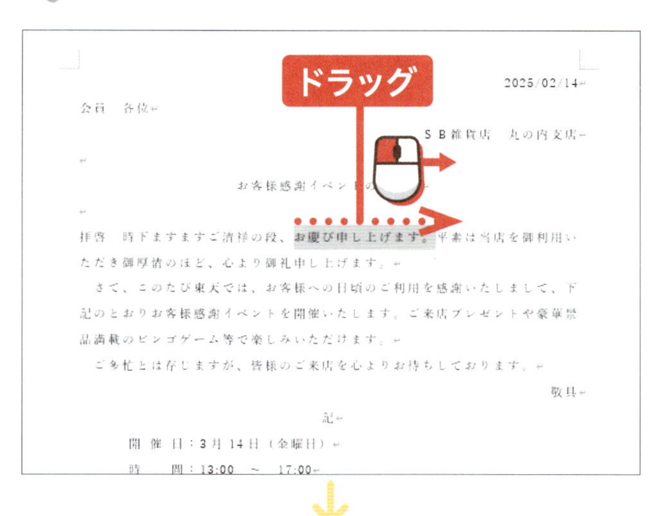

選択したい文字を ドラッグします。

Ctrl＋ドラッグ

同時に選択したい文字を Ctrl を押しながら ドラッグします。

同時に文字が選択されます。

●アドバイス●

選択したい文字の横にカーソルを移動して、Shift＋→を押すと押した分だけ文字を選択できます。

次のページへ

3 行を選択する

2025/02/14
会員　各位
ＳＢ雑貨店　丸の内支店

お客様感謝イベントのご案内

拝啓　時下ますますご清祥の段、お慶び申し上げます。平素は当店を御利用いただき御厚情のほど、心より御礼申し上げます。
　さて、このたび東天では、お客様への日頃のご利用を感謝いたしまして、下記のとおりお客様感謝イベントを開催いたします。ご来店プレゼントや豪華景品満載のビンゴゲーム等で楽しみいただけます。
　ご多忙とは存じますが、皆様のご来店を心よりお待ちしております。
敬具
記
開催日：3月14日（金曜日）
時　　間：13:00 ～ 17:00

選択したい行の左側にマウスポインターを移動させます。このとき ポインター に変化します。

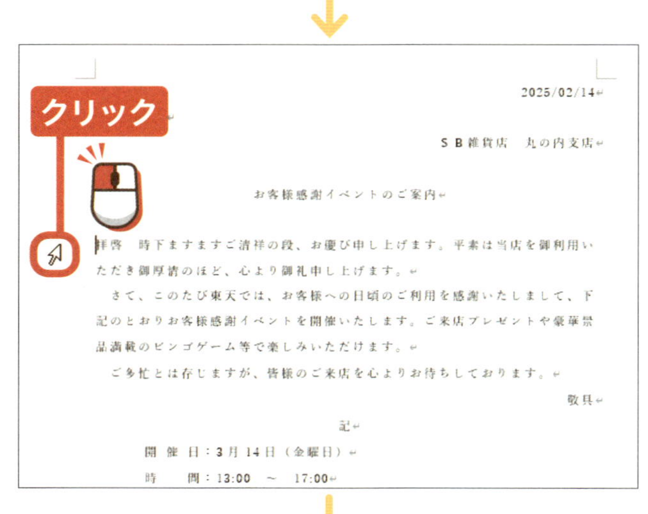

2025/02/14
ＳＢ雑貨店　丸の内支店

お客様感謝イベントのご案内

拝啓　時下ますますご清祥の段、お慶び申し上げます。平素は当店を御利用いただき御厚情のほど、心より御礼申し上げます。
　さて、このたび東天では、お客様への日頃のご利用を感謝いたしまして、下記のとおりお客様感謝イベントを開催いたします。ご来店プレゼントや豪華景品満載のビンゴゲーム等で楽しみいただけます。
　ご多忙とは存じますが、皆様のご来店を心よりお待ちしております。
敬具
記
開催日：3月14日（金曜日）
時　　間：13:00 ～ 17:00

この状態で **クリック** します。

2025/02/14
会員　各位
ＳＢ雑貨店　丸の内支店

お客様感謝イベントのご案内

拝啓　時下ますますご清祥の段、お慶び申し上げます。平素は当店を御利用いただき御厚情のほど、心より御礼申し上げます。
　さて、このたび東天では、お客様への日頃のご利用を感謝いたしまして、下記のとおりお客様感謝イベントを開催いたします。ご来店プレゼントや豪華景品満載のビンゴゲーム等で楽しみいただけます。
　ご多忙とは存じますが、皆様のご来店を心よりお待ちしております。
敬具
記
開催日：3月14日（金曜日）
時　　間：13:00 ～ 17:00

行の文字すべてが選択されます。

アドバイス

Ctrl + A を押すと文書全体を選択することができます。「A」は「All」と覚えるとよいでしょう。

4 離れた行を同時に選択する

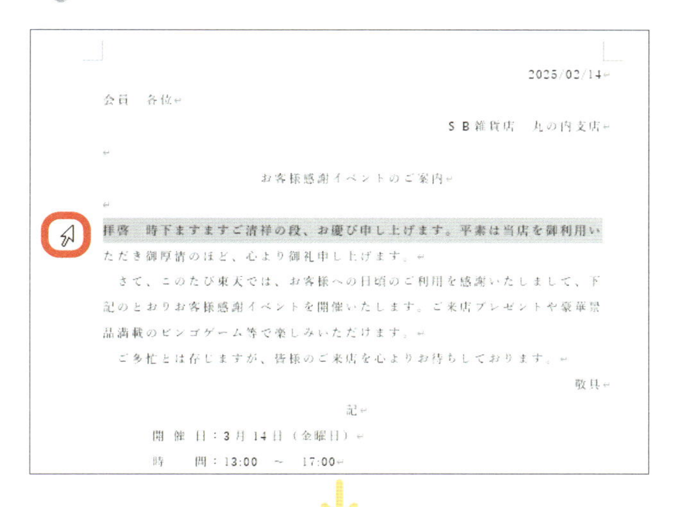
2025/02/14
会員　各位
ＳＢ雑貨店　丸の内支店

お客様感謝イベントのご案内

拝啓　時下ますますご清祥の段、お慶び申し上げます。平素は当店を御利用いただき御厚情のほど、心より御礼申し上げます。
さて、このたび東天では、お客様への日頃のご利用を感謝いたしまして、下記のとおりお客様感謝イベントを開催いたします。ご来店プレゼントや豪華景品満載のビンゴゲーム等で楽しみいただけます。
ご多忙とは存じますが、皆様のご来店を心よりお待ちしております。
敬具
記
開催日：3月14日（金曜日）
時間：13:00　～　17:00

選択したい行の左側にマウスポインターを移動させて、クリックします。

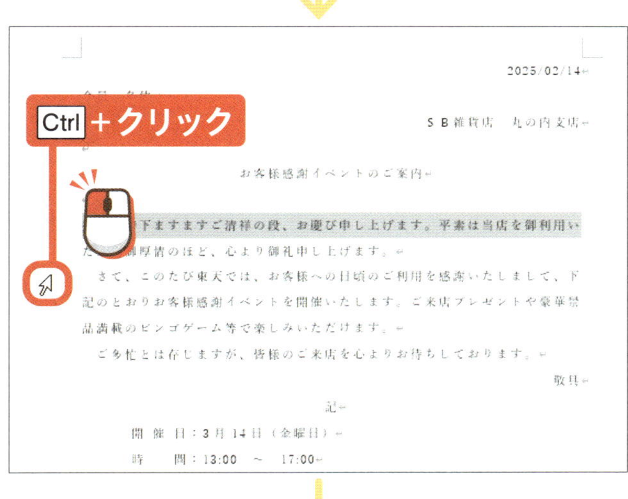

2025/02/14
会員　各位
ＳＢ雑貨店　丸の内支店
お客様感謝イベントのご案内
拝啓　時下ますますご清祥の段、お慶び申し上げます。平素は当店を御利用いただき御厚情のほど、心より御礼申し上げます。
さて、このたび東天では、お客様への日頃のご利用を感謝いたしまして、下記のとおりお客様感謝イベントを開催いたします。ご来店プレゼントや豪華景品満載のビンゴゲーム等で楽しみいただけます。
ご多忙とは存じますが、皆様のご来店を心よりお待ちしております。
敬具
記
開催日：3月14日（金曜日）
時間：13:00　～　17:00

同時に選択したい行の左側にマウスポインターを移動させ、Ctrlを押しながらクリックします。

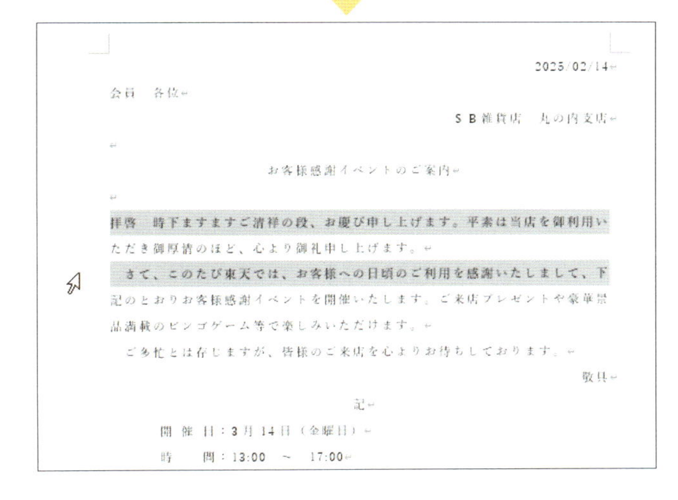
2025/02/14
会員　各位
ＳＢ雑貨店　丸の内支店

お客様感謝イベントのご案内

拝啓　時下ますますご清祥の段、お慶び申し上げます。平素は当店を御利用いただき御厚情のほど、心より御礼申し上げます。
さて、このたび東天では、お客様への日頃のご利用を感謝いたしまして、下記のとおりお客様感謝イベントを開催いたします。ご来店プレゼントや豪華景品満載のビンゴゲーム等で楽しみいただけます。
ご多忙とは存じますが、皆様のご来店を心よりお待ちしております。
敬具
記
開催日：3月14日（金曜日）
時間：13:00　～　17:00

同時に行が選択されます。

アドバイス

Shiftを押しながらクリックすると、離れて選択した間の行もまとめて選択されます。

終わり

レッスン 17 文字を修正・削除しましょう

文書を作成した後に間違っている箇所が見つかった場合などは、文字の修正や追加、削除を行いましょう。

クリック →P.14

ダブルクリック →P.14

右クリック →P.15

入力 →P.16

1 文字を修正する

修正する文字を選択します。

修正したい文字の左側を**クリック**してマウスカーソルを置き、キーボードのShiftを押しながら→を押して選択します。

アドバイス

マウスのドラッグでも文字を選択することができます。

修正後の文字を**入力**します。

選択した文字が入力した文字に置き換わり、修正されます。

2 文字を追加する

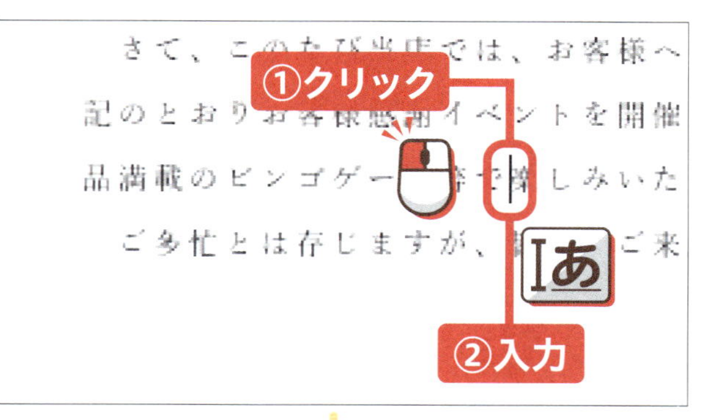

文字を
追加したいところを
クリックします。

追加したい文字を
Iあ入力します。

記のとおりお客様感謝イベントを開催
品満載のビンゴゲーム等でお楽しみい
ご多忙とは存じますが、皆様のご来

入力した文字が追加されます。

ヒント 挿入モードと上書きモード

ワードは通常、「挿入モード」となっており、文字を挿入するときに点滅しているカーソルの位置に文字が追加されます。キーボードのInsertを押して「上書きモード」に切り替えると、文字を追加する際、点滅しているカーソルの右側の文字が上書きされます。
ノートパソコンなどでInsertがない場合は、ステータスバー❶を右クリックし、「上書き入力」❷をクリックします。ステータスバーに「挿入モード／上書きモード」が表示されるので、以後はここをクリックすることで切り替えができます。

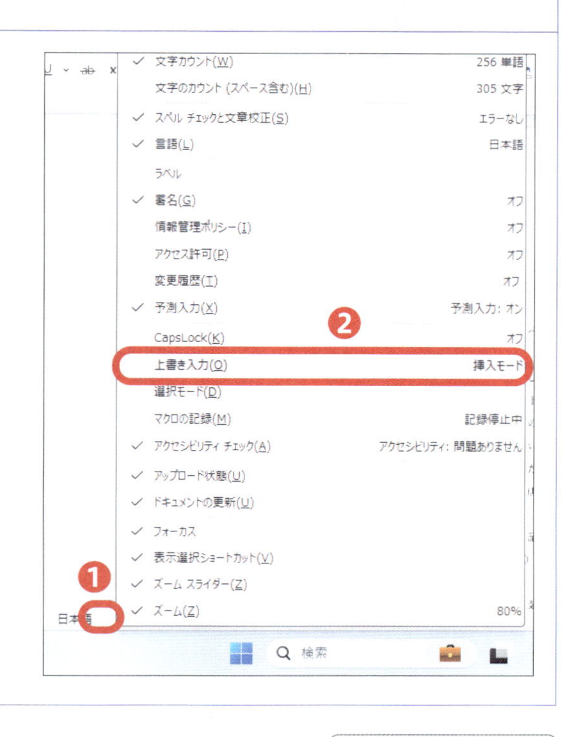

次のページへ

3 文字を１字ずつ削除する

品満載のビンゴゲーム等でお楽しみいただけます。
ご多忙とは存じますが、皆様のご来店を心よりお待

記

開催日：3月14日（金曜日）
時間：13:00 ～ 17:00
会場：SB雑貨店　丸の内支店
お問合せ：03-xxxx-xxxx（担当：吉川）

クリック

削除したい文字の右側を クリックして マウスカーソルを 置きます。

品満載のビンゴゲーム等でお楽しみいただけます。
ご多忙とは存じますが、皆様のご来店を心よりお待

記

開催日：3月14日（金曜日）
時間：13:00 ～
会場：SB雑貨店　丸の内支店
お問合せ：03-xxxx-xxxx（担当：吉川）

BackSpace

キーボードの BackSpace を押すと、カーソルの左側にある文字が１字ずつ削除されます。

アドバイス

画面は５回 BackSpace を押して「17：00」を削除しています。

記

開催日：3月14日（金曜日）
時間：13:00 ～ 17:00
会場：SB雑貨店　丸の内支店
お問合せ：03-xxxx-xxxx（担当：吉川）

クリック　Delete

削除したい文字の左側を クリックして マウスカーソルを置いて キーボードの Delete を押すと、カーソルの右側にある文字を１字ずつ削除できます。

4 文字を一括削除する

記
開　催　日：3 月 14 日（金曜日）
時　　　間：13:00　～　17:00
会　　　場：SB 雑貨店　丸の内支店
お問合せ：03-xxxx-xxxx（担当：吉川）

クリック

削除したい文字を選択します。

●アドバイス●

単語をダブルクリックすると、一括で選択することができます。

記
開　催　日：3 月 14 日（金曜日）
時　　　間：13:00　～
会　　　場：SB 雑貨店　丸の内支店
お問合せ：03-xxxx-xxxx（担当：吉川）

Delete

キーボードの Delete または BackSpace を押すと、選択した文字が一括削除されます。

ヒント 複数の離れた箇所を一括で削除する

複数の離れた箇所の文字を一括で削除するには、最初に文字を選択し、続けてキーボードの Ctrl を押したまま、マウスで削除したい箇所をドラッグします。その状態で Delete を押すと、離れた複数箇所の文字が一括で削除されます。

記
開　催　日：3 月 14 日（金曜日）
時　　　間：13:00　～　17:00
会　　　場：SB 雑貨店　丸の内支店
お問合せ：03-xxxx-xxxx（担当：吉川）

終わり

練習用ファイル ▸ 18_文字の移動とコピー.docx

レッスン 18 文字をコピー・移動しましょう

入力した文字をほかの場所でも使いたい場合は、コピーをすると便利です。また、文字を移動することもできます。

1 文字をコピーする

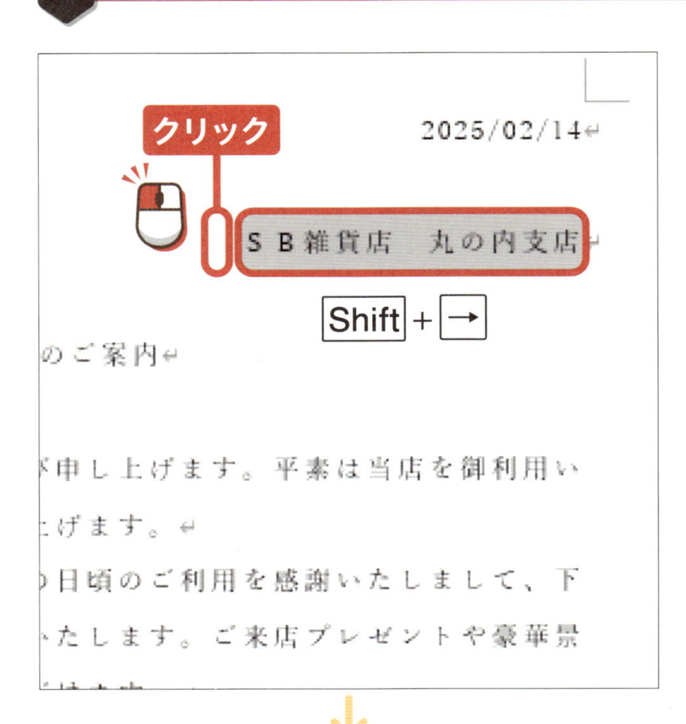

コピーする文字を選択します。

コピーしたい文字の左側を クリックしてマウスカーソルを置き、キーボードのShiftを押しながら→を押して選択します。

アドバイス

マウスのドラッグでも文字を選択することができます。

「ホーム」タブの「クリップボード」グループの を クリックします。

さて、このたび東天では、お客様への日頃のご利用を感謝い
記のとおりお客様感謝イベントを開催いたします。ご来店プレ
品満載のビンゴゲーム等で楽しみいただけます。
ご多忙とは存じますが、皆様のご来店を心よりお待ちしてお

記
開催日：3月14日（金曜日）
時　間：13:00　～
会　場：
お問合せ：03-xxxx-xxxx（担当：吉川）

クリック

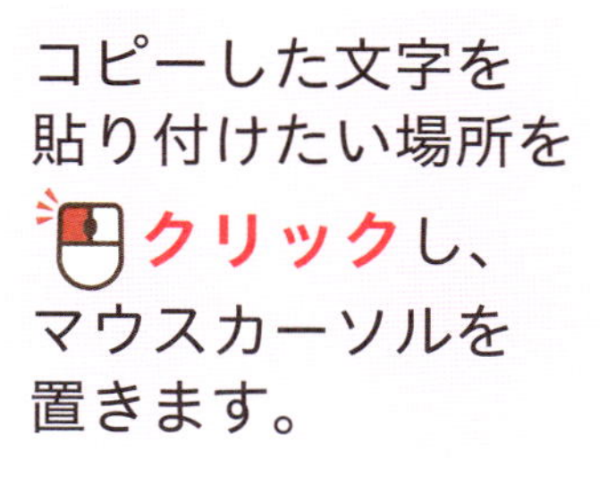

コピーした文字を
貼り付けたい場所を
クリックし、
マウスカーソルを
置きます。

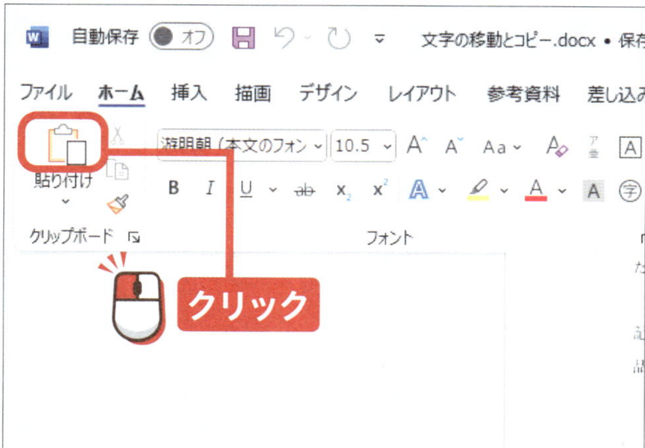

を
クリックします。

アドバイス

キーボードのCtrl＋Cを押してコピー、Ctrl＋Vを押して貼り付けを行うこともできます。

ただき御厚情のほど、心より御礼申し上げます。
さて、このたび東天では、お客様への日頃のご利用を感謝い
記のとおりお客様感謝イベントを開催いたします。ご来店プレ
品満載のビンゴゲーム等で楽しみいただけます。
ご多忙とは存じますが、皆様のご来店を心よりお待ちしてお

記
開催日：3月14日（金曜日）
時　間：13:00　～
会　場：ＳＢ雑貨店　丸の内支店
お問合せ：03-xxxx-xxxx（担当：吉川）(Ctrl)

コピーした文字が貼り付けられます。

アドバイス

貼り付けた文字と一緒にスマートタグ（(Ctrl)）も表示されます。これは貼り付けのオプションが選択できるものですが、ここでは無視して大丈夫です。気になる場合はキーボードのEscを押すと消えます。

次のページへ

2 文字を移動する

イベントのご案内

拝啓　時下ますますご清祥の段、お慶び申し上
ただき御厚情のほど、心より御礼申し上げます
　さて、このたび東天では、お客様への日頃の
記のとおりお客様感謝イベントを開催いたしま
品満載のビンゴゲーム等で楽しみいただけます

移動したい文字を選択します。

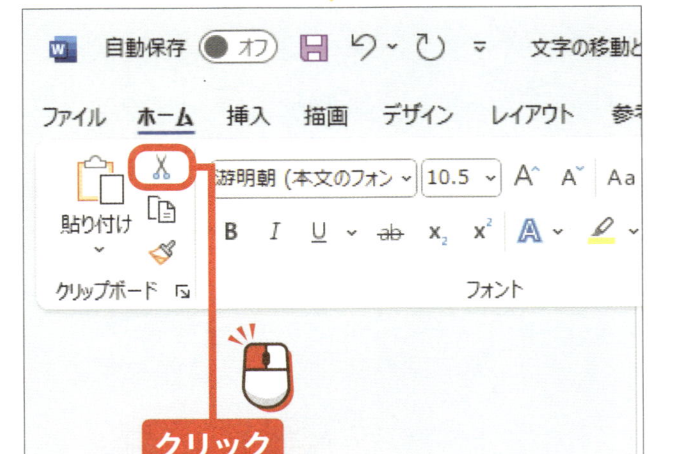

「ホーム」タブの「クリップボード」グループの ✂ をクリックします。

キーボードのCtrl＋Xを押すことでも切り取りができます。

イベントのご案内

拝啓　時下ますますご清祥の段、お慶び申し上
ただき御厚情のほど、心より御礼申し上げます
　さて、このたび東天では、お客様への日頃の
記のとおりイベントを開催いたします。ご来店

クリック

移動したい場所をクリックし、マウスカーソルを置きます。

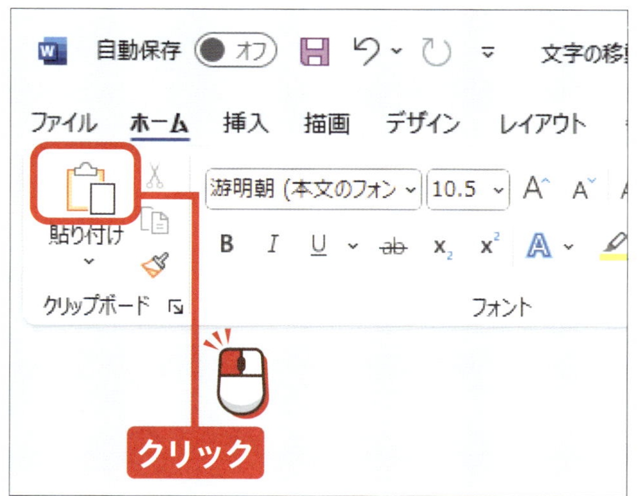

を

クリックします。

アドバイス

コピー、切り取り、貼り付けは選択範囲を右クリックし、表示されるメニューから行うこともできます。

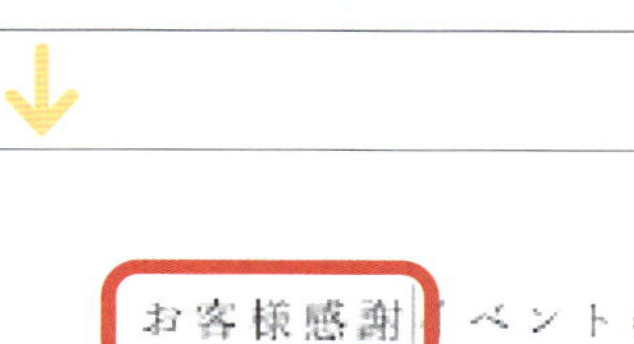

文字が移動して貼り付けられます。

アドバイス

「クイックアクセスツールバー」の↶をクリックすると操作が元に戻り、↻をクリックすると操作がやり直されます。

ヒント マウスで文字を移動する

移動させたい文字を選択し、移動したい箇所へドラッグすることでも、文字を移動することができます。

終わり

ステップアップ

Q. アルファベットの先頭文字が大文字になってしまうのはなぜ？

A. オートコレクトが有効になっているためです。

たとえば「this」と入力し、キーボードのSpaceやEnterを押すと、自動的に「This」のように先頭文字が大文字で表示されることがあります。これはワードのオートコレクト機能が働いているからです。この機能を利用したくないときは、オートコレクトの設定を変更しましょう。

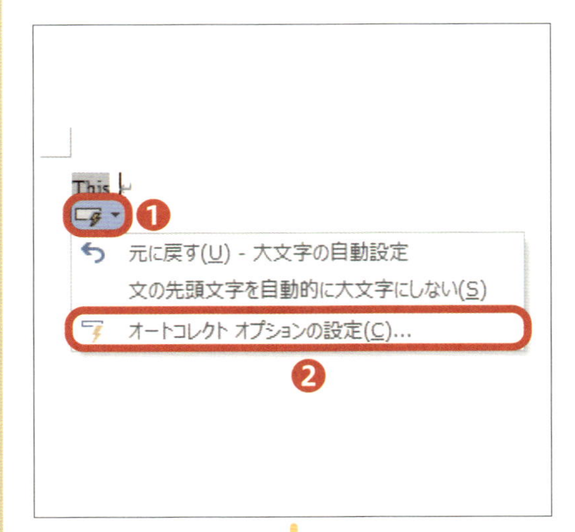

オートコレクトによって変換された文字をクリックし、先頭文字の下に表示される をクリックし、 1→「オートコレクト オプションの設定」2をクリックします。

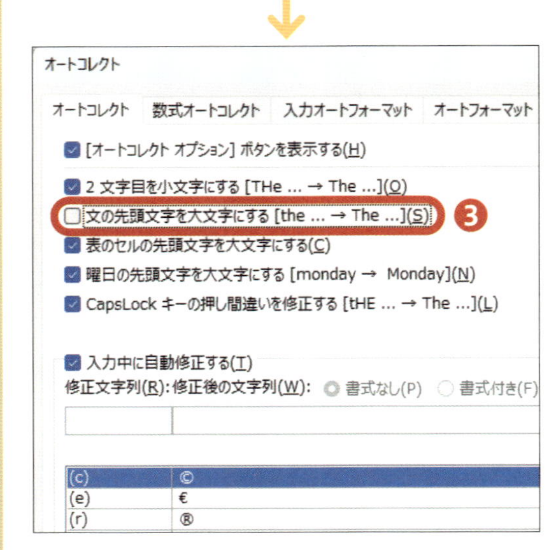

「文の先頭文字を大文字にする」3をクリックしてオフにし、「OK」をクリックすると、先頭文字が自動的に大文字にならなくなります。そのほかにも気になる設定が行われていたら、一緒にオフにしておきましょう。

ステップアップ

Q. ワードでCopilotを使ってみたい！

A. サブスクリプション版のMicrosoft 365を契約します。

Copilotは、Microsoftが提供している生成AIサービスです。Webブラウザーやパソコンのアプリなどで聞きたいことをチャットすると（プロンプトを送ると）、自然な文章の回答が返ってきます。Microsoft 365（Microsoft 365 Personal／Family）を契約すると、Microsoft 365のワードやエクセル、パワーポイントでCopilotを活用した資料作成が行えるようになります。ワードでは、文章の下書き作成や文章の書き換え・編集・要約、画像の生成などができます。

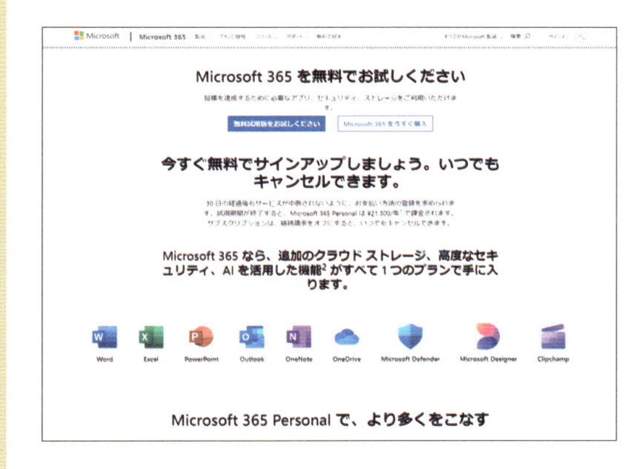

Microsoft 365は、MicrosoftのWebサイト（https://www.microsoft.com/ja-jp/microsoft-365/try）から購入できます（2025年2月時点）。

※Microsoft 365 Businessの場合は、Microsoft 365 Copilotを購入します。

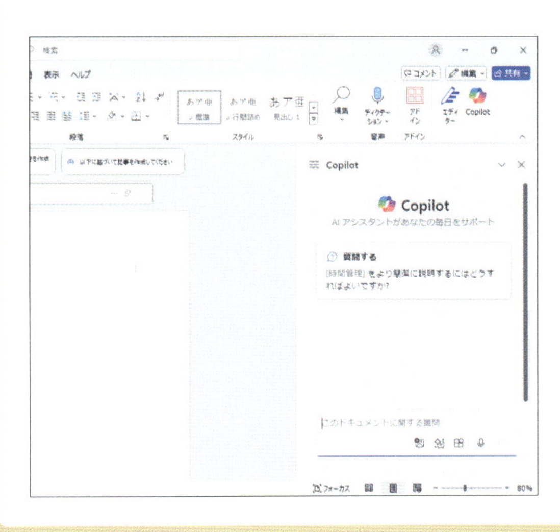

ワードでは、「ホーム」タブの「Copilot」からチャットができます。また、ファイルを新規作成して[アイコン]をクリックすると文章の下書き作成用のボックス、保存したファイルを開くと文章の要約が表示されます。

ステップアップ

Q. Copilotに文章を校正してもらいたい！

A. Copilotにチャットで校正を依頼します。

Copilotとのチャットでは、開いているワードファイルの文章について、いろいろなことを質問できます。誤字脱字や表記の不統一などのチェックを依頼したいときは、「この文章を校正してください。」「この文章の誤字脱字を指摘してください。」といったプロンプトを送信します。また、文体やトーンを調整したい場合は、「自動書き換え」機能も便利です。

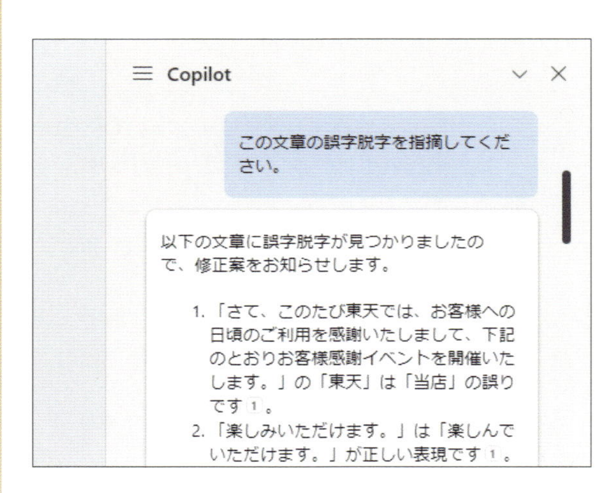

文章を校正したいワードファイルを開いた状態で「ホーム」タブの「Copilot」をクリックし、校正を依頼するプロンプトを入力して、▷をクリックします。しばらくすると、校正内容が返ってきます。

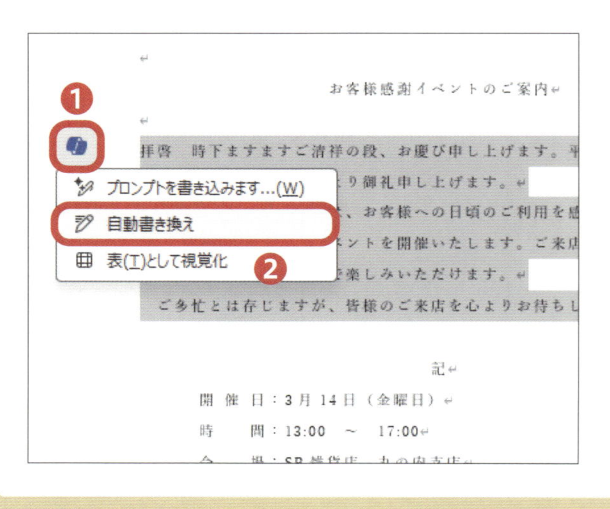

文章のトーンを変えたいときは、文章を選択した状態で❶→「自動書き換え」❷の順にクリックすると、書き換えた文章が生成されます。「置き換え」をクリックすると、文章に反映されます。

4章

文書のデザインを行いましょう

レッスンをはじめる前に

文書の書式を変更します

作成した文書の書式を変更して、読みやすくなるように設定しましょう。文字の書体や大きさを文書の内容に合わせて変更すると、より一層読みやすくなります。見出しを中央に配置したり、文字を指定した文字数分に均等に割り付けたり、横幅を拡大／縮小したりすることもできます。
また、箇条書きを設定して文書内の一部をリスト形式にすると、内容が整理されるのでしっかりとまとまった文書になります。

中央揃え

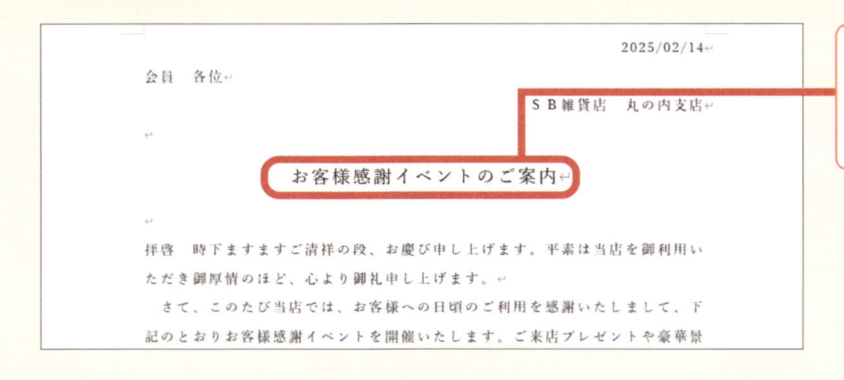
2025/02/14
会員　各位
ＳＢ雑貨店　丸の内支店

お客様感謝イベントのご案内

拝啓　時下ますますご清祥の段、お慶び申し上げます。平素は当店を御利用いただき御厚情のほど、心より御礼申し上げます。
　さて、このたび当店では、お客様への日頃のご利用を感謝いたしまして、下記のとおりお客様感謝イベントを開催いたします。ご来店プレゼントや豪華景

見出しを中央揃えにすると、見やすい文書になります。

箇条書き＆均等割り付け

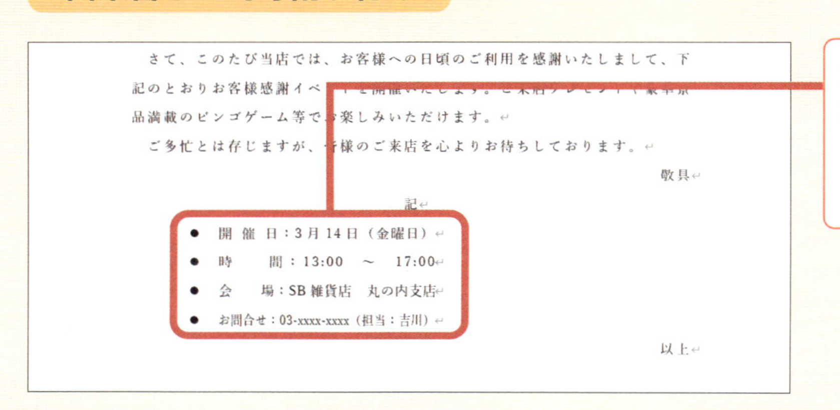
　さて、このたび当店では、お客様への日頃のご利用を感謝いたしまして、下記のとおりお客様感謝イベ
品満載のビンゴゲーム等で楽しみいただけます。
　ご多忙とは存じますが、様のご来店を心よりお待ちしております。
敬具
記
- 開催日：3月14日（金曜日）
- 時　間：13:00　～　17:00
- 会　場：SB雑貨店　丸の内支店
- お問合せ：03-xxxx-xxxx（担当：吉川）

以上

箇条書きで内容を整理し、さらに均等割り付けを行って横幅を揃えています。

文書に装飾を付けます

作成した文書の文字には、さまざまな**装飾**を付けることができます。強調したいところを太字にしたり、アルファベットや数字などを斜体にしたり、大事なところに下線を引いたり、目立たせたいところは色を付けたりと、見栄えのよいデザインに仕上げることができます。

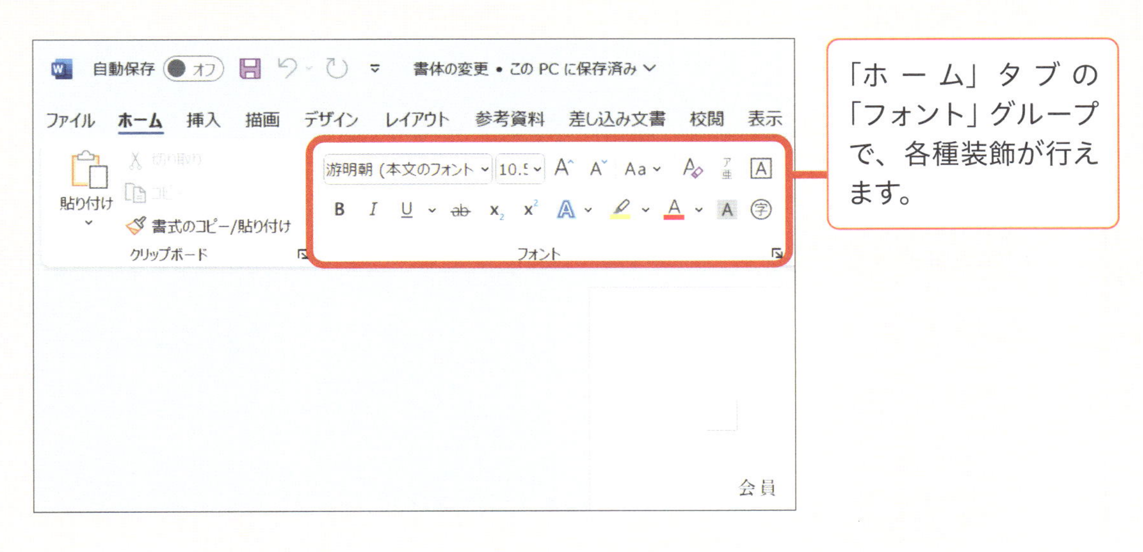

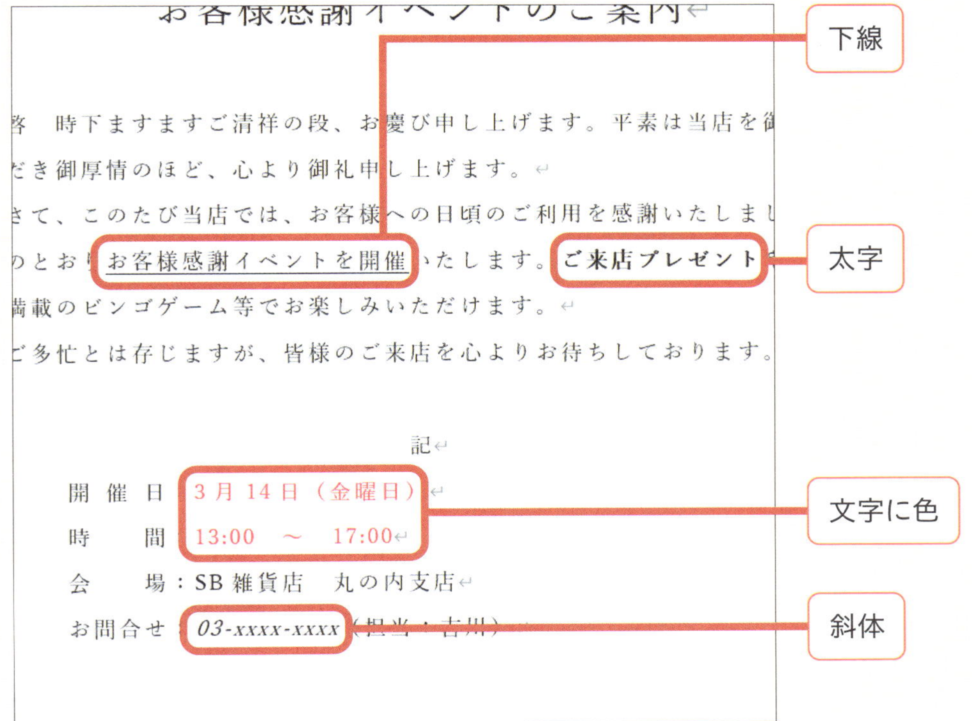

練習用ファイル ▶ 19_書体の変更.docx

レッスン 19 文字の書体を変更しましょう

文字の書体を変更すると、メリハリのきいた文書に仕上げることができます。内容に合った書体に変更しましょう。

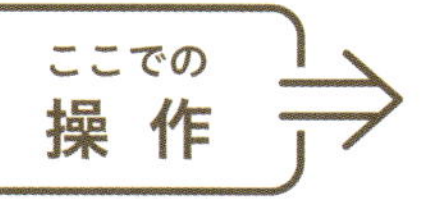

クリック
→P.14

1 文字の書体を変更する

ＳＢ雑貨店

お客様感謝イベントのご案内

Shift ＋ →

すますご清祥の段、お慶び申し上げます。平素は当店
のほど、心より御礼申し上げます。
たび当店では、お客様への日頃のご利用を感謝いたし
客様感謝イベントを開催いたします。ご来店プレゼン
ゴゲーム等でお楽しみいただけます。
存じますが、皆様のご来店を心よりお待ちしておりま

記

日：3月14日（金曜日）
間：13:00　～　17:00

書体を変更する文字を選択します。

変更したい文字の左側を クリックして マウスカーソルを置き、キーボードのShiftを押しながら→を押して選択します。

アドバイス

マウスのドラッグでも文字を選択することができます。また、文書全体の書体を一括で変えるには、キーボードのCtrl＋Aを押して全選択します。

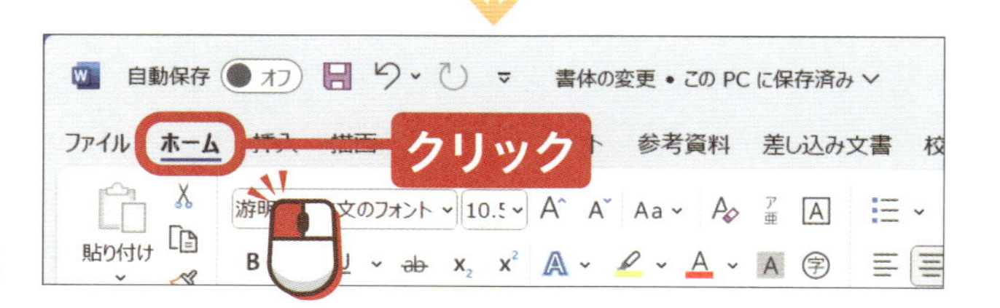

ホームを クリックします。

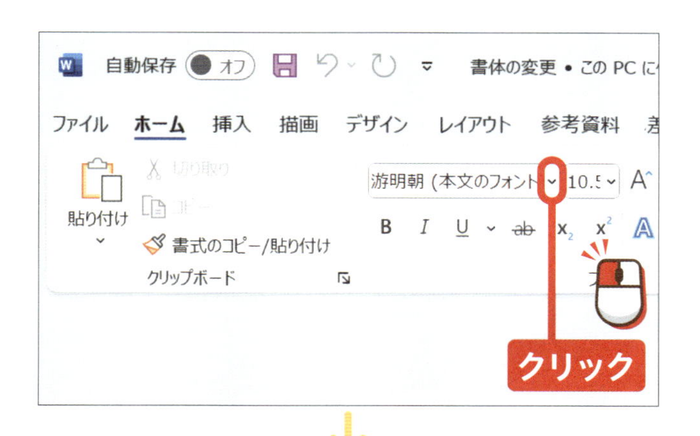

「フォント」グループの書体名の ⌄ を クリックします。

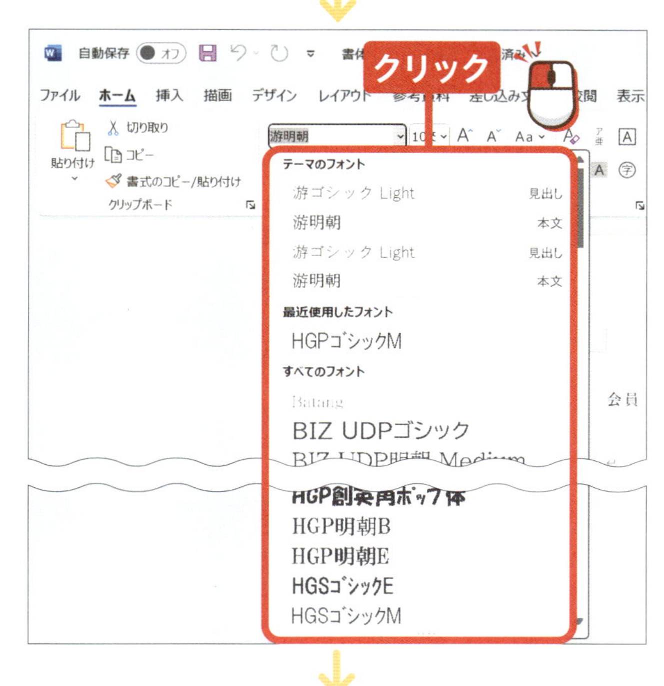

選択可能な書体が一覧で表示されます。

変更したい書体（ここでは「HGPゴシックM」）を クリックします。

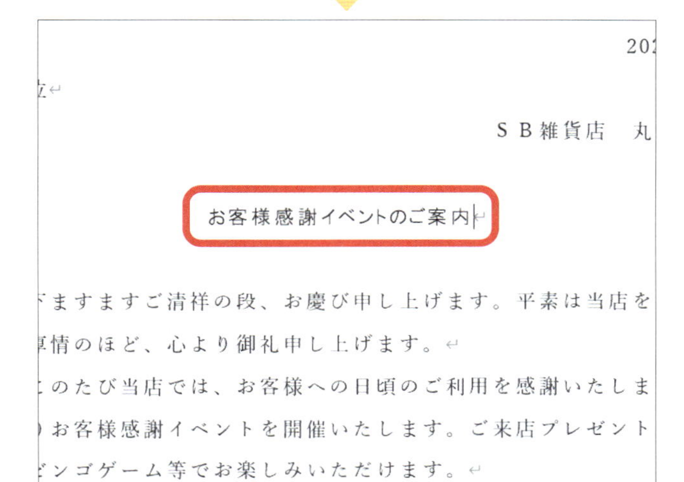

選択した書体（HGPゴシックM）に変更されます。

終わり

レッスン 20 文字のサイズを変更しましょう

文書の文字のサイズを変更することができます。目立たせたいタイトルなどは文字のサイズを大きくするとよいでしょう。

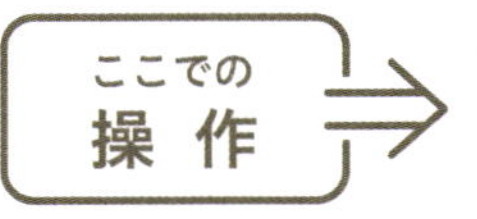

クリック

→P.14

1 文字のサイズを変更する

2025/02

各位↵

ＳＢ雑貨店　丸の内

お客様感謝イベントのご案内↵

Shift + →

時下ますますご清祥の　　　び申し　　ます。平素は当店を御利

き御厚情のほど、心より御礼申し上げます。↵

て、このたび当店では、お客様への日頃のご利用を感謝いたしまして、

とおりお客様感謝イベントを開催いたします。ご来店プレゼントや豪

蔵のビンゴゲーム等でお楽しみいただけます。↵

多忙とは存じますが、皆様のご来店を心よりお待ちしております。↵

サイズを変更する文字を選択します。

変更したい文字の左側をクリックしてマウスカーソルを置き、キーボードのShiftを押しながら→を押して選択します。

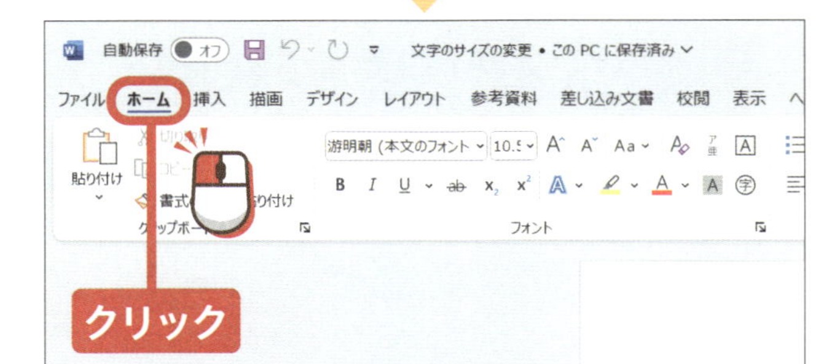

ホームをクリックします。

アドバイス

書式の設定は、文字を選択すると表示される「ミニツールバー」からも行えます。

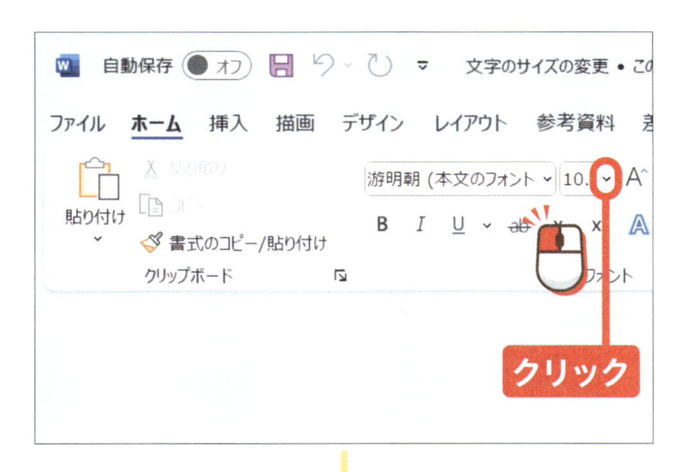

「フォント」グループの文字サイズの ⌄ をクリックします。

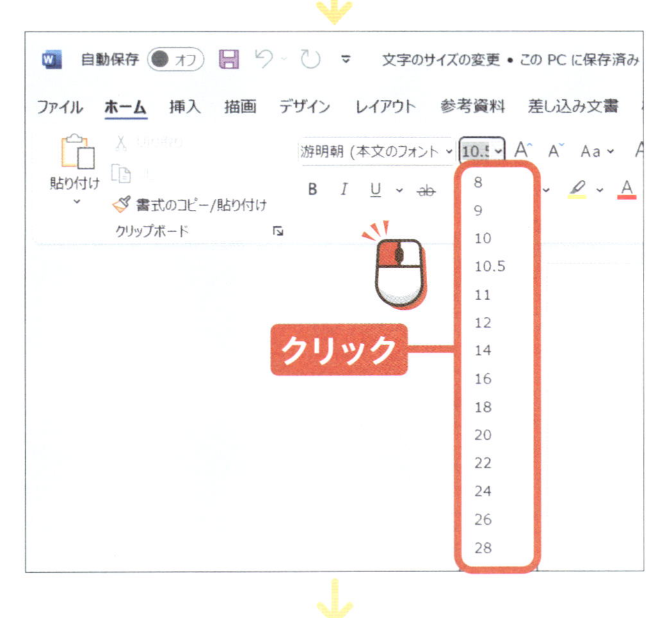

文字のサイズが一覧で表示されます。

変更したい文字のサイズ（ここでは「18」）をクリックします。

2025/02
各位
ＳＢ雑貨店　丸の内

お客様感謝イベントのご案内

時下ますますご清祥の段、お慶び申し上げます。平素は当店を御利
き御厚情のほど、心より御礼申し上げます。
て、このたび当店では、お客様への日頃のご利用を感謝いたしまして、
とおりお客様感謝イベントを開催いたします。ご来店プレゼントや豪
賦のビンゴゲーム等でお楽しみいただけます。

選択したサイズ（18）に変更されます。

アドバイス

文字サイズの数字部分をクリックして数値を入力することで、任意の大きさに設定することもできます。

終わり

レッスン 21 文字に飾りを設定しましょう

文字に太字や斜体、下線などを設定したり、色を付けたりすることができます。同じ文字に複数の飾りを設定することも可能です。

クリック →P.14

1 文字を太字にする

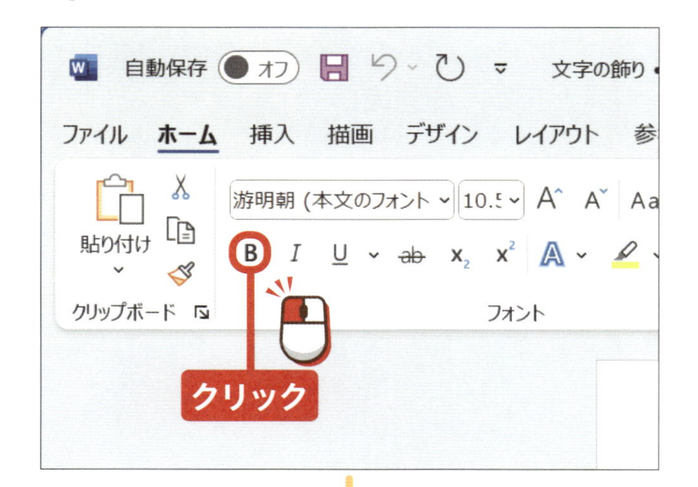

太字にする文字を選択しておきます。

「ホーム」タブの「フォント」グループの B を クリック します。

お慶び申し上げます。平素は当店を御利用い
礼申し上げます。
客様への日頃のご利用を感謝いたしまして、下
を開催いたします。**ご来店プレゼント**や豪華景
しみいただけます。
のご来店を心よりお待ちしております。
敬具
記

選択した文字が太字になります。

アドバイス

文字の飾りは、文字を選択すると表示される「ミニツールバー」からも設定できます。

2 文字に斜体を設定する

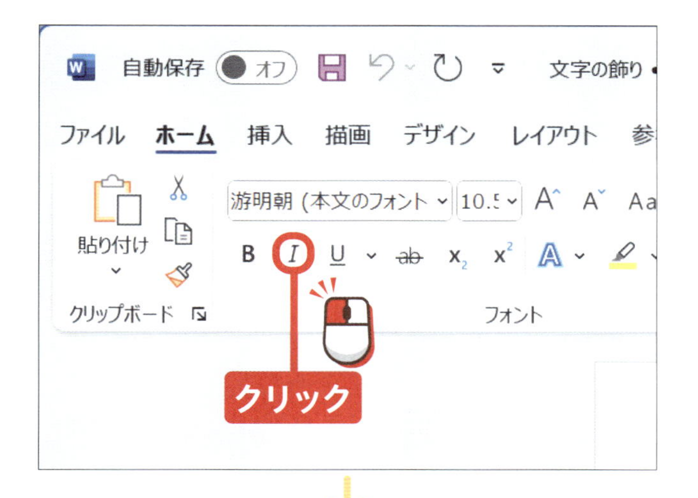

斜体にする文字を選択しておきます。

「ホーム」タブの「フォント」グループの *I* をクリックします。

ご多忙とは存じますが、皆様のご来店を心よりお

記

開　催　日：3月14日（金曜日）

時　　間：13:00　～　17:00

会　　場：SB雑貨店　丸の内支店

お問合せ：*03-xxxx-xxxx*（担当：吉川）

選択した文字に斜体が設定されます。

アドバイス

「メイリオ」など、文字の書体によっては斜体にならない場合もあります。

ヒント 飾りを解除する

設定した飾りを解除するには、解除したい文字を選択し、再度同じボタンをクリックします。設定中の飾りのボタンは、灰色で表示されます。

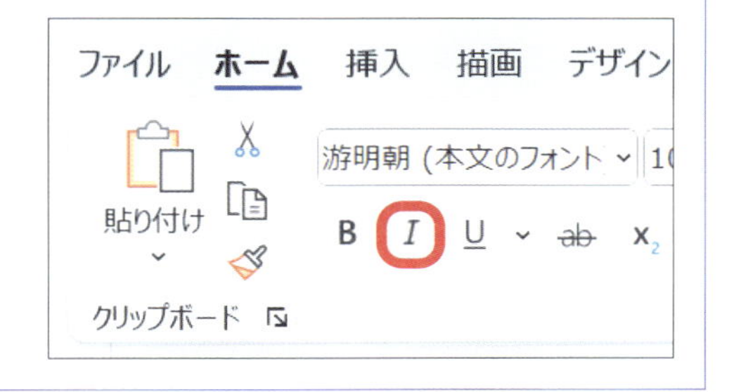

4章 文書のデザインを行いましょう

次のページへ

3 文字に下線を引く

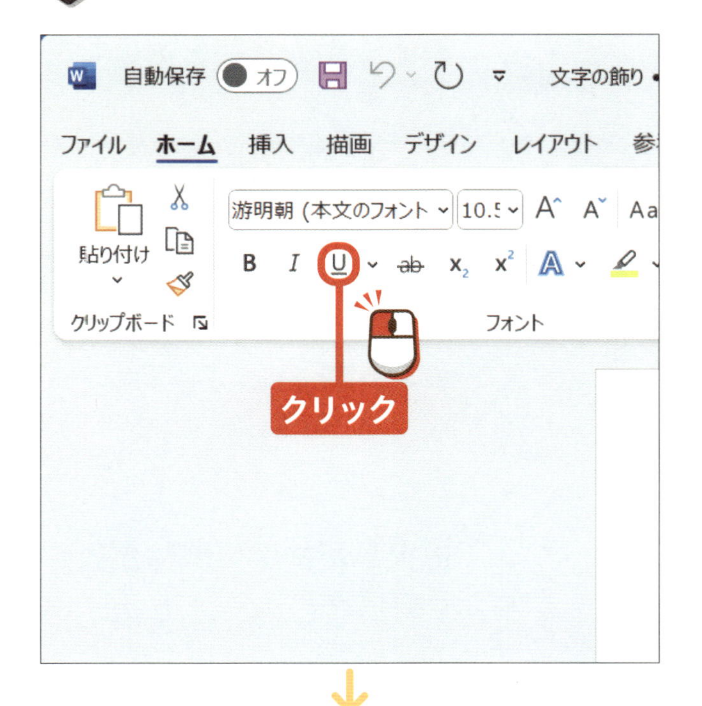

下線を引く文字を選択しておきます。

「ホーム」タブの「フォント」グループのUをクリックします。

さて、このたび当店では、お客様への日頃の
記のとおりお客様感謝イベントを開催いたしま
品満載のビンゴゲーム等でお楽しみいただけま
ご多忙とは存じますが、皆様のご来店を心よ
記

選択した文字に下線が設定されます。

アドバイス

Uの右側のをクリックすると、下線の種類を選択できます。

ヒント 文字に蛍光ペンを付ける

文字に蛍光ペンを付けるには、文字を選択して「ホーム」タブの「フォント」グループのをクリックします。の右側のをクリックすると、蛍光ペンの色が一覧表示され、そこから色を選択できます。

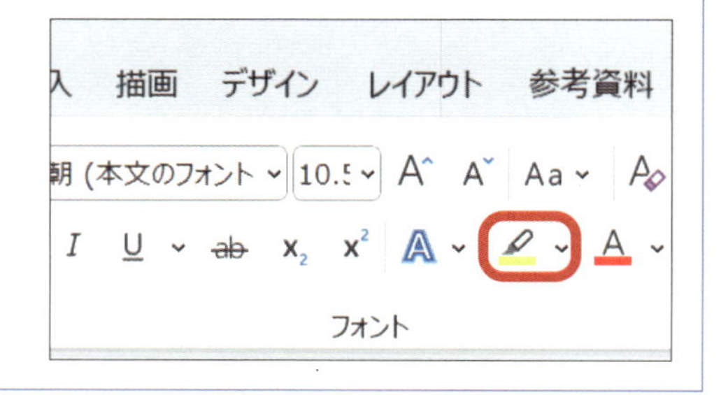

4 文字に色を付ける

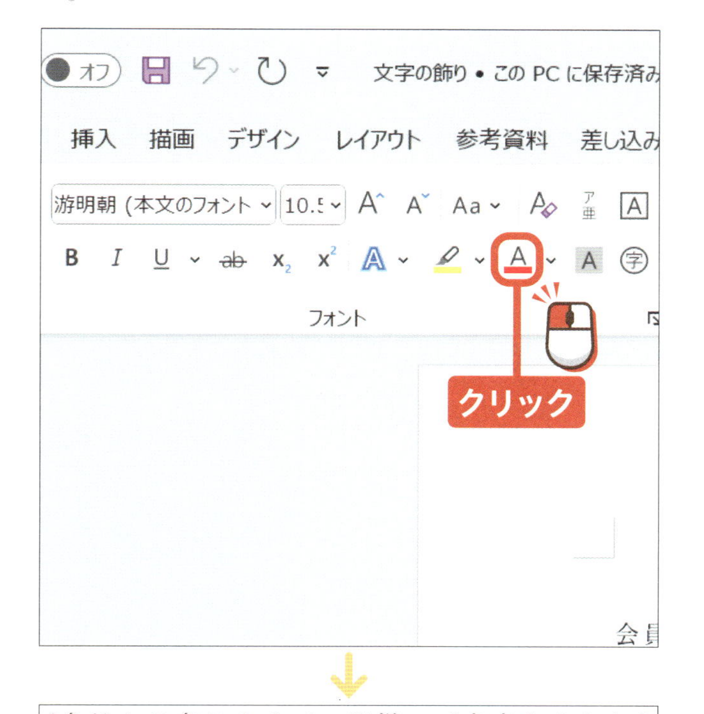

色を付ける文字を選択しておきます。

「ホーム」タブの「フォント」グループのAをクリックします。

●アドバイス●

Aの右側のvをクリックすると、文字に付ける色が選択できます。

ご多忙とは存じますが、皆様のご来店を心よりお

記

開 催 日 3月 14日（金曜日）

時　　間：13:00 ～ 17:00

会　　場：SB 雑貨店　丸の内支店

お問合せ：03-xxxx-xxxx（担当：吉川）

文字の色が変更されます。

ヒント Aの線の色

文字の色を変えるアイコン（A）の線の色は、現在、設定されている色です。設定状態に合わせて、アイコンに表示される色も変わります。

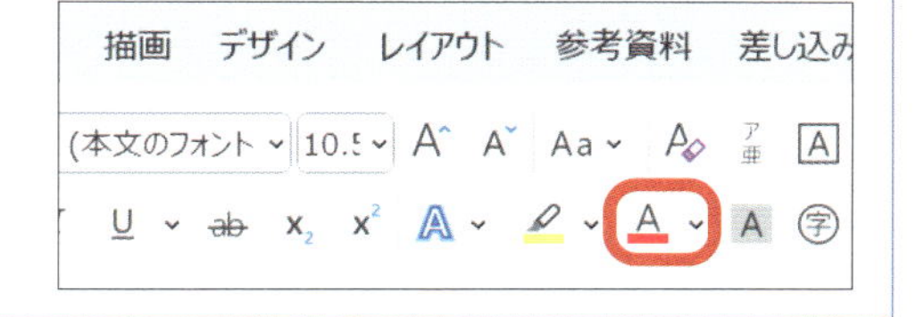

終わり

練習用ファイル ▸ 22_書式のコピー.docx

レッスン 22

書式をほかの文字にも簡単に適用しましょう

文字に設定した書式をほかの文字にも適用したい場合は、書式のコピーが便利です。同じ設定を複数箇所に適用させることもできます。

クリック
→P.14

ダブルクリック
→P.14

1 設定した書式をコピーして貼り付ける

記↵

開 催 日：3 月 14 日（金曜日）↵

時　　間：13:[Shift] + [→]0↵

会　　場：SB 雑貨店　丸の内支店↵

お問合せ：03-xxxx-xxxx（担当：吉川）↵

書式の設定をコピーする文字を選択します。

コピーしたい文字の左側をクリックしてマウスカーソルを置き、キーボードの[Shift]を押しながら[→]を押して選択します。

●アドバイス●

マウスのドラッグでも文字を選択することができます。

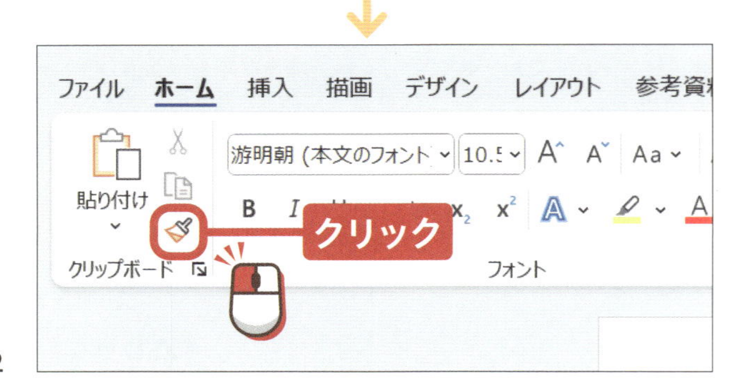

「ホーム」タブの「クリップボード」グループの[書式のコピー/貼り付け]をクリックします。

マウスポインターが🖌Iに変わります。

書式のコピー先となる文字を🖱➡**ドラッグ**します。

書式がコピーされます。

アドバイス

左の画面では文字の色と太字、下線をコピーしていますが、文字のサイズやフォントもコピーされます。

ヒント 複数箇所に連続して書式をコピーする

同じ書式を複数の箇所にコピーしたい場合は、コピーする文字を選択し、「ホーム」タブの「クリップボード」グループの🖌をダブルクリックして、コピー先の文字をドラッグします。

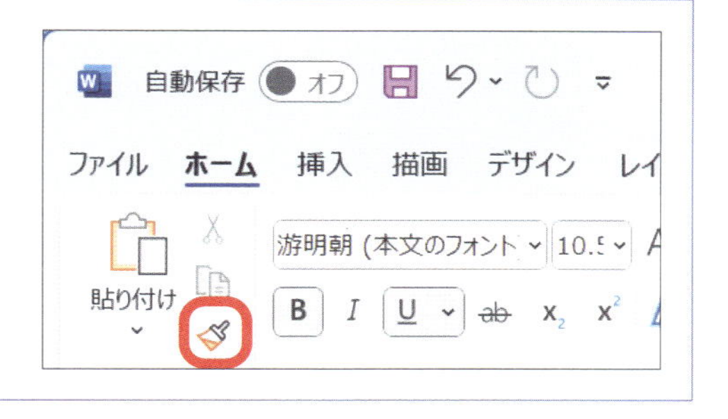

終わり✔

練習用ファイル ▶ 23_文字の書式.docx

レッスン 23

文字にいろいろな書式を設定しましょう

作成した文書をさらに読みやすくするために、文字にふりがなを振ったり、文字を均等に割り付けたりすることができます。

クリック
→P.14

1 文字にふりがなを振る

お客様感謝

↵

拝啓　時下ますますご清祥の段、お

ただき御厚情のほど、心より御礼申

さ Shift + → び当店では、お客様

記のとおりお客様感謝イベントを開

品満載のビンゴゲーム等でお楽しみ

ご多忙とは存じますが、皆様のご

ふりがなを振る文字を選択します。

ふりがなを振る文字の左側をクリックしてマウスカーソルを置き、キーボードのShiftを押しながら→を押して選択します。

アドバイス

マウスのドラッグでも文字を選択することができます。

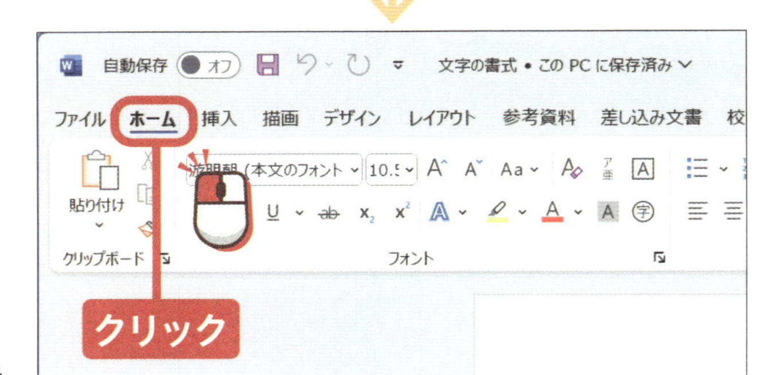

ホームをクリックします。

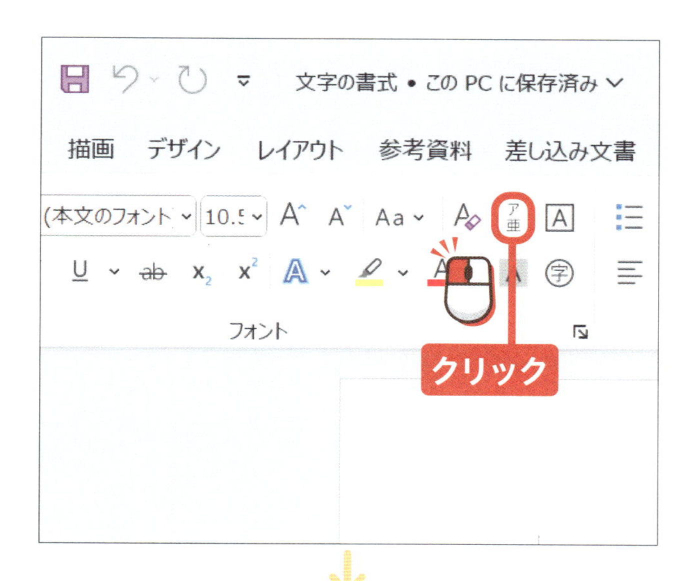

「フォント」グループの ア亜 を クリック します。

ルビ
対象文字列(B):
ルビ(R):
御厚情
ごこうじょう
文字列全体(G)
文字単位(M)
ルビの解除(C)
変更を元に戻す(D)
配置(L): 均等割り付け 2
オフセット(O): 0 pt
フォント(F): 游明朝
サイズ(S): 5 pt
プレビュー
御厚情（ごこうじょう）
クリック
すべて適用(A)...
すべて解除(V)...
OK
キャンセル

「ルビ」ダイアログボックスが表示されます。

読みが正しいか確認し（間違っている場合は修正して）、 OK を クリック します。

拝啓　時下ますますご清祥の
ただき御厚情（ごこうじょう）のほど、心より
　さて、このたび当店では、
記のとおりお客様感謝イベン
品満載のビンゴゲーム等でお

選択した文字にふりがなが振られます。

●アドバイス●

「ルビ」ダイアログボックスで、ふりがなのサイズも変更できます。

次のページへ

2 そのほかの書式設定

均等割り付け

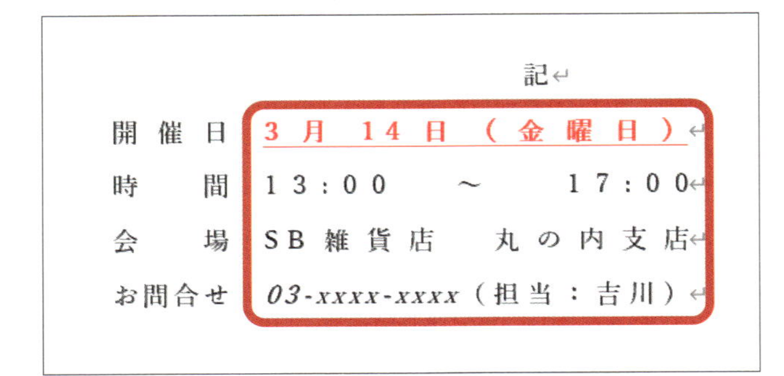

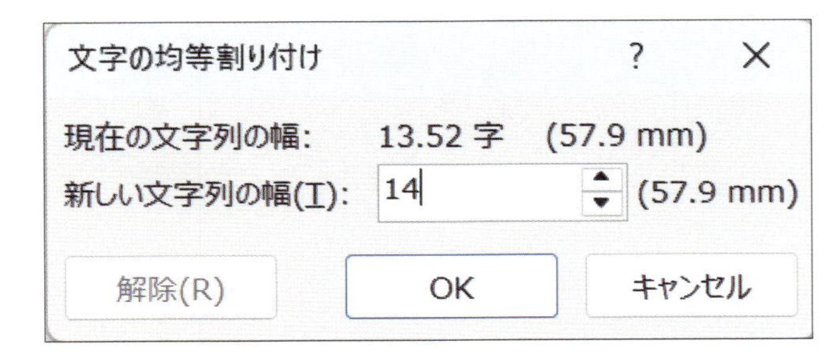

文字を指定した文字幅に均等に割り付けることができます。たとえば、8文字を15文字分の文字幅にすることなどが可能です。文字を選択し、「ホーム」タブの「段落」グループのをクリックします。「文字の均等割り付け」ダイアログボックスで文字列の幅を入力し、「OK」をクリックすると設定ができます。

文字幅を横に拡大・縮小

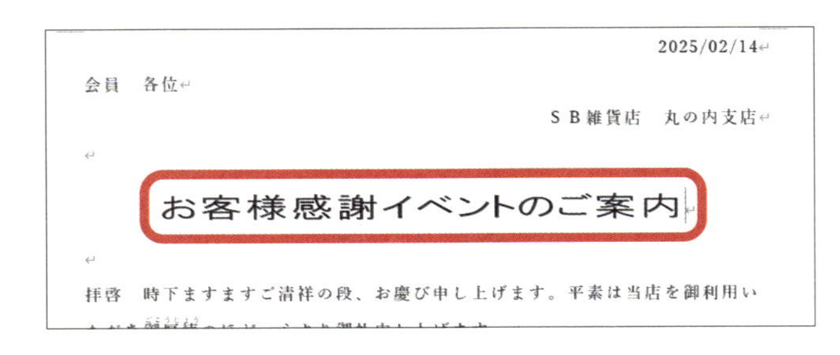

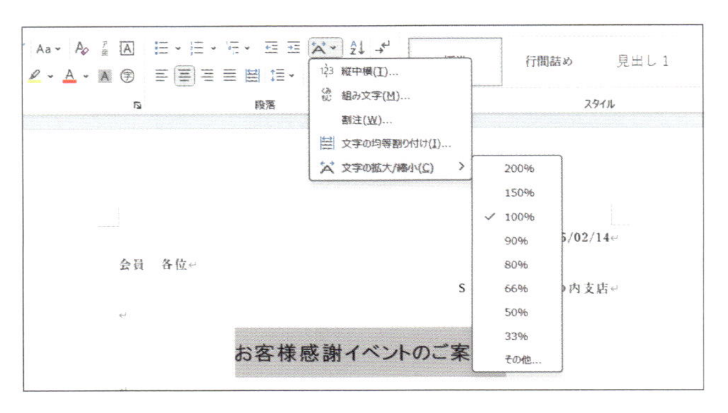

文字を横に拡大したり縮小したりすることができます。文字を選択し、「ホーム」タブの「段落」グループのをクリックし、「文字の拡大／縮小」から変更したい比率をクリックします。

●アドバイス●

文字幅を拡大することで、文書の幅を大きく使うことができるので、タイトルなどに使うと効果的です。

取り消し線

多忙とは存じますが、皆様のご来店を心よりお待ちしてお

記

開催日：3月14日（金曜日）

時　間：13：00　～　~~17：00~~18：00

会　場：SB雑貨店　丸の内支店

お問合せ：03-xxxx-xxxx（担当：吉川）

文字に取り消し線を引いて訂正を表すことができます。文字を選択し、「ホーム」タブの「フォント」グループにある ~~ab~~ をクリックすると設定できます。

囲み線

2025

位

SB雑貨店　丸の

お客様感謝イベントのご案内

下ますますご清祥の段、お慶び申し上げます。平素は当店を御

厚情のほど、心より御礼申し上げます。

このたび当店では、お客様への日頃のご利用を感謝いたしまし

文字に囲み線を付けて目立たせることができます。文字を選択し、「ホーム」タブの「フォント」グループにある A をクリックすると設定できます。

ヒント　設定した書式を一括解除する

書式を設定した文字を選択し、「ホーム」タブの「フォント」グループの A をクリックすると、文字に設定された書式がすべて一括解除されます。

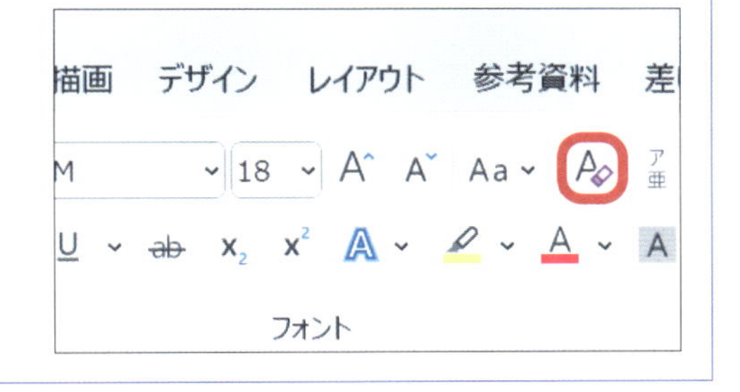

終わり

練習用ファイル ▶ 24_中央揃え.docx

レッスン 24 見出しを中央揃えにしましょう

見出しなどの文字を中央揃えにして、見やすい文書を作成しましょう。同じやり方で、左揃えや右揃えにすることもできます。

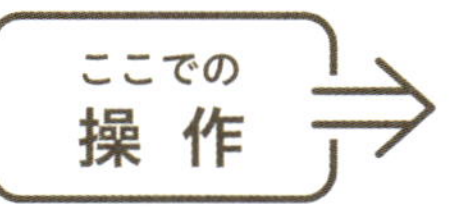

→P.14

1 見出しを中央に配置する

会員　各位↵
ＳＢ雑貨店　丸の内支店↵
↵
お客様感謝イベントのご案内↵
拝啓　時下ますますご清祥の段、お慶び申し上げ
御厚情のほど、心より御礼申し上げます。
このたび当店では、お客様への日頃のご
記のとおりお客様感謝イベントを開催いたします
品満載のビンゴゲーム等でお楽しみいただけます
クリック

中央揃えにしたい見出しの行の先頭部分をクリックしてカーソルを置きます。

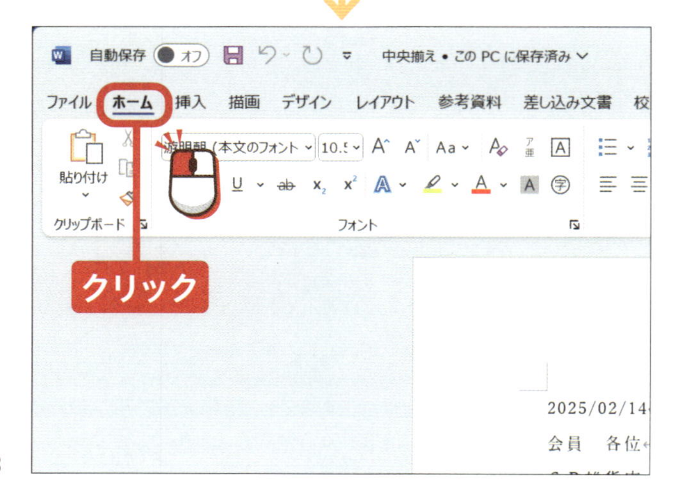

ホームをクリックします。

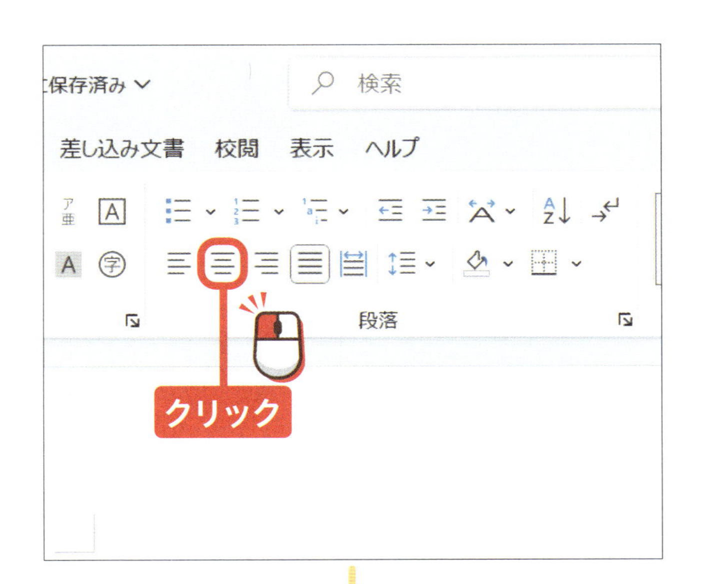

「段落」グループの☰を
クリックします。

お客様感謝イベントのご案内
すご清祥の段、お慶び申し上げます。平素は
ど、心より御礼申し上げます。
当店では、お客様への日頃のご利用を感謝い
感謝イベントを開催いたします。ご来店プレ
ーム等でお楽しみいただけます。

見出しが中央揃えに設定されます。

アドバイス

行を中央揃えにしているので、文字を全部削除しても、その行は中央揃えの設定のままになっています。

ヒント 左揃え・右揃えに設定する

文字を左揃えにするには、対象の行にカーソルを置き、「ホーム」タブの「段落」グループの☰❶をクリックします。☰❷をクリックすると、右揃えに設定されます。

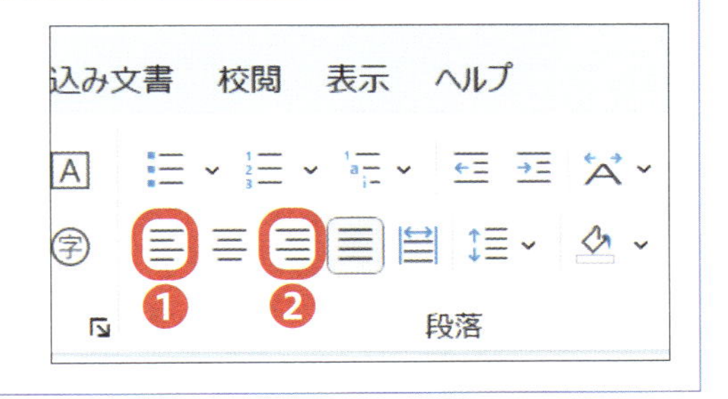

終わり

箇条書きを作成しましょう

段落の先頭に記号を付け、箇条書きを作成しましょう。書きながら記号を自動で付ける方法と、作成した文章を箇条書きにする方法があります。

クリック →P.14

入力 →P.16

1 箇条書きを作成する

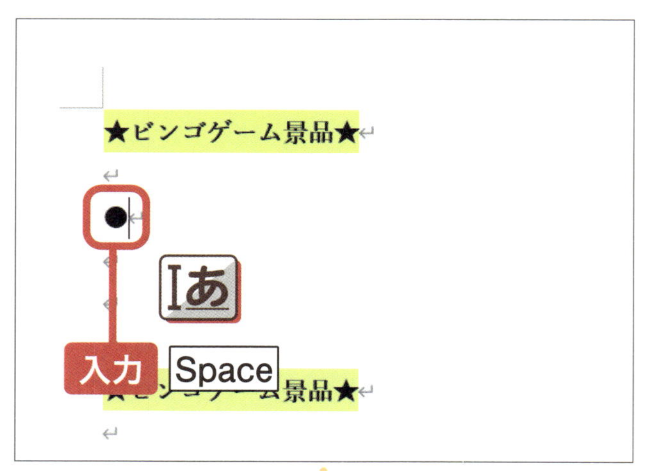

箇条書きの文頭に記号（ここでは「●」）を入力し、キーボードのSpaceを押します。

アドバイス

記号は●・■◆★＊などが利用できます。

が表示されます。

箇条書きの1行目の文字を入力し、Enterを押します。

アドバイス

をクリックすると、箇条書きの各種設定が行えます。

★ビンゴゲーム景品★

● 1等　1万円分クーポン券　1名
●

★ビンゴゲーム景品★

1等　1万円分クーポン券　1名
2等　5千円分クーポン券　5名
3等　人気商品詰め合わせセット　10名

自動的に箇条書きが設定され、記号が2行目の行頭に表示されます。

以上の要領で
2行目以降を
Iあ入力していきます。

アドバイス

箇条書きを設定したくない場合は、をクリックし、「箇条書きを自動的に作成しない」をクリックしましょう。

★ビンゴゲーム景品★

● 1等　1万円分クーポン券　1名
● 2等　5千円分クーポン券　5名
● 3等　人気商品詰め合わせセット　10名
● Enter

入力が完了したら、
最後の行頭でEnterを
押すと、最後の記号が
消え、箇条書きが
完成します。

アドバイス

ここでは4つ目の「●」が消えて箇条書きが完成します。

ヒント すでに作成した文書を箇条書きに設定する

あらかじめ箇条書きにする文章を入力しておき、「ホーム」タブの「段落」グループのの右にあるをクリックします。利用したい記号をクリックすると、箇条書きが設定されます。

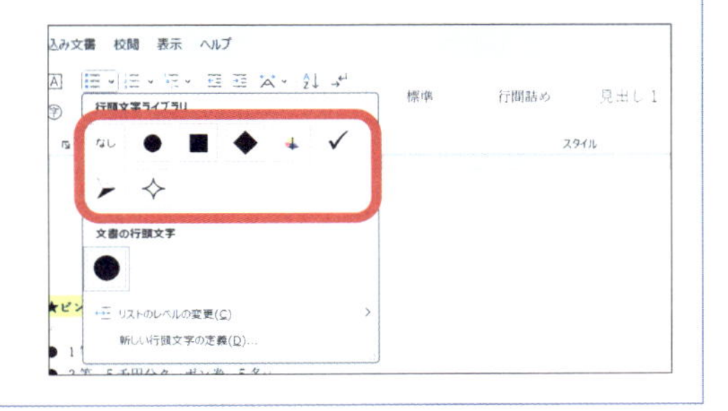

4章 文書のデザインを行いましょう

終わり

レッスン 26 段落を字下げしましょう

文章の段落では1文字字下げする場合があります。その場合、スペースキーで空白を入れるのではなく、字下げ（インデント）の設定を活用しましょう。

1 インデントで設定する

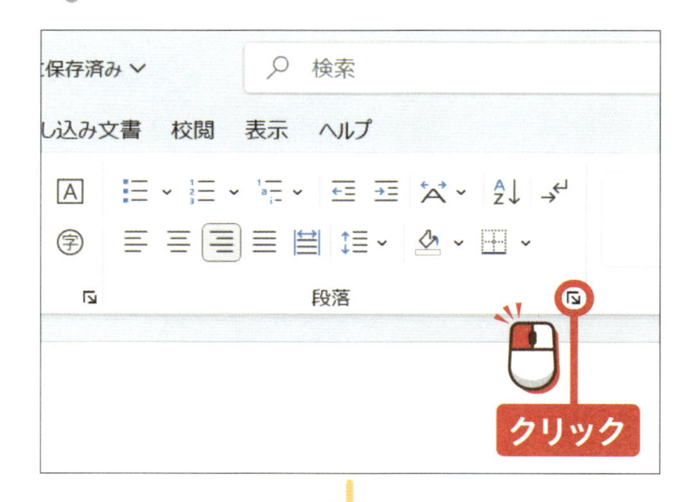

字下げ（インデント）したい文章の先頭部分をクリックして、カーソルを移動させておきます。

「ホーム」タブの「段落」グループの⧅をクリックします。

「インデント」の「最初の行」の（なし）をクリックします。

字下げをクリックします。

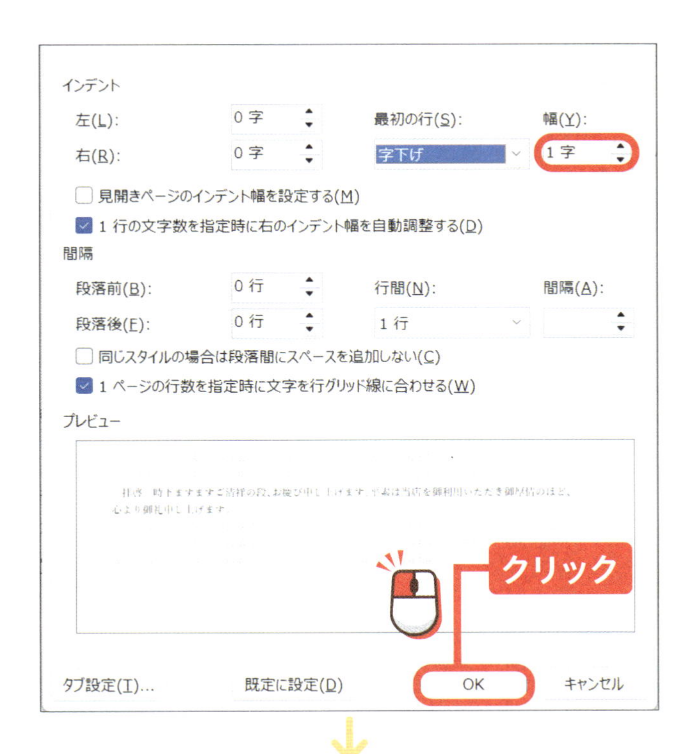

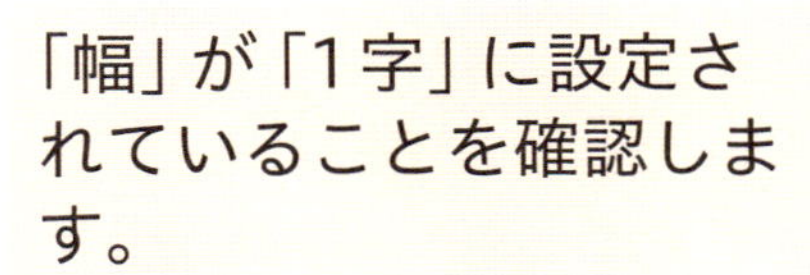

「幅」が「1字」に設定されていることを確認します。

OK を クリックします。

●アドバイス●

「インデント」の「右」で行末を字下げすることもできます。

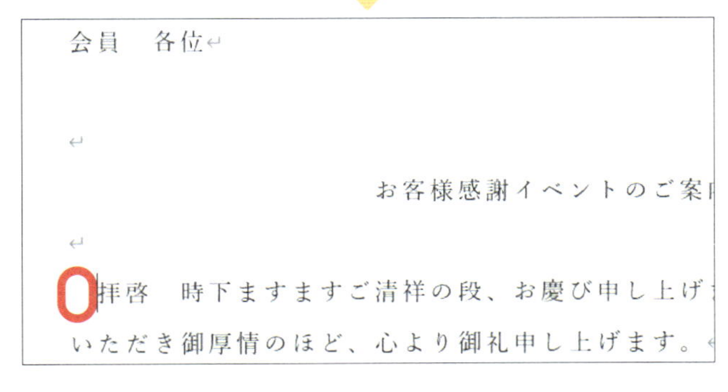

字下げが設定されます。

ヒント ルーラーで設定する

字下げしたい文章の先頭部分をクリックして、カーソルを移動させておきます。「表示」タブの「表示」グループの「ルーラー」をクリックして、チェックを付けると、文書の上部にルーラーが表示されます。▽を右に1文字分ドラッグすると、字下げが設定されます。

終わり

練習用ファイル ▶ 27_ページ区切り.docx

レッスン 27

ページ区切りを設定しましょう

ページ区切りを設定すると、区切ったところでそのページを終了し、次のページが挿入されます。

クリック
→P.14

1 ページ区切りを設定する

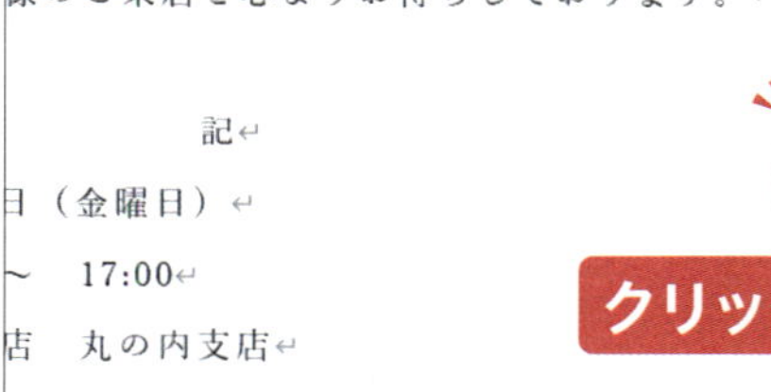

ページ区切りを入れたい直前の部分をクリックして、カーソルを移動させておきます。

挿入 を クリックします。

●アドバイス●

ページ区切りを設定することで、わざわざ Enter で何度も改行して次のページを表示させる必要がなくなります。

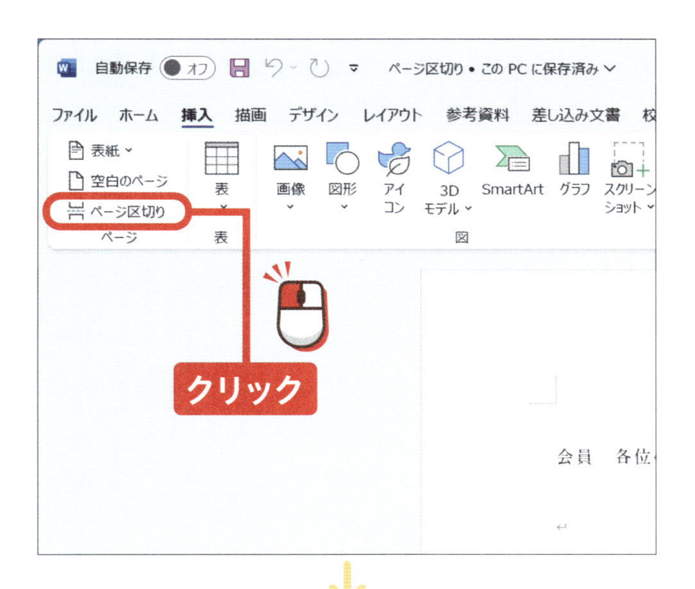

「ページ」グループの ページ区切り を **クリック**します。

記
開催日：3月14日（金曜日）
時間：13:00 ～ 17:00
会場：SB雑貨店 丸の内支店
お問合せ：03-xxxx-xxxx（担当：吉川）
以上

ページ区切りが設定され、カーソル以降の文章が次のページに移動します。

アドバイス

次のページがない場合は、ページが追加されます。

拝啓 時下ますますご清祥の段、お慶び申し上げます。
いただき御厚情のほど、心より御礼申し上げます。
さて、このたび当店では、お客様への日頃のご利用を感
記のとおりお客様感謝イベントを開催いたします。ご来店
品満載のビンゴゲーム等でお楽しみいただけます。
ご多忙とは存じますが、皆様のご来店を心よりお待ちして

BackSpace（Delete）

ページ区切りを削除したい場合は、区切った部分を **クリック**してカーソルを移動し、BackSpace（またはDelete）を押します。

終わり

練習用ファイル ▶ 28_脚注の設定.docx

レッスン 28

脚注を設定しましょう

文章の中の文字に説明を追加したい場合は、脚注を使うと便利です。脚注には通常の脚注と文末脚注があります。

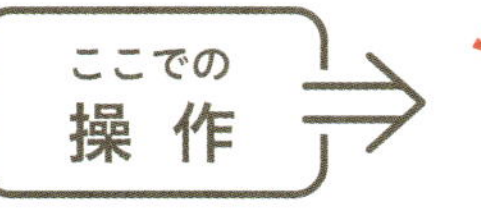

入力
→P.16

1 脚注を設定する

お客様感謝イベントのご案内

すご清祥の段、お慶び申し上げます。平素は当店を御利用い
ど、心より御礼申し上げます。
当店では、お客様への日頃のご利用を感謝いたしまして、下
感謝イベントを開催いたします。ご来店プレゼントや豪華景
ーム等でお楽しみいただけます。
ますが、皆様のご来店を心よりお待ちしております。

敬具

記

：3月14日（金曜日）
：13:00 〜 17:00

Shift ＋ →

脚注を設定する文字を選択します。

脚注を設定したい文字の左側をクリックしてマウスカーソルを置き、キーボードのShiftを押しながら→を押して選択します。

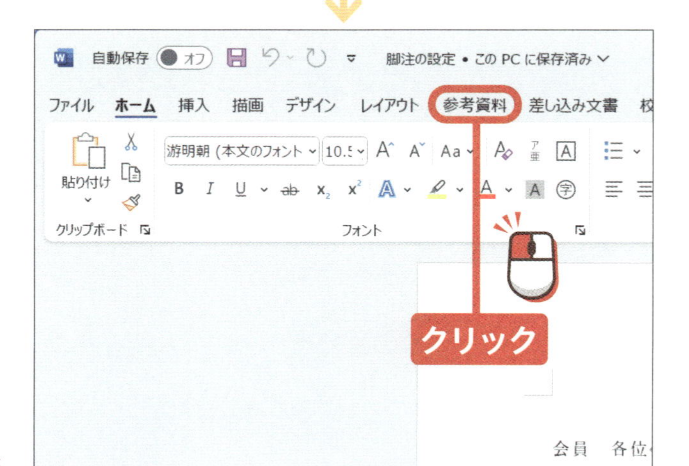

参考資料をクリックします。

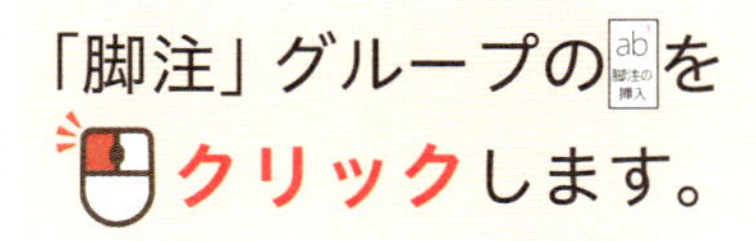

「脚注」グループの脚注の挿入をクリックします。

アドバイス

脚注は、そのページの文書の最後に挿入されます。

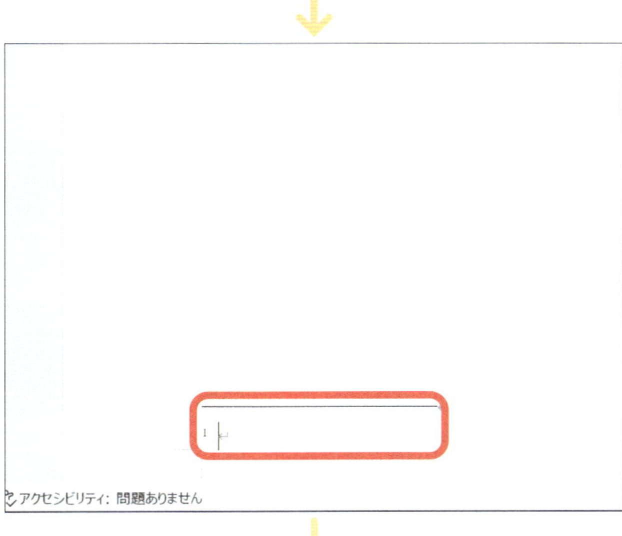

脚注が挿入されます。

脚注の文字をIあ入力します。

アドバイス

脚注の頭には順番に番号が振られていきます。

次のページへ

2 文末脚注を設定する

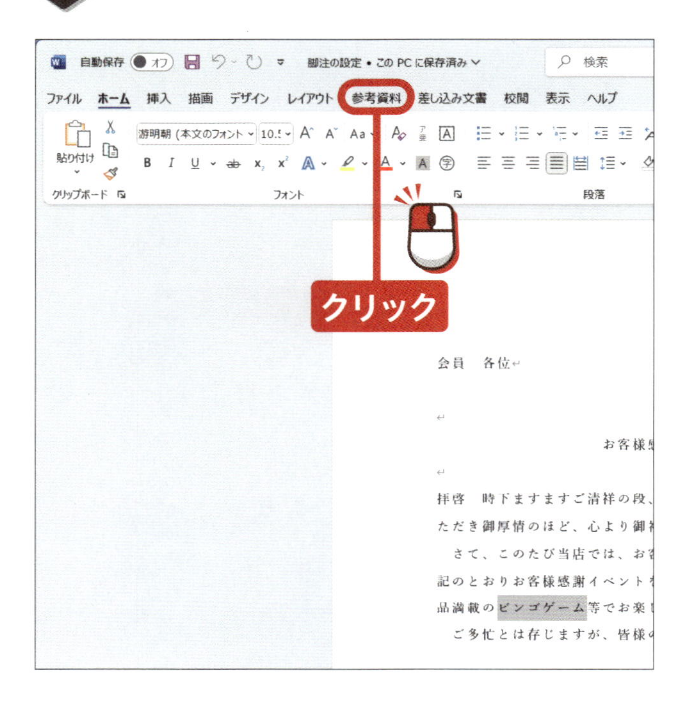

脚注を設定したい文字を選択しておきます。

参考資料 を
クリックします。

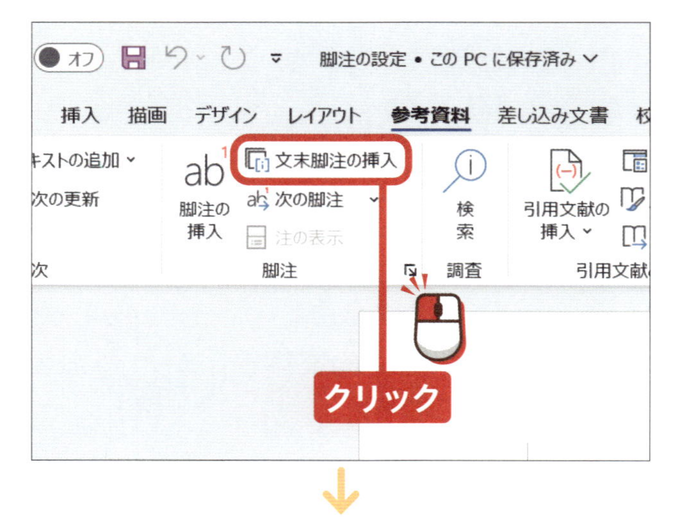

「脚注」グループの
文末脚注の挿入 を
クリックします。

●アドバイス●
文末脚注は、文書全体のいちばん最後に挿入されます。

時　　間：13:00　～　17:00
会　　場：SB 雑貨店　丸の内支店
お問合せ：03-xxxx-xxxx（担当：吉川）

定員になり次第、参加終了

入力

文末脚注が挿入されます。

文末脚注の文字を
入力します。

終わり

5章

写真や図形の挿入を学びましょう

レッスンをはじめる前に

写真を挿入できます

文書には写真を挿入することができます。文字と写真を組み合わせることで、見栄えのよい資料を作成することができます。挿入した写真は必要な部分だけ切り抜くトリミングをしたり、位置や大きさを変更したりできます。また、写真に装飾を入れたり、修整をしたりすることもできます。

文書には写真を挿入することができ、文書の見栄えをよくすることができます。

挿入した写真は、装飾を入れたり、ワード上で写真の修整をしたりすることができます。

図形を挿入できます

文書には図形を挿入することができます。図形によって、文書に視覚的な要素を入れることが可能です。また、ワードアートという特殊な文字を挿入することができます。ワードアートには最初から装飾が施されており、強調された文字を簡単に配置することができます。

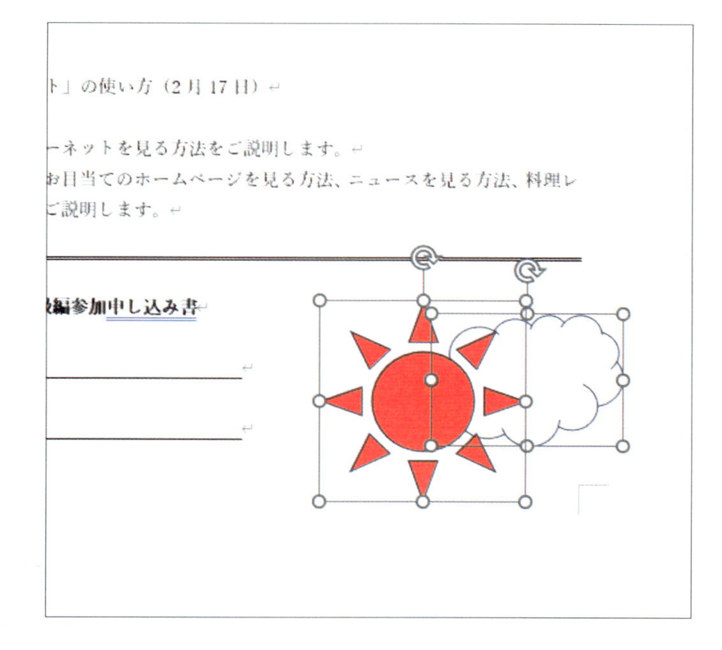

文書内に図形を挿入することができます。

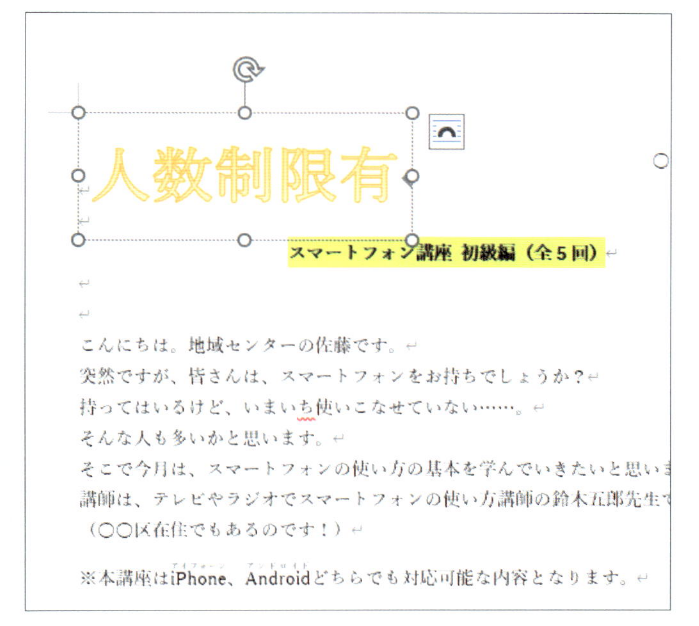

ワードアートで、装飾された文字を簡単に文書内に配置することができます。

レッスン 29 写真を挿入しましょう

文書に写真を挿入しましょう。今回はパソコンに保存している写真を挿入する手順を紹介します。

クリック
→P.14

1 写真を挿入する

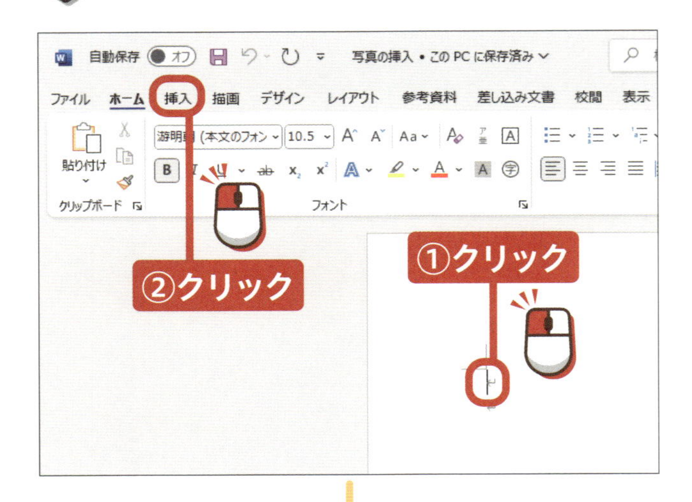

写真を挿入したい箇所をクリックして選択します。

挿入 をクリックします。

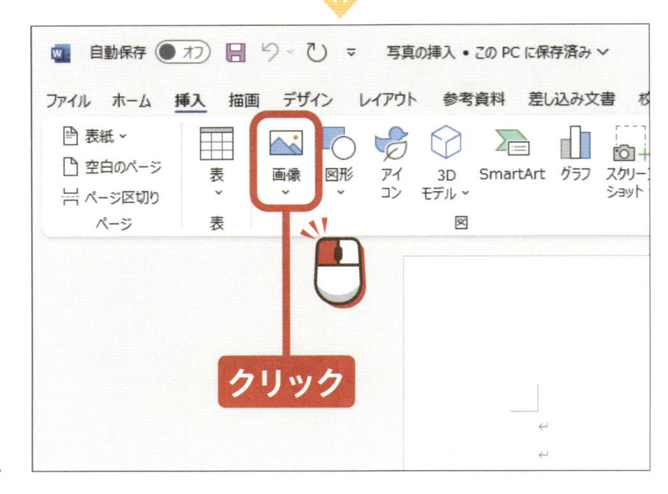

「図」グループの 画像 をクリックします。

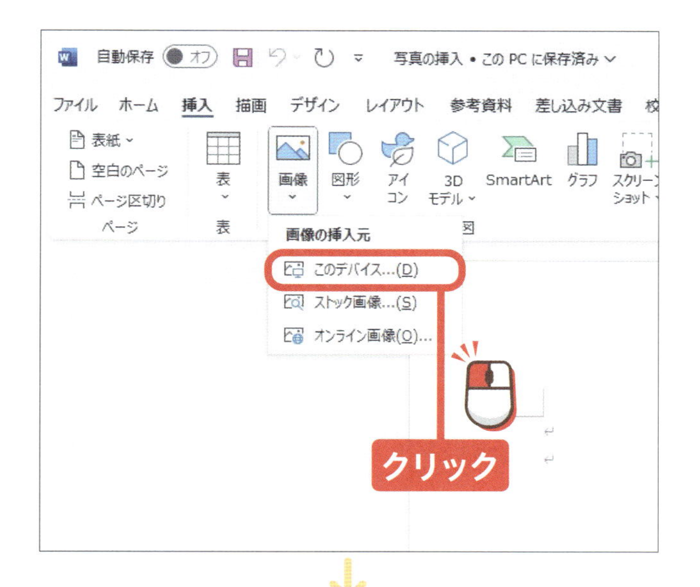

今回はパソコンに保存している写真を挿入するので、このデバイス...(D)を クリックします。

●アドバイス●

ここではドキュメントフォルダーを指定しています。

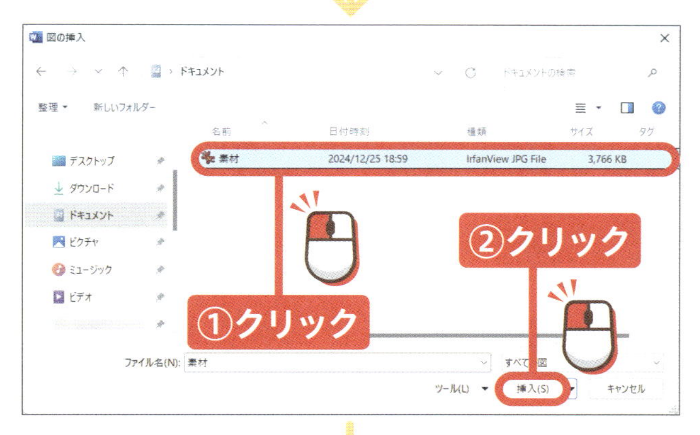

写真データを クリックして選択します。

挿入(S) を クリックします。

写真が挿入されます。

●アドバイス●

ドラッグでも挿入することができます。

●アドバイス●

写真の下のは上に表示される場合もありますが、どちらに表示されても問題ありません。

終わり

練習用ファイル ▶ 30_写真の切り抜き.docx

レッスン30 写真の必要な部分だけ切り抜きましょう

挿入した写真の不要な部分は、トリミングをして切り抜きましょう。切り抜かれた部分のデータは残っているので何度もやり直しができます。

1 写真を切り抜く

切り抜きたい写真を**クリック**して選択します。

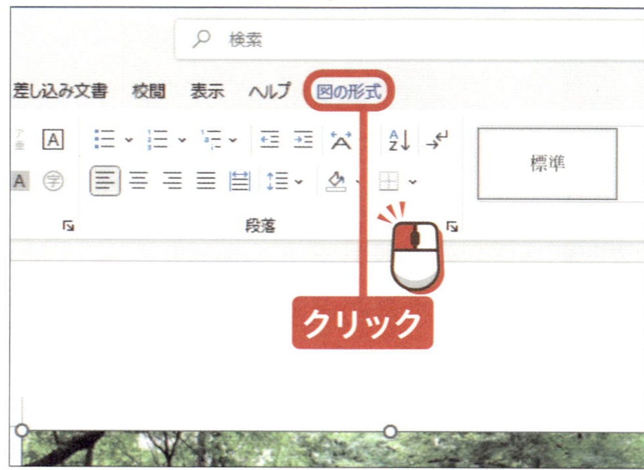

図の形式 を**クリック**します。

アドバイス

挿入した画像をクリックすると、「図の形式」タブが表示されます。

「サイズ」グループの[トリミング]をクリックします。

アドバイス

「トリミング」の文字部分をクリックすると、オプションを指定して切り抜くことができます。

上下左右四隅をドラッグして不要な箇所を切り抜きます。

写真以外の部分をクリックして、切り抜きを確定させます。

写真の切り抜きが完了します。

アドバイス

切り抜いた後に再度トリミングを行うと、切り抜いた部分を再度表示させることもできます。

終わり

写真の大きさを変更しましょう

写真を挿入した後は大きさを調節しましょう。大きさは、ドラッグ操作で簡単に変更することができます。

1 大きさを変更する

大きさを変更したい写真をクリックして選択します。

上下左右四隅に〇のアイコンが表示されます。

アイコン上にマウスポインターを置くと、⤡に変化します。

ドラッグして
大きさを調節します。

アドバイス

四隅をドラッグすると縦横比を保ったまま大きさが変更されます。上下左右をドラッグすると、縦長や横長に変形することができます。

写真の大きさが変更されます。

アドバイス

位置は自動的に決まってしまいます。位置を移動させたい場合は、P.140を参照してください。

ヒント 数値を入力して大きさを変更する

写真を選択して、「図の形式」タブの「サイズ」グループの「高さ」と「幅」の数値を変更することでも、写真の大きさを変更することができます。

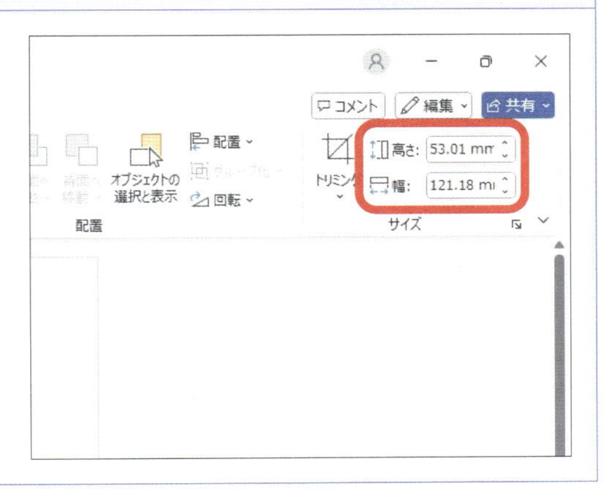

終わり

練習用ファイル ▸ 32_写真の回転.docx

レッスン 32 写真を回転させましょう

挿入した写真は回転させることができます。回転させることで凝った配置の文書も作成可能です。

クリック
→P.14

→P.15

1 写真を回転させる

回転させたい写真をクリックして選択します。

上にマウスポインターを置くと、に変化します。

アドバイス

は写真の上側に表示される場合もあります。

ドラッグして回転させます。

アドバイス

Shiftを押しながらドラッグすると、15度ごとに回転します。

写真の回転が完了します。

ヒント 90度ごとに回転させる

写真を選択して、「図の形式」タブの「配置」グループの「回転」をクリックし、「右へ90度回転」または「左へ90度回転」をクリックすると、90度ごとにきれいに回転できます。また「上下反転」や「左右反転」で写真の反転をすることもできます。

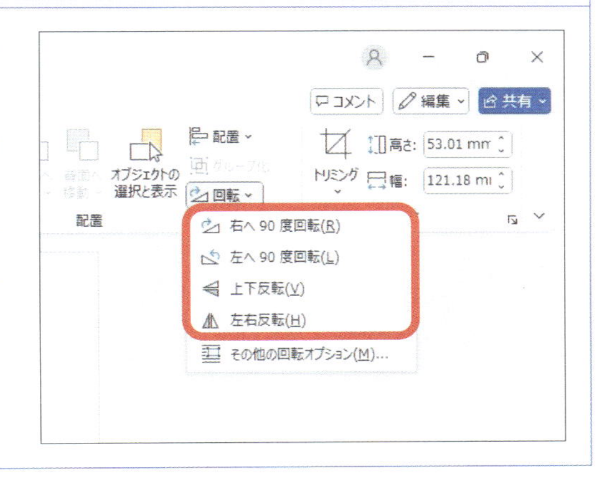

終わり

レッスン 33 写真の位置を移動しましょう

挿入した写真の位置を移動します。なお、文書内に自由に配置できるわけではない点に注意しましょう。

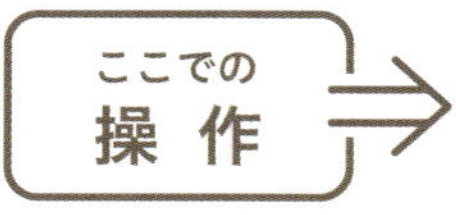

1 写真を移動する

移動したい写真をクリックして選択します。

移動させたい位置にドラッグします。

写真の移動が完了します。

アドバイス

文書内に自由に配置できるわけではありません。基本的には改行位置を基準に配置されます。

ヒント 文書内の位置を指定して配置する

写真を選択して、「図の形式」タブの「配置」グループの「位置」をクリックし、「文字列の折り返し」の中から、写真を配置したい位置を選択してクリックすると、その位置にきれいに配置されます。この場合、すでに入力されている文字も写真の配置に合わせて移動します。

ヒント 写真の内部に文字を配置する

写真を選択して、「図の形式」タブの「配置」グループの「文字列の折り返し」をクリックし、「背面」をクリックすると、写真を配置した部分にも文字を配置できるようになります。

終わり

練習用ファイル ▸ 34_写真の装飾.docx

写真を装飾しましょう

挿入した写真は装飾をすることができます。今回は写真の枠に装飾を入れて見栄えよくします。

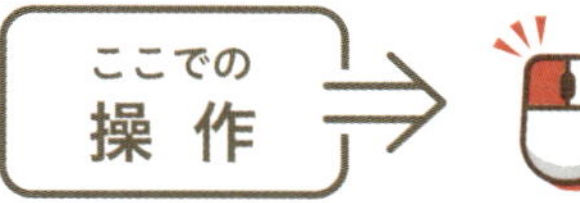

クリック
→P.14

1 写真を装飾する

写真をクリックして選択します。

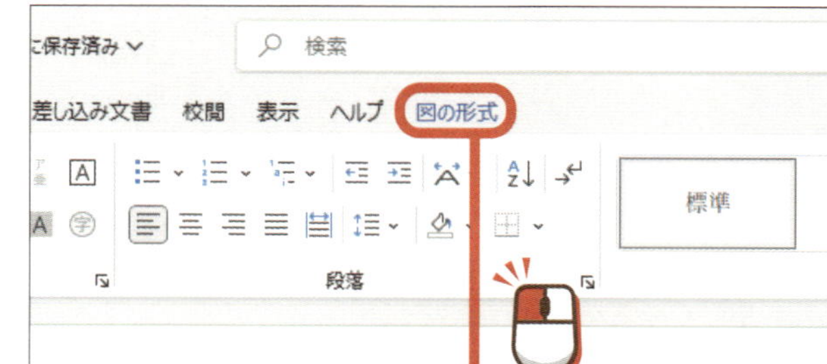

図の形式をクリックします。

アドバイス

挿入した画像をクリックすると、「図の形式」タブが表示されます。

「図のスタイル」グループの  を

クリックします。

装飾（ここでは「楕円、ぼかし」）を選択して

クリックします。

写真の装飾が完了します。

アドバイス

元に戻したい場合は、「調整」グループの「図のリセット」をクリックします。

終わり

写真を修整しましょう

ワード上で写真を修整することができるので、別のソフトで写真を修整してからワードに挿入するといった手間を省くことができます。

クリック

→P.14

1 写真を修整する

写真を クリックして選択します。

図の形式を クリックします。

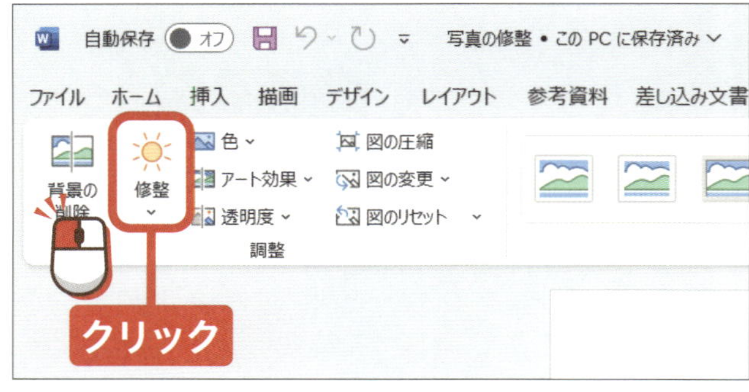

「調整」グループの 修整 を クリックします。

明るさ／コントラスト（ここでは「明るさ＋20%・コントラスト－40%」）を選択して クリックします。

写真の修整が完了します。

アドバイス

元に戻したい場合は、「調整」グループの「図のリセット」をクリックします。

ヒント 写真の色を調節する

写真を選択して、「図の形式」タブの「調整」グループの「色」をクリックすると、写真の色味を調節することができます。

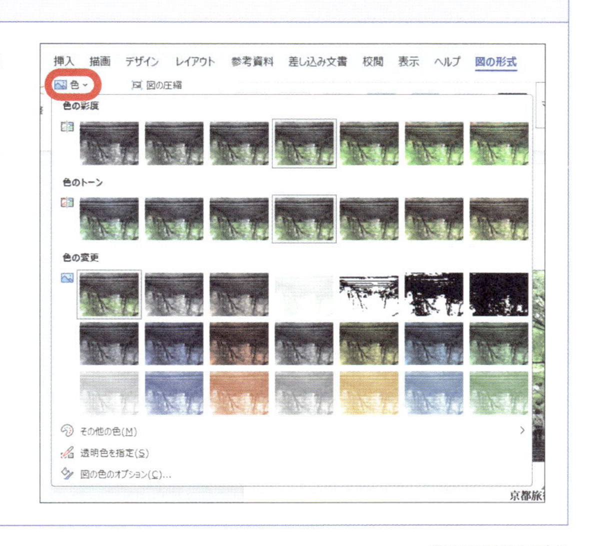

終わり

図形を挿入しましょう

文書には写真以外にも図形を挿入することができます。図形にはさまざまな種類が用意されています。

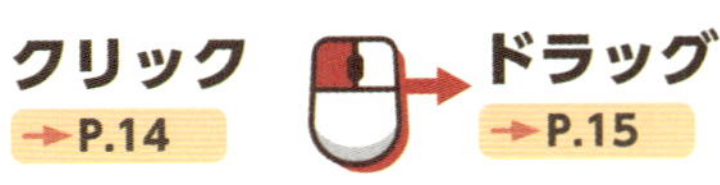

1 図形を挿入する

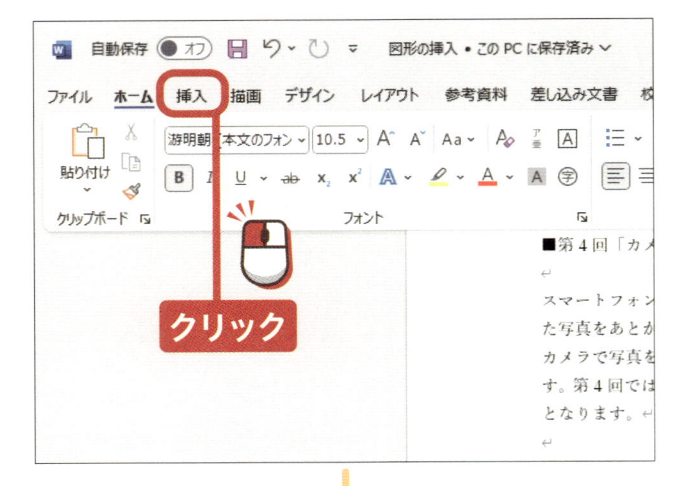

挿入をクリックします。

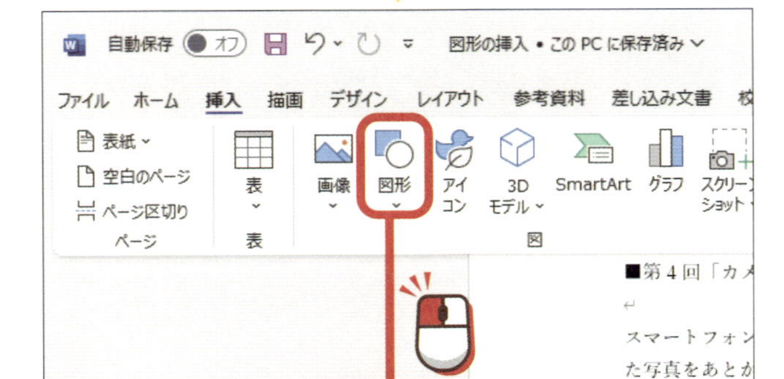

「図」グループの図形をクリックします。

アドバイス

「アイコン」をクリックすると、Microsoftが提供しているアイコンを挿入することができます。

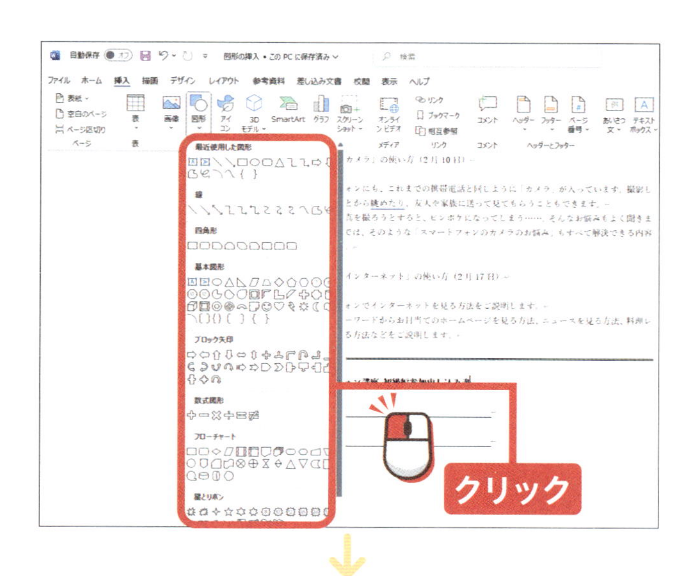

挿入したい図形
(ここでは「太陽」)を
選択して
クリックします。

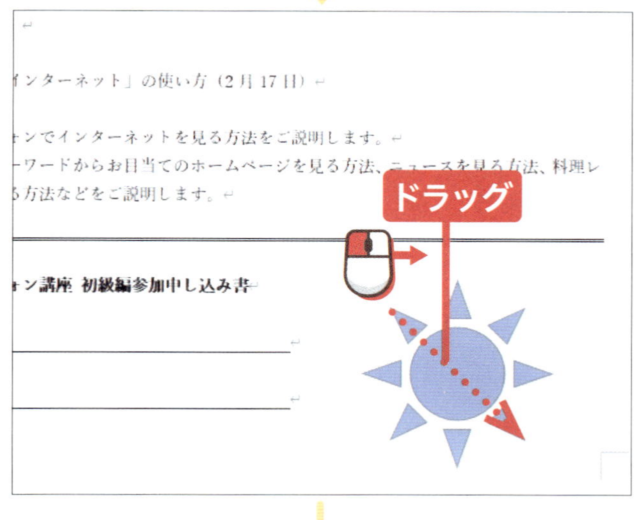

挿入したい位置で
ドラッグします。

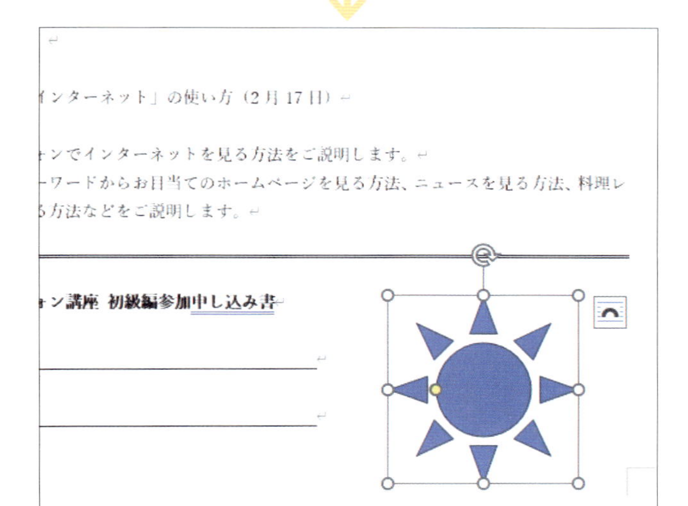

図形が挿入されます。

アドバイス

図形を削除したい場合は、クリックして選択し、Deleteを押します。

終わり

練習用ファイル ▸ 37_図形の大きさの変更.docx

レッスン37 図形の大きさを変更しましょう

図形は挿入後に大きさを変更することができます。写真と同様に、ドラッグ操作か数値で変更可能です。

クリック →P.14

1 大きさを変更する

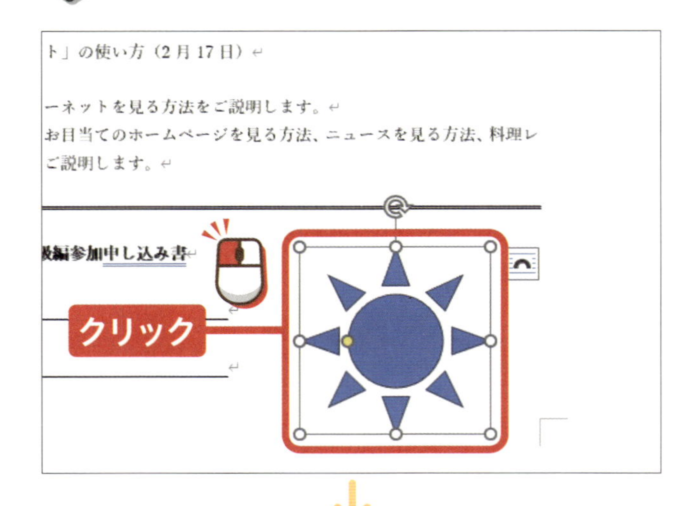

大きさを変更したい図形を クリックして選択します。

●アドバイス●

をドラッグすると図形が回転します。

上下左右四隅に のアイコンが表示されます。

アイコン上にマウスポインターを置くと、 に変化します。

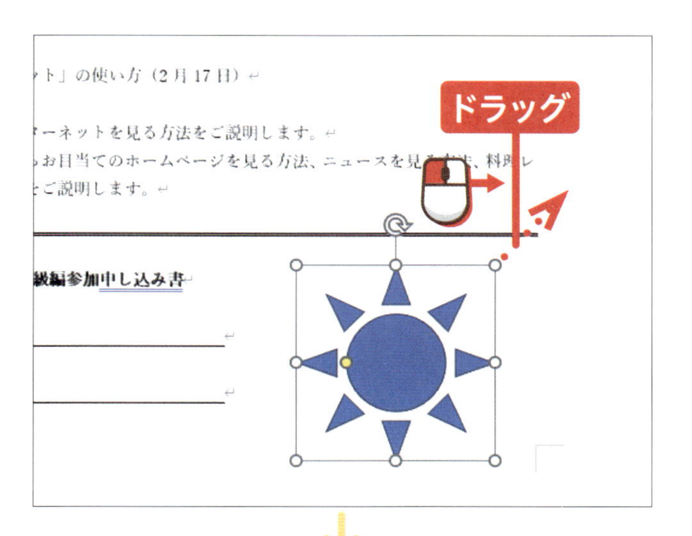

ドラッグして
大きさを調節します。

●アドバイス●

緑の線は、文書内の行の段落位置の基準なので、位置を揃えたい場合は活用しましょう。

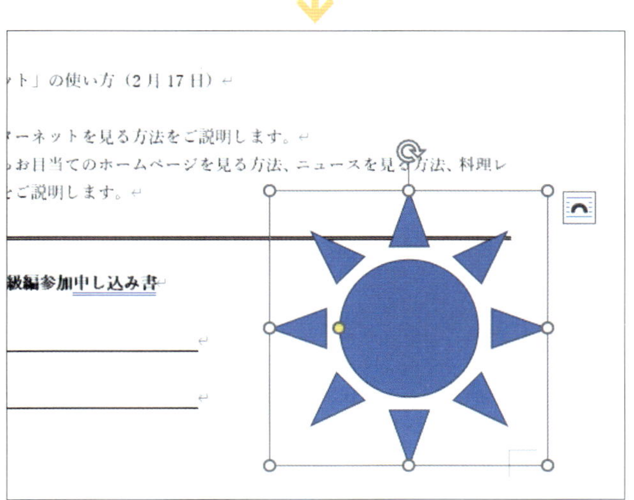

図形の大きさが変更されます。

●アドバイス●

図形は写真と違い、文字の上に重なるように拡大することができます。

ヒント 数値を入力して大きさを変更する

図形を選択して、「図形の書式」タブの「サイズ」グループの「高さ」と「幅」の数値を変更することでも、図形の大きさを変更することができます。

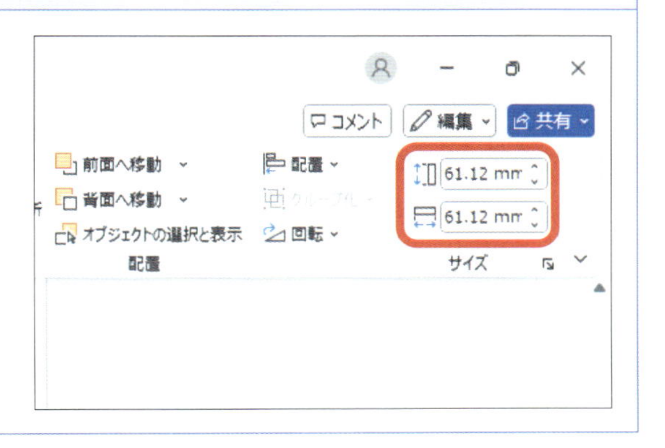

終わり

レッスン 38 図形の色を変更しましょう

図形の色を自由に変更して、見栄えよくしましょう。ここでは基本のカラーから選択して色を変更します。

クリック
→P.14

1 色を変更する

色を変更したい図形をクリックして選択します。

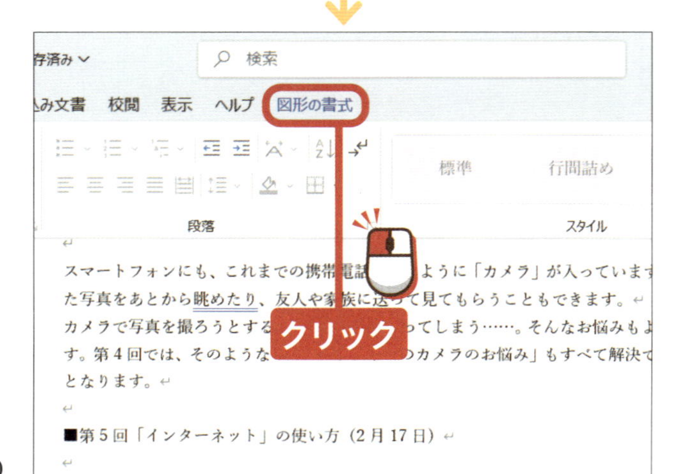

図形の書式をクリックします。

図形をクリックすると、「図形の書式」タブが表示されます。

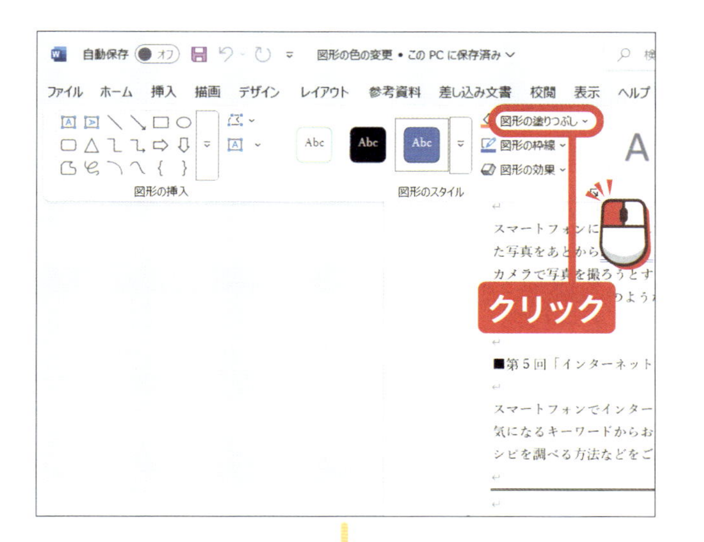

「図形のスタイル」グループの 図形の塗りつぶし を **クリック**します。

「図形の枠線」をクリックすると、図形の枠の色を変更できます。

色（ここでは「赤」）を選択して **クリック**します。

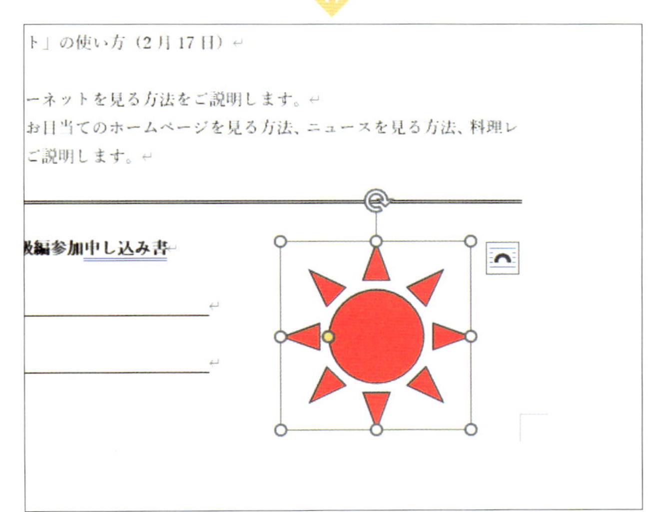

図形の色が変更されます。

図形の色にはグラデーションを設定することもできます。

終わり

図形を移動しましょう

挿入した図形の位置を移動します。写真とは違い、文書内に自由に配置することができます。

1 図形を移動する

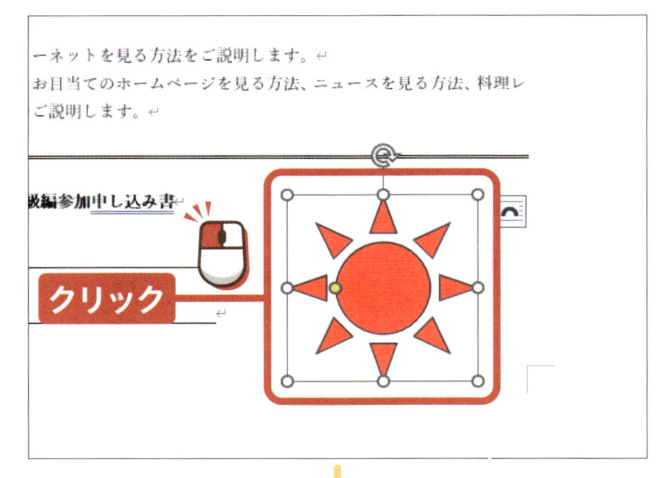

移動したい図形を クリックして選択します。

移動させたい位置に ドラッグします。

ドラッグ以外にもカーソルキーで移動させることができます。

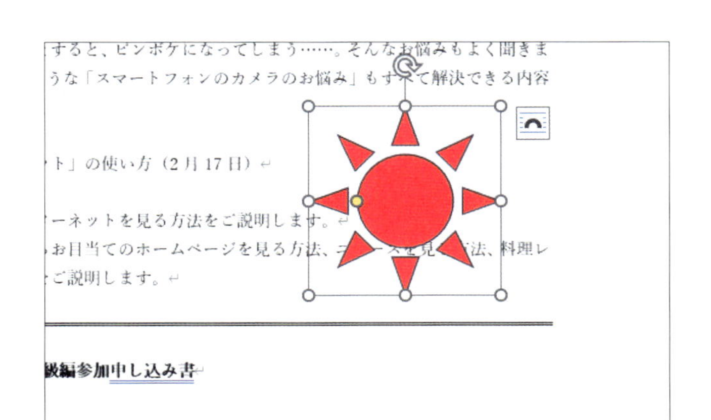

図形の移動が完了します。

ヒント 文書内に配置して文字列を折り返す

図形は文書内の自由な場所に移動させることができます。文章上にも移動させることができますが、それだと文字が隠れてしまって読めません。図形を移動させた際に、文字が自動的に図形を避けてくれるように設定しましょう。図形を選択して、「図形の書式」タブの「配置」グループの「文字列の折り返し」をクリックし、「四角形」を選択します。

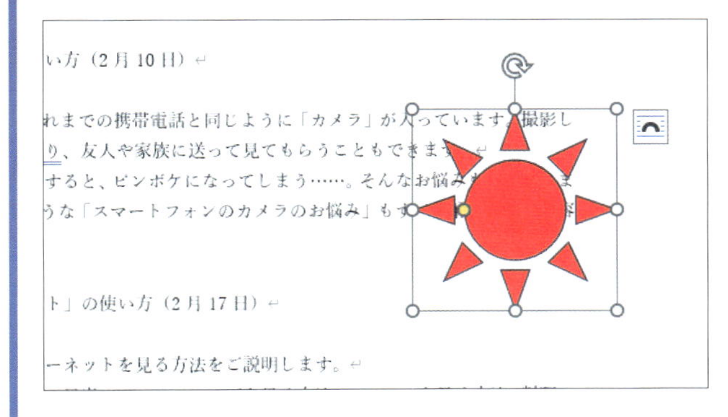

図形は文字の上に移動させることができますが、これでは文字が読めません。

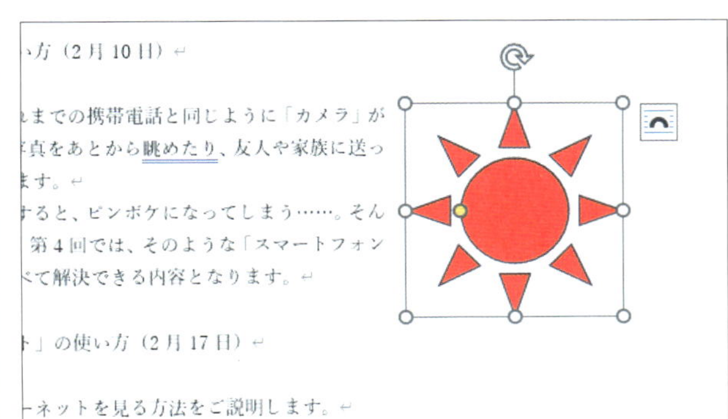

文字列を折り返すことで、自動で図形を避けて文字が表示されるようになります。

終わり

練習用ファイル ▸ 40_重なりの変更.docx

レッスン40 写真や図形の重なりを変更しましょう

挿入した写真や図形の前後の重なりは、自由に変更することができます。ここでは例として図形の重なりを変更します。

クリック
→P.14

1 重なりを変更する

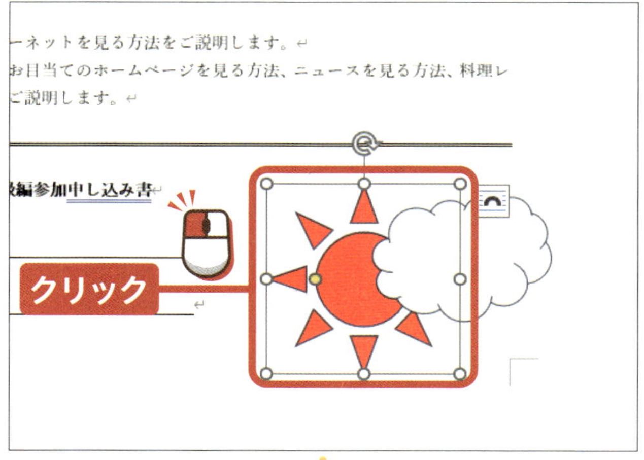

重なりを変更したい図形のいずれかをクリックして選択します。

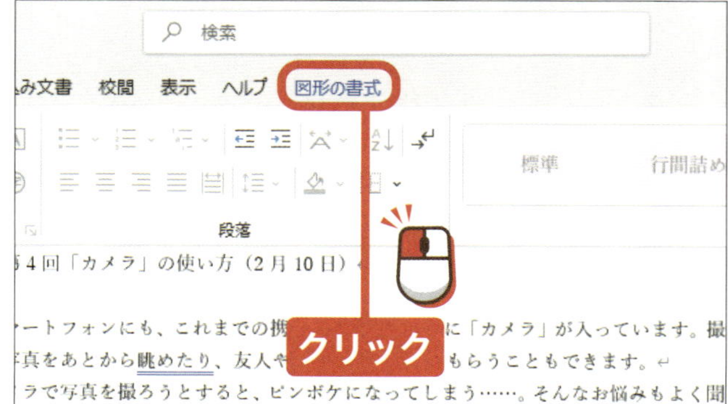

図形の書式をクリックします。

アドバイス

図形をクリックすると、「図形の書式」タブが表示されます。

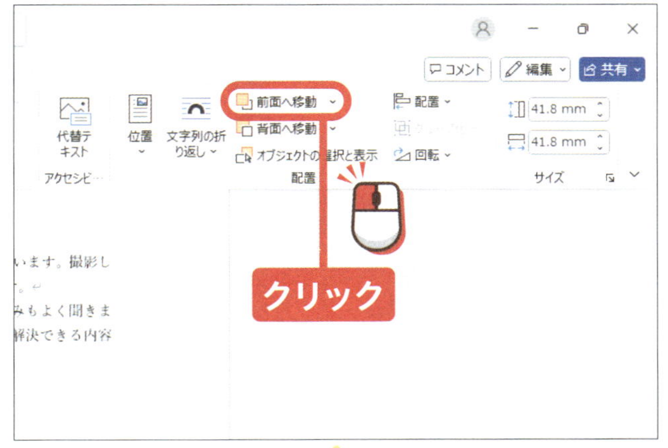

「配置」グループの

 を

クリックします。

●アドバイス●

後ろに移動させる場合は、「背面へ移動」をクリックします。

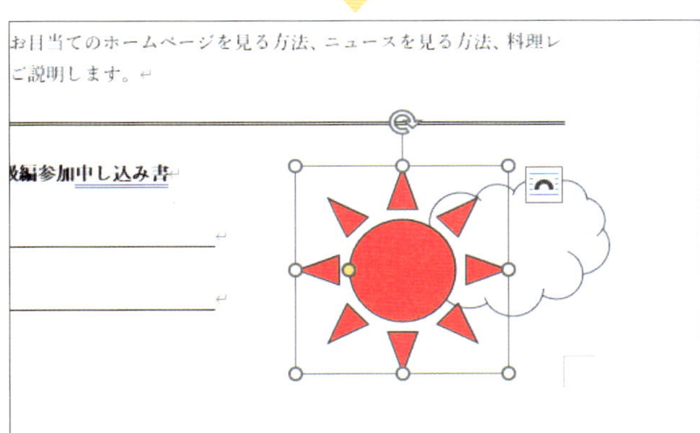

重なった図形の前後が変更されます。

●アドバイス●

右クリックをして、「前面へ移動」をクリックすることでも前面に移動します。

ヒント 複数の図形をグループ化する

図形はグループ化することができます。グループ化すると、複数の図形を同時に移動させたり、大きさを変更させたりすることができます。グループ化したい複数の図形をCtrl＋クリックして同時に選択し、「図形の書式」タブの「配置」グループの「グループ化」をクリックし、「グループ化」をクリックすると、グループ化が完了します。また、「グループ解除」をクリックすると、グループ化を解除できます。

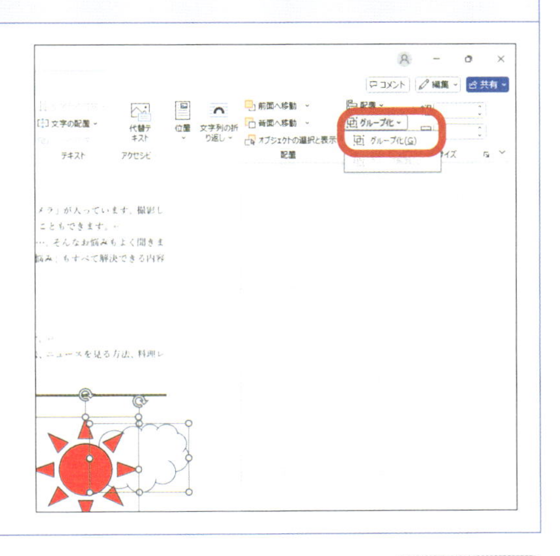

終わり

ワードアートを挿入しましょう

最初から装飾された文字のワードアートを挿入しましょう。後から文字に装飾する手間が減るので、効率よく作業ができます。

1 ワードアートを挿入する

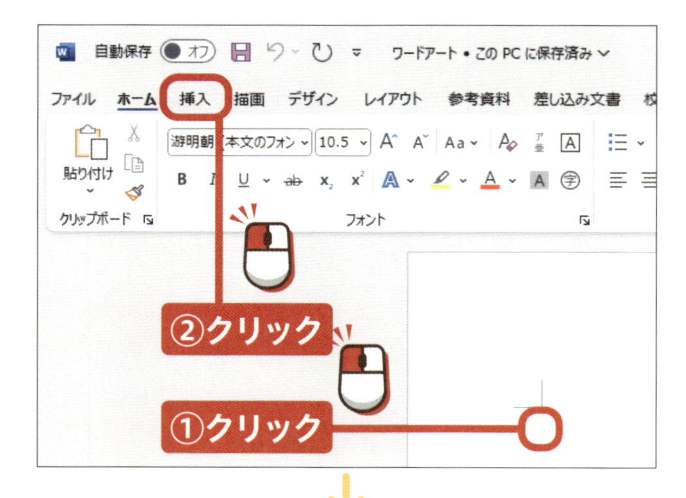

ワードアートを挿入する位置をクリックして選択します。

挿入をクリックします。

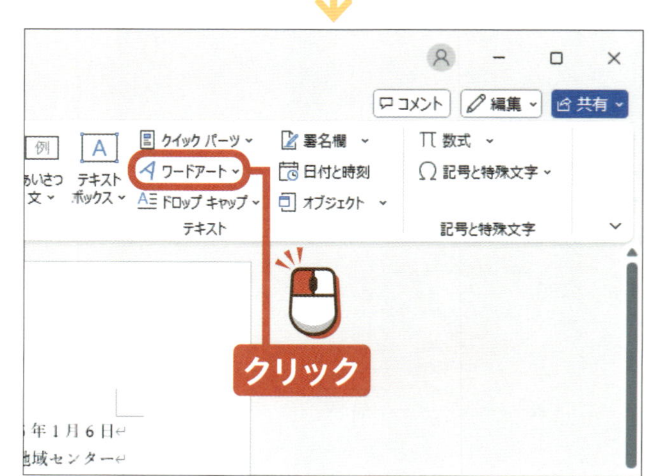

「テキスト」グループのワードアートをクリックします。

挿入したいワードアート（ここでは中央の黄色のデザイン）を選択して**クリック**します。

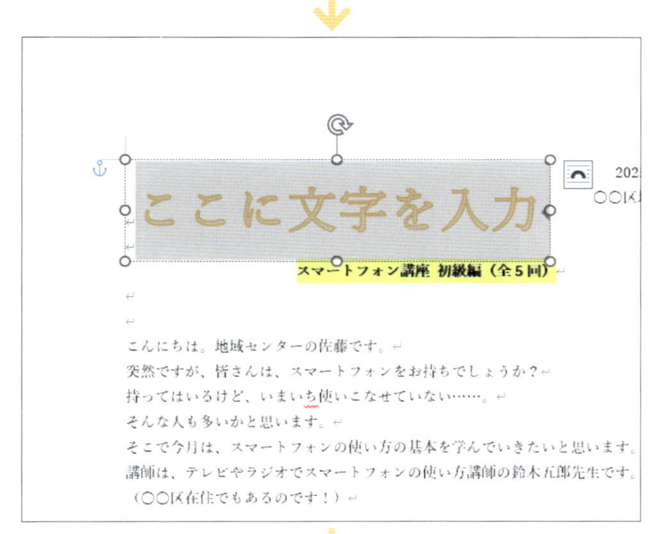

ワードアートが挿入されます。

●アドバイス●

ワードアートは図形と同様に移動させることができます。

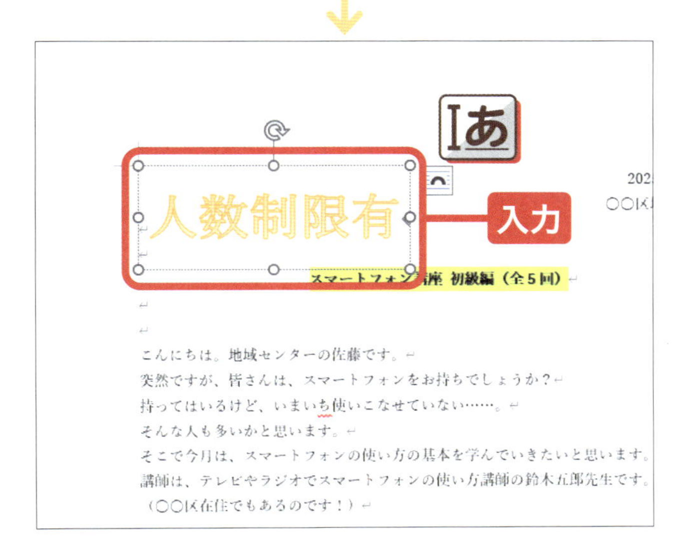

ワードアートに文字を**入力**します。

次のページへ

2 ワードアートの色やスタイルを変更する

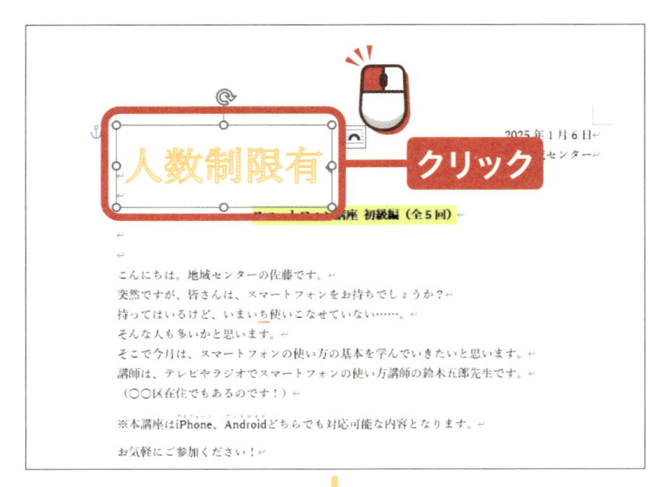

ワードアートを
クリックして
選択します。

図形の書式を
クリックします。

「ワードアートの
スタイル」グループの
Aのを
クリックします。

●アドバイス●

Aをクリックすると、アイコンの色でワードアートの色が設定されます。

ワードアートの色（ここでは青）を選択してクリックします。

アドバイス

「ワードアートのスタイル」グループのをクリックすると、スタイルの変更ができます。

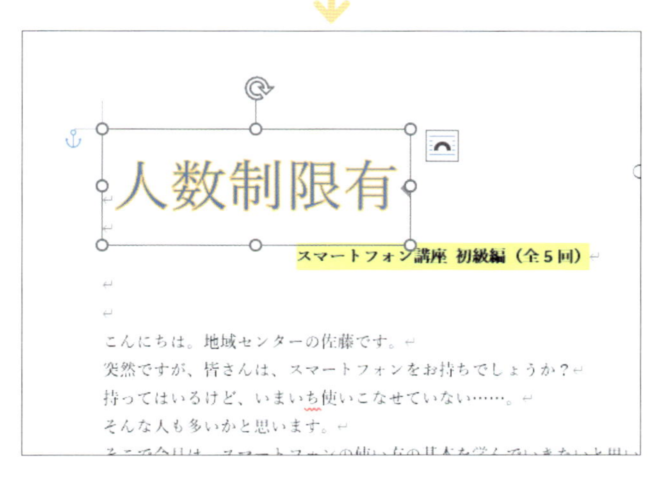

ワードアートの色が変更されます。

アドバイス

ワードアートは通常の文字と同様に、書式を変更することができます。ワードアートをクリックして選択し、「ホーム」タブの「フォント」グループから書式を変更しましょう。

ヒント ワードアートの輪郭や効果を変更する

ではワードアートの輪郭の色、ではワードアートの影などの効果を変更できます。

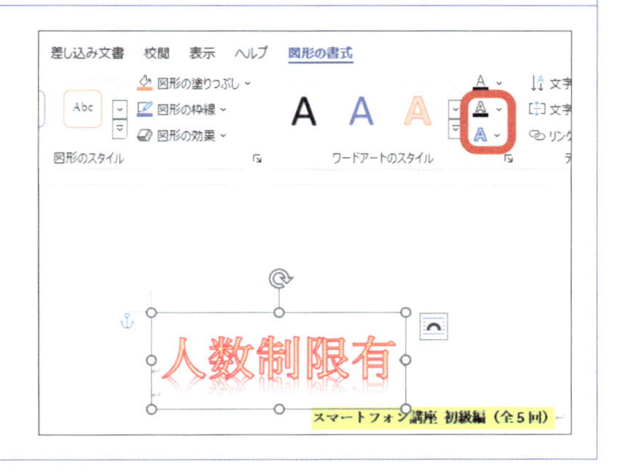

終わり

練習用ファイル ▸ 42_フリーハンドで描画.docx

レッスン 42

フリーハンドで描画しましょう

文書には直接フリーハンドで描画することができます。ここでは、マウスを使ったドラッグ操作で描画をします。

クリック →P.14

1 フリーハンドで描画する

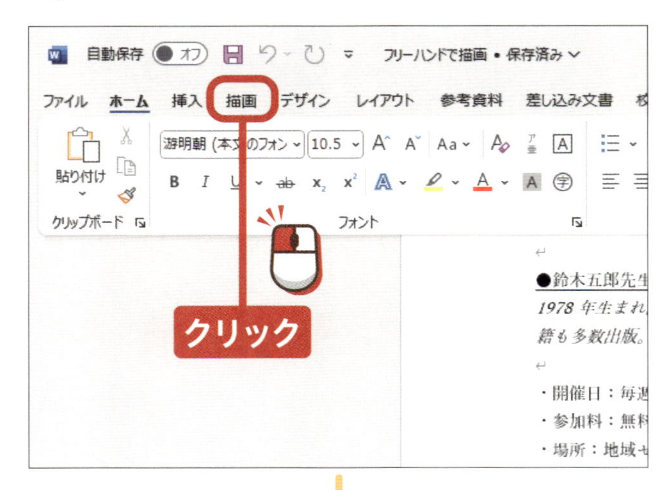

描画を クリックします。

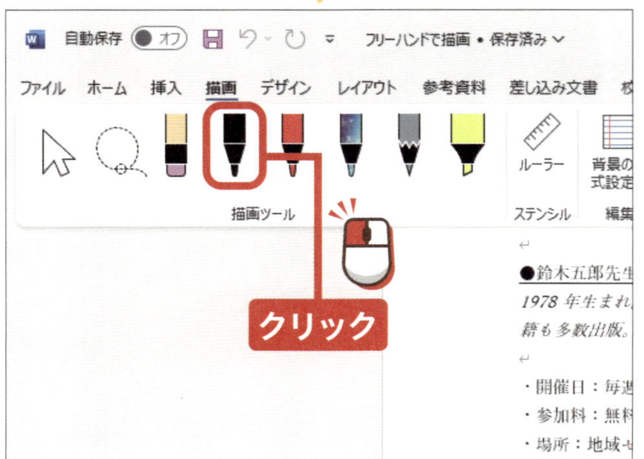

「描画ツール」からペンを選択します。
今回は黒ペンのを クリックします。

アドバイス

通常の選択ツールに戻す場合はをクリックしましょう。

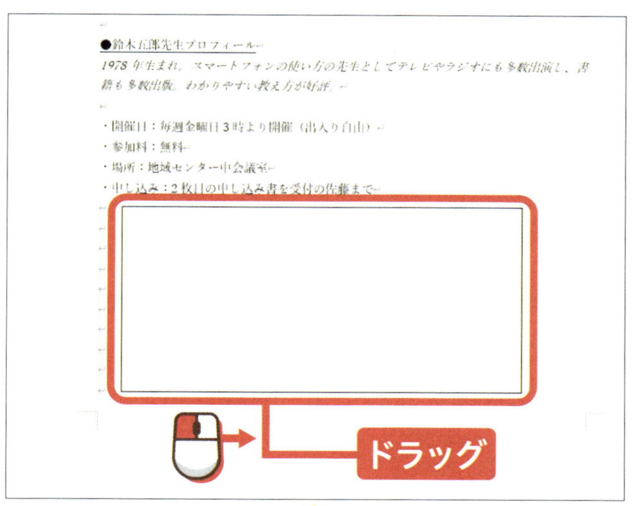

描画したい箇所を **ドラッグ** 操作で描画します。
今回は、挿入した図形（長方形）の中に簡易地図を描きます。

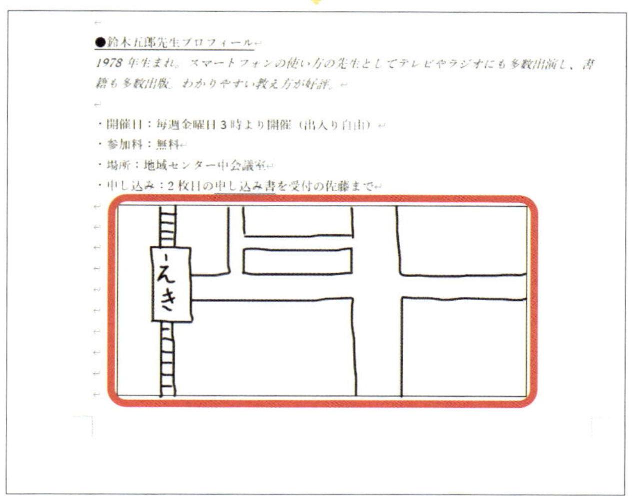

描画が完了します。

地図の場合は、目的地の色を変えて描画するとわかりやすくなります。

終わり

ステップアップ

Q. 挿入する写真をCopilotに選んでほしい！

A. Copilotに写真の提案や生成を依頼します。

Copilotでは、ワードで使う写真をストック画像から選定したり、新しく作成したりすることができます（執筆時点ではプレビュー版のため、一時的に機能が利用できない場合もあります）。写真や画像を選定・作成するプロンプトを入力する際は、挿入したい写真についてできる限り詳しく説明すると、Copilotにあなたのイメージがより伝わりやすくなります。

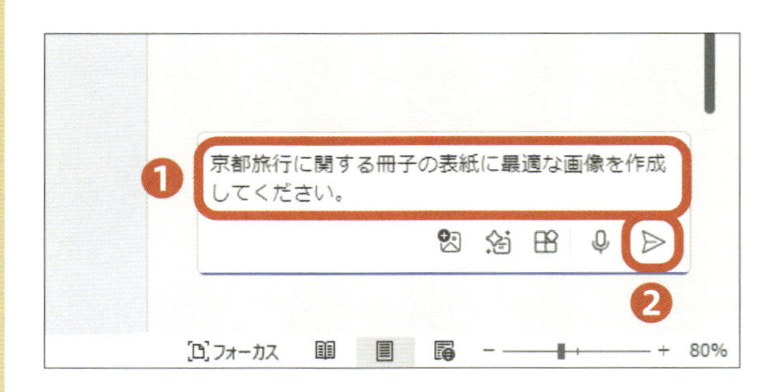

「ホーム」タブの「Copilot」をクリックし、写真や画像を選定・作成するプロンプトを入力して❶、▷をクリックします❷。

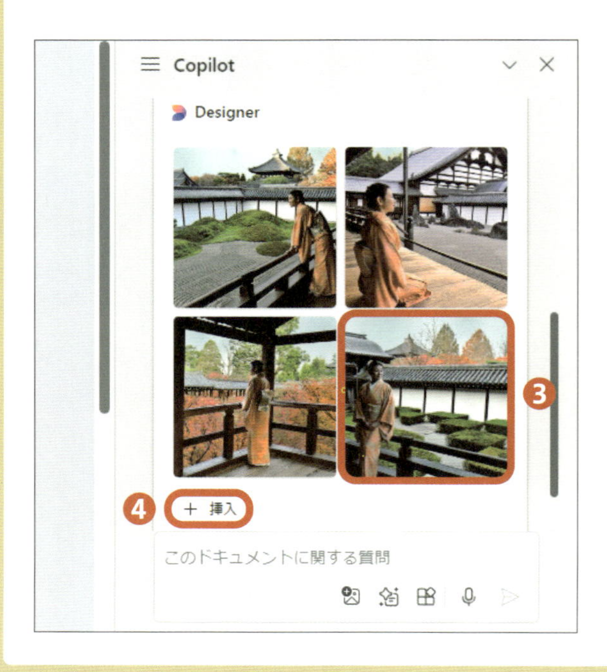

しばらくすると、Copilotが選定・生成した画像が4つ表示されます。挿入する画像をクリックし❸、「挿入」をクリックすると❹、文章に画像が挿入されます。

6章

表やグラフの挿入を学びましょう

レッスンをはじめる前に

表を挿入できます

文書にはエクセルで作成した表を貼り付けることができます。エクセルの表をコピーし、ワードで貼り付けを行うだけなので、簡単です。また、ワード上で表を作成することもできます。スタイルを変更してデザインすることもできるので、売上表を記載した資料を作成するなどといったことも可能です。

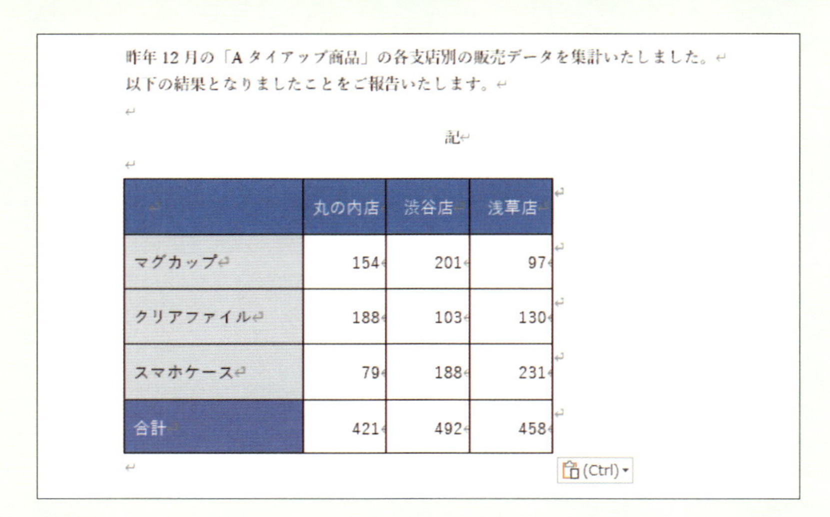
昨年 12 月の「A タイアップ商品」の各支店別の販売データを集計いたしました。
以下の結果となりましたことをご報告いたします。

記

	丸の内店	渋谷店	浅草店
マグカップ	154	201	97
クリアファイル	188	103	130
スマホケース	79	188	231
合計	421	492	458

(Ctrl)

エクセルで作成した表をコピーして貼り付けることができます。エクセル上でのデザインなども引き継がれます。

2025 年 1 月 6 日

営業部長 殿

営業部

大石賢治

A タイアップ商品　12 月支店別売上報告書

昨年 12 月の「A タイアップ商品」の各支店別の販売データを集計いたしました。
以下の結果となりましたことをご報告いたします。

記

	12 月前半	12 月後半
中央店	1,256,310 円	1,378,650 円
東店	897,562 円	889,650 円
南店	698,823 円	989,827 円

ワード上でも簡単な表の作成を行うことができます。

グラフを挿入できます

表以外にも、エクセルで作成したグラフを貼り付けることもできます。こちらもコピーして貼り付けを行うだけです。エクセル上でデザインしたスタイルもそのまま引き継がれます。また、グラフもワード上で作成することができます。表と一緒にグラフを用意すると、視覚的にわかりやすい売上表を作成できます。

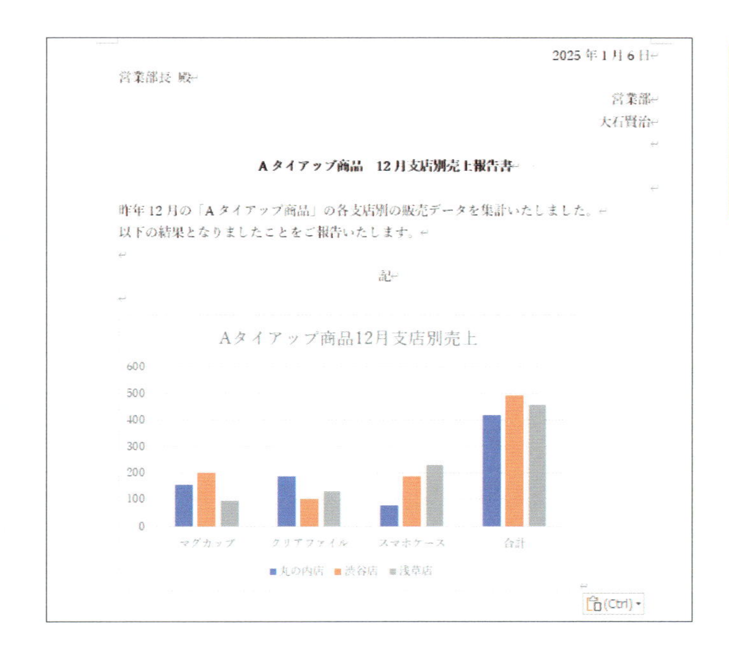

2025年1月6日

営業部長 殿

営業部

大石賢治

Aタイアップ商品　12月支店別売上報告書

昨年12月の「Aタイアップ商品」の各支店別の販売データを集計いたしました。

以下の結果となりましたことをご報告いたします。

記

エクセルで作成したグラフをコピーして貼り付けることができます。エクセル上でのデザインなども引き継がれます。

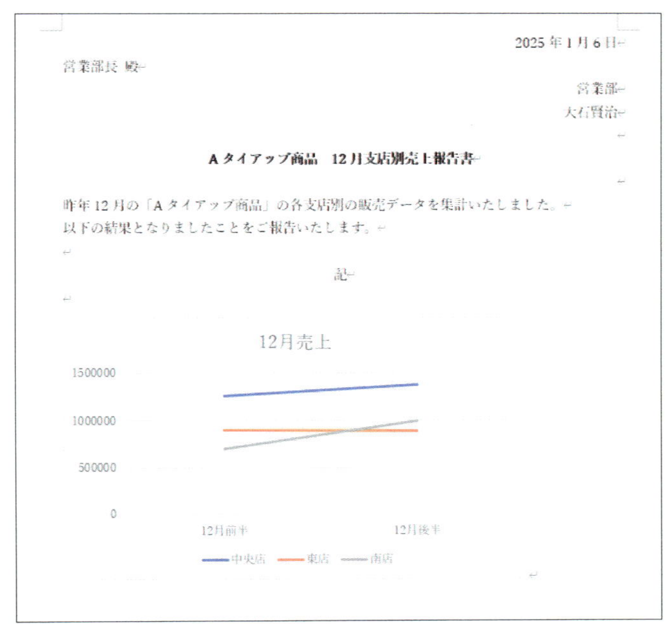

2025年1月6日

営業部長 殿

営業部

大石賢治

Aタイアップ商品　12月支店別売上報告書

昨年12月の「Aタイアップ商品」の各支店別の販売データを集計いたしました。

以下の結果となりましたことをご報告いたします。

記

ワード上でも簡単なグラフの作成を行うことができます。

練習用ファイル ▸ 43_表の貼り付け.docx

レッスン 43

エクセルの表を貼り付けましょう

エクセルで作成した表をワードの文書に貼り付けましょう。コピー＆ペーストで簡単に行うことができます。

1 エクセルの表を貼り付ける

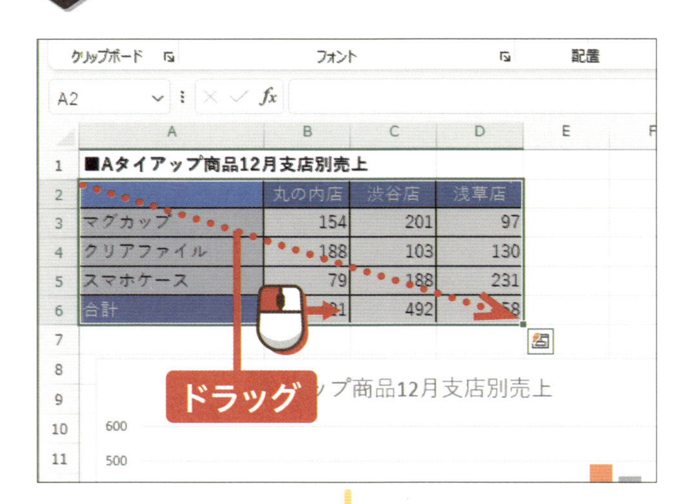

エクセルを起動し、貼り付けたい表をドラッグして選択します。

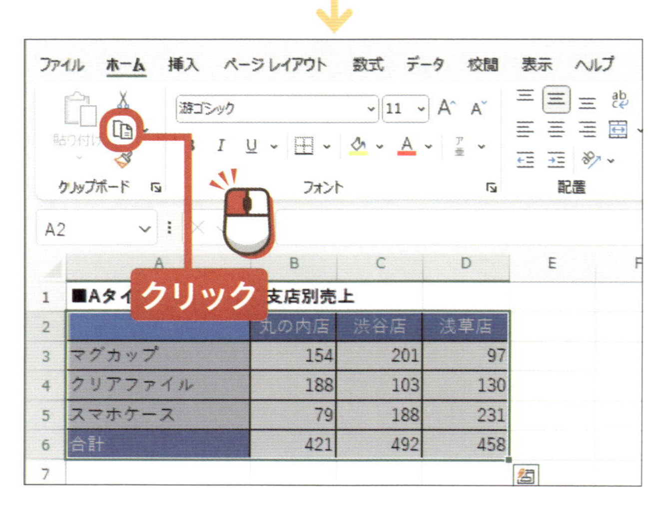

エクセルの「ホーム」タブの「クリップボード」グループの[コピー]をクリックしてコピーします。

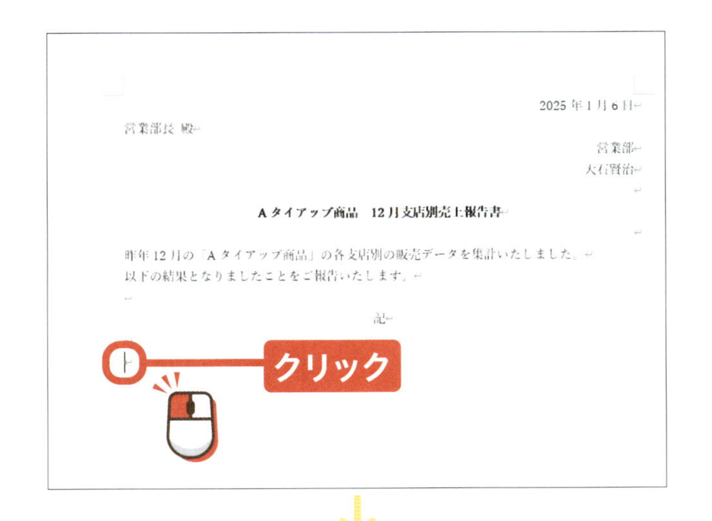

ワードを起動し、
表を貼り付けたい箇所を
クリックして
選択します。

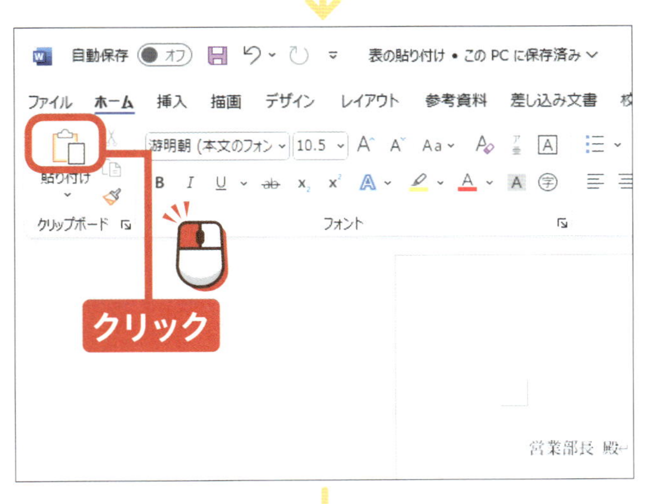

ワードの
「ホーム」タブの
「クリップボード」
グループの を
クリックします。

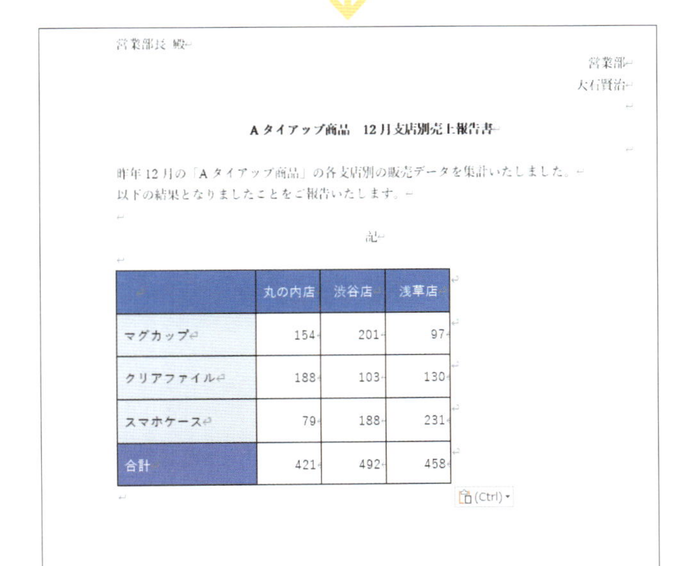

	丸の内店	渋谷店	浅草店
マグカップ	154	201	97
クリアファイル	188	103	130
スマホケース	79	188	231
合計	421	492	458

ワードの文書にエクセルの
表が貼り付けられます。

●アドバイス●

エクセルのセルの幅や高さは引き継がれないので、ワード上で調整しましょう（詳しくはP.172を参照）。

終わり

練習用ファイル ▸ 44_表の挿入.docx

ワード上で表を作成しましょう

ワード上で表を作成することも可能です。表を作成する場合、行と列の数を指定します。

クリック →P.14

入力 →P.16

1 表を挿入する

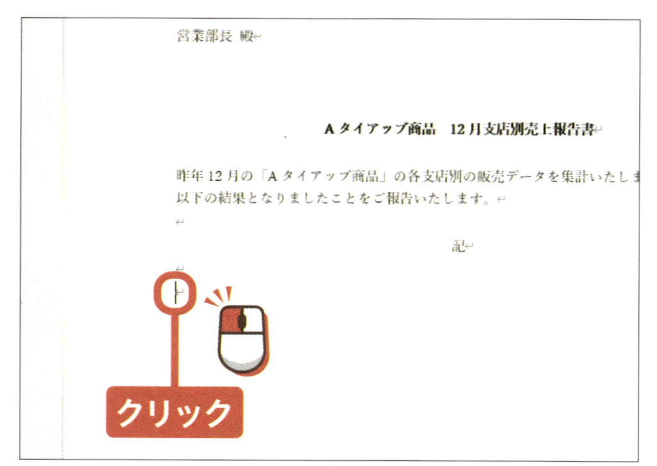

表を挿入したい箇所をクリックして選択します。

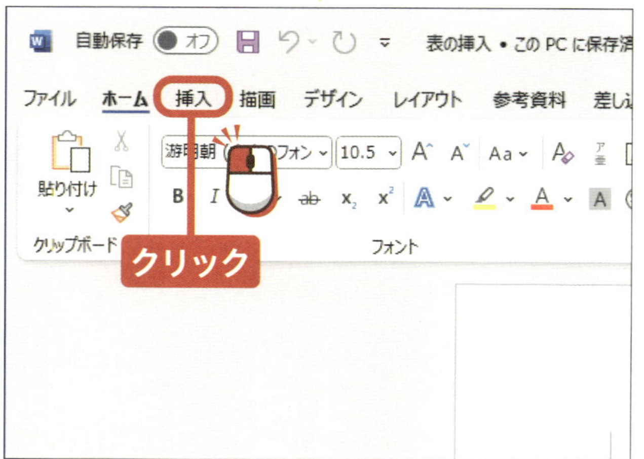

挿入をクリックします。

アドバイス

ワードでの表は、写真や図形と同じように文書に挿入します。

「表」グループの表を

クリックします。

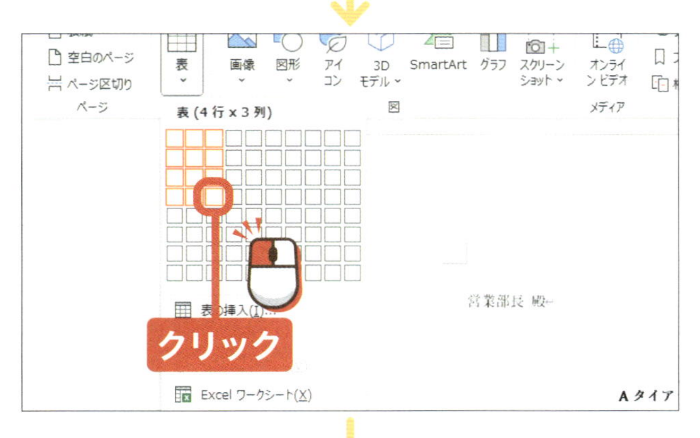

挿入したい表の行と列の数（ここでは4行×3列）の部分をクリックします。

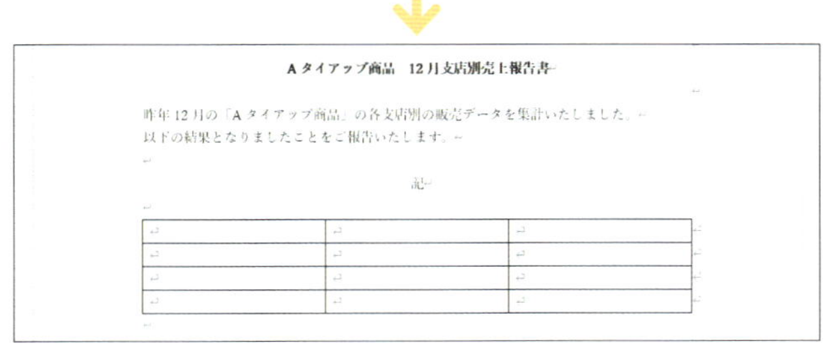

表が挿入されます。

ヒント 表の削除

表を選択すると「テーブルデザイン」タブ、「テーブルレイアウト」タブが表示されるようになります。「テーブルレイアウト」タブ❶の「行と列」グループの「削除」をクリックして、「表の削除」❷をクリックすると、表を削除できます。

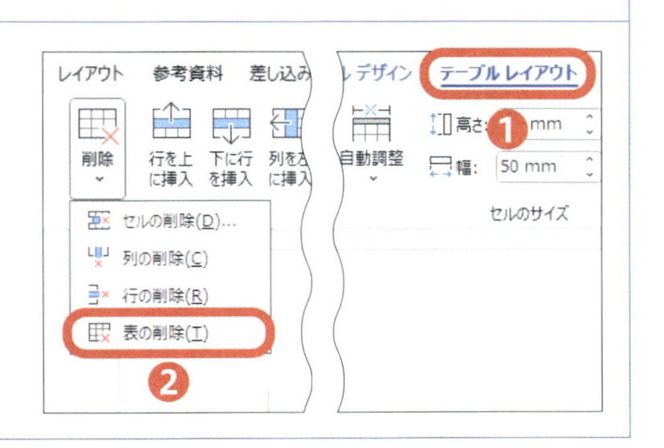

次のページへ

2 文字や数値を入力する

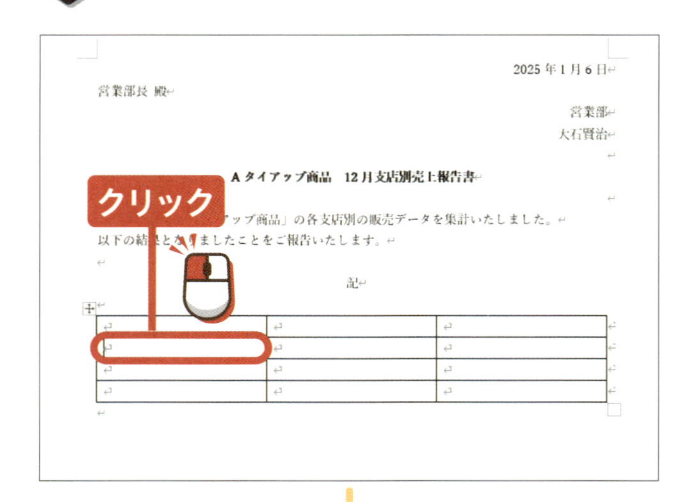

今回は12月度の3店舗の売上表を作成します。

2行1列目をクリックして、文字を入力できる状態にします。

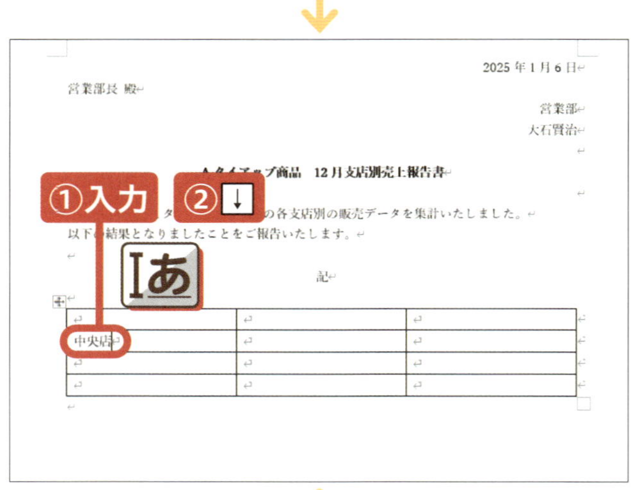

文字を入力します。

キーボードの↓を押します。

アドバイス

Enterを押すとセル内で改行されます。

2025 年 1 月 6 日

営業部長 殿

営業部

大石賢治

A タイアップ商品　12 月支店別売上報告書

入力

「A タイアップ商品」の各支店別の販売データを集計いたしました。

なりましたことをご報告いたします。

記

中央店		
東店		

次の行に移動するので、文字を入力していきます。

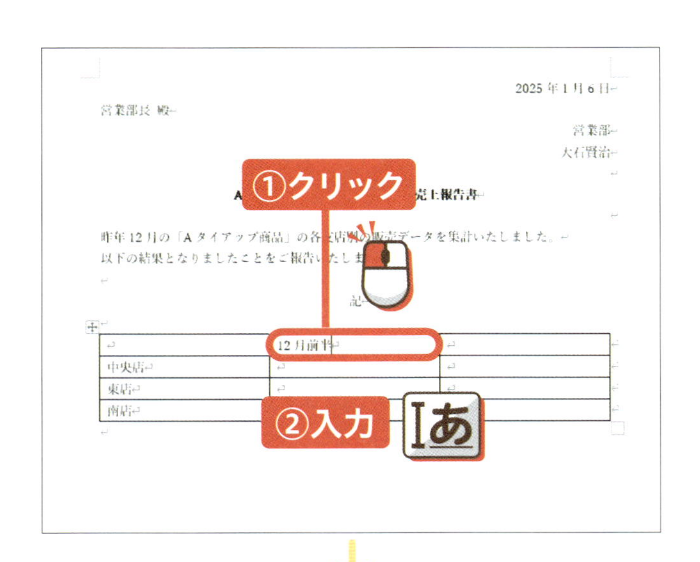

2025年1月6日

営業部長 殿

営業部
大石賢治

A…売上報告書

昨年12月の「Aタイアップ商品」の各支店別の販売データを集計いたしました。
以下の結果となりましたことをご報告いたします。

記

	12月前半	
中央店		
東店		
南店		

次は列を入力します。

1行2列目をクリックして、文字を入力できる状態にします。

文字をIあ入力します。

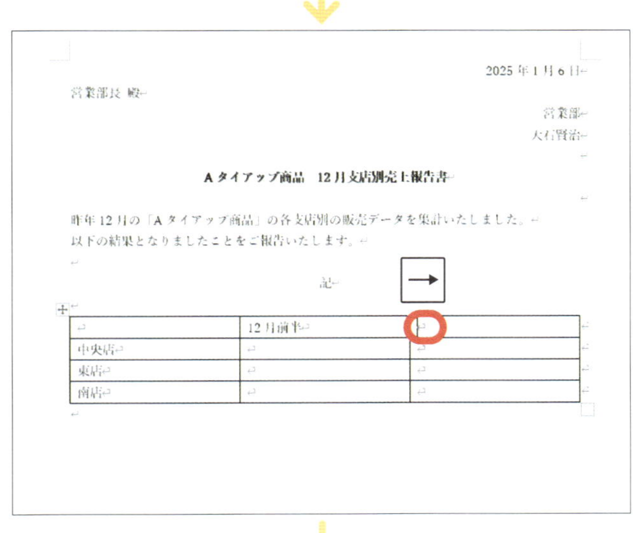

2025年1月6日

営業部長 殿

営業部
大石賢治

Aタイアップ商品　12月支店別売上報告書

昨年12月の「Aタイアップ商品」の各支店別の販売データを集計いたしました。
以下の結果となりましたことをご報告いたします。

記

	12月前半	
中央店		
東店		
南店		

キーボードの→を押します。

次の列に移動します。

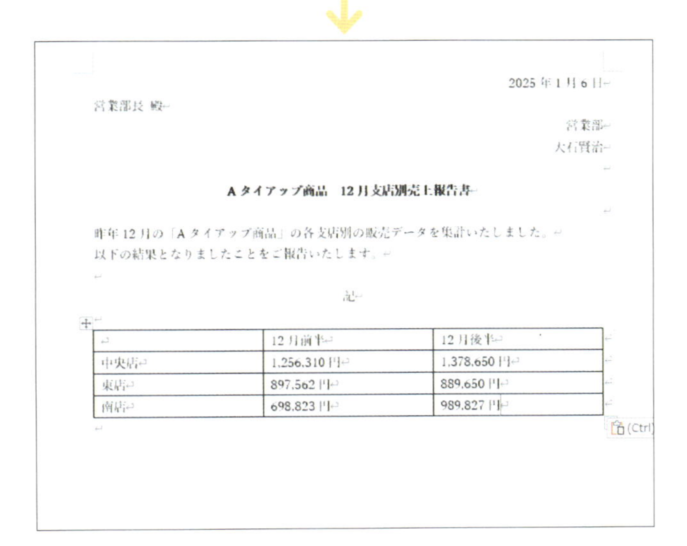

2025年1月6日

営業部長 殿

営業部
大石賢治

Aタイアップ商品　12月支店別売上報告書

昨年12月の「Aタイアップ商品」の各支店別の販売データを集計いたしました。
以下の結果となりましたことをご報告いたします。

記

	12月前半	12月後半
中央店	1,256,310円	1,378,650円
東店	897,562円	889,650円
南店	698,823円	989,827円

以上の操作を繰り返して、表の入力をしていきます。

終わり

練習用ファイル ▶ 45_表の大きさと位置.docx

表の大きさと位置を変更しましょう

ワード上で作成した表の大きさや位置を変更しましょう。数値を変更したりドラッグ操作したりすることで行えます。

入力 P.16

1 大きさを変更する

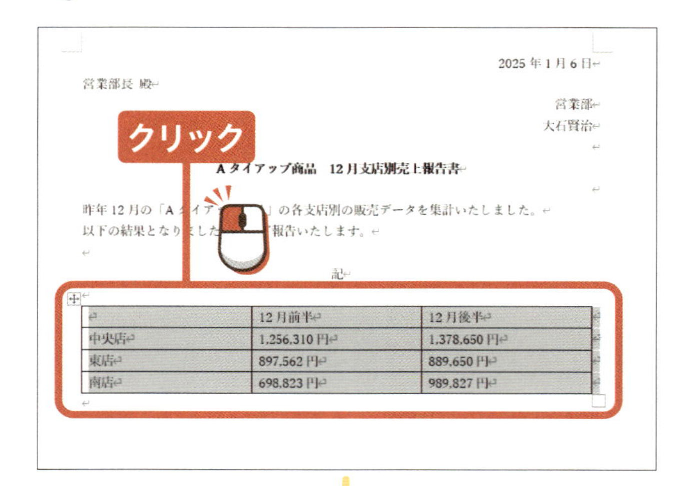

大きさを変更したい表を クリックして 選択します。

アドバイス

表の左上の⊞をクリックすると全体が選択できます。

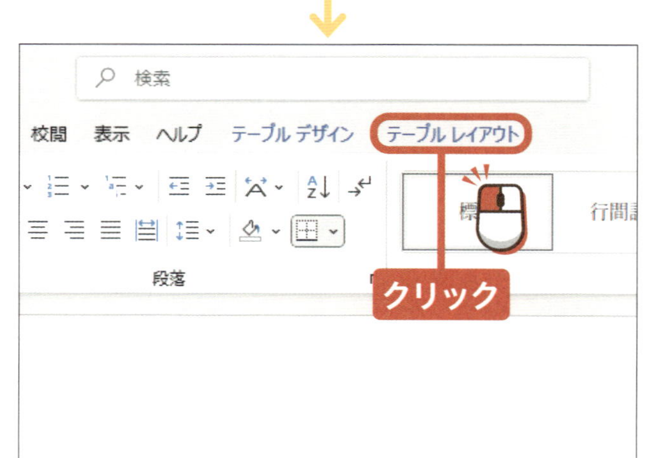

テーブル レイアウトを クリックします。

「セルのサイズ」グループの「高さ」と「幅」で大きさを調節します。

高さと幅に数値（ここでは高さ「8mm」、幅「40mm」）を入力します。

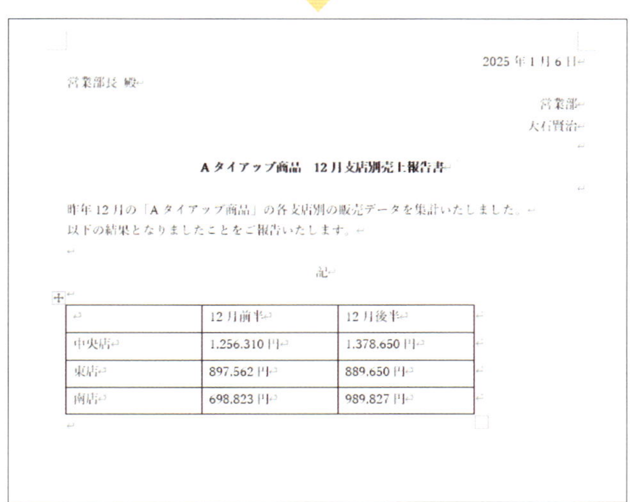

2025 年 1 月 6 日

営業部長 殿

営業部
大石賢治

A タイアップ商品　12 月支店別売上報告書

昨年 12 月の「A タイアップ商品」の各支店別の販売データを集計いたしました。
以下の結果となりましたことをご報告いたします。

記

	12 月前半	12 月後半
中央店	1,256,310 円	1,378,650 円
東店	897,562 円	889,650 円
南店	698,823 円	989,827 円

表の大きさが変更されます。

アドバイス

右下の□をドラッグすることでも、表の大きさが変更できます。

ヒント 表の大きさの自動調整

表を選択すると表示される「テーブルレイアウト」タブをクリックします。「セルのサイズ」グループの「自動調整」をクリックして、表示されたメニューから任意の項目を選択すると、選択した項目に合わせてセルの幅を自動で調整してくれます。

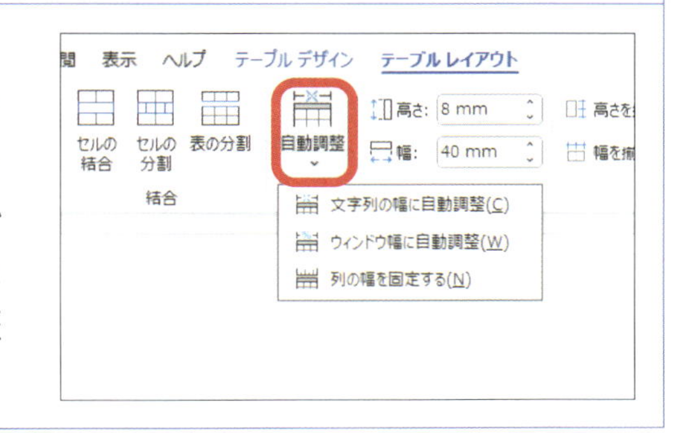

次のページへ

2 位置を変更する

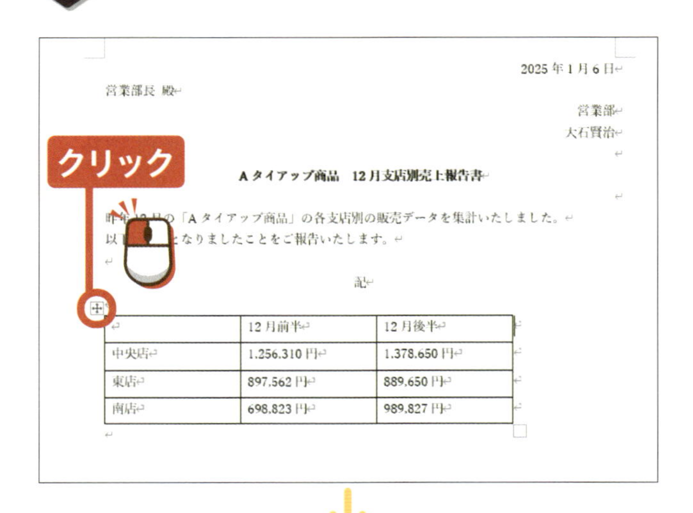

表の左上の[✛]をクリックします。

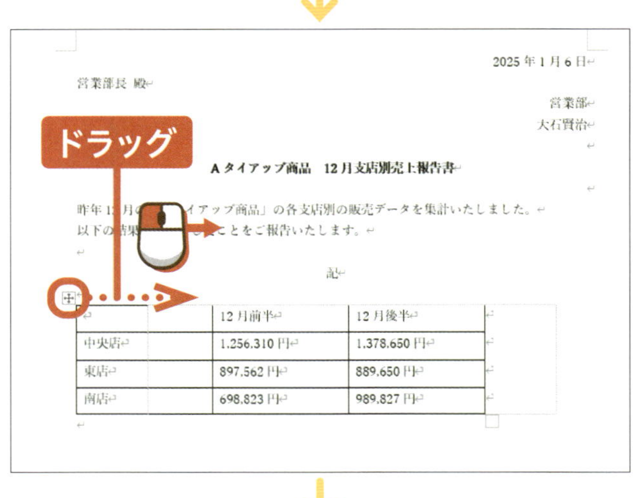

移動させたい方向へドラッグします。

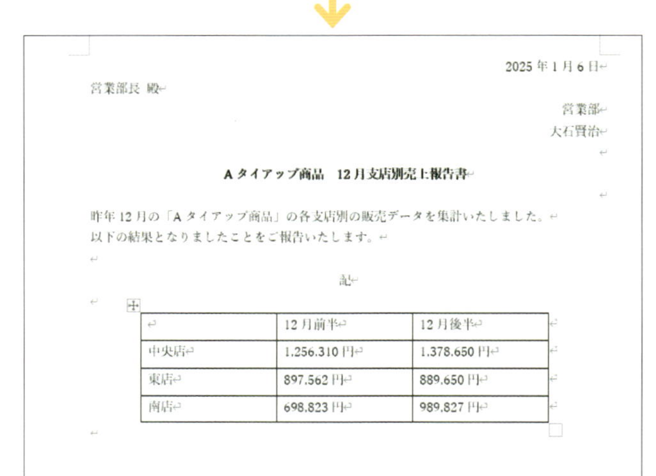

表の移動が完了します。

アドバイス

文書の余白部分を越えて位置を移動することもできます。

3 セル内の文字の位置を変更する

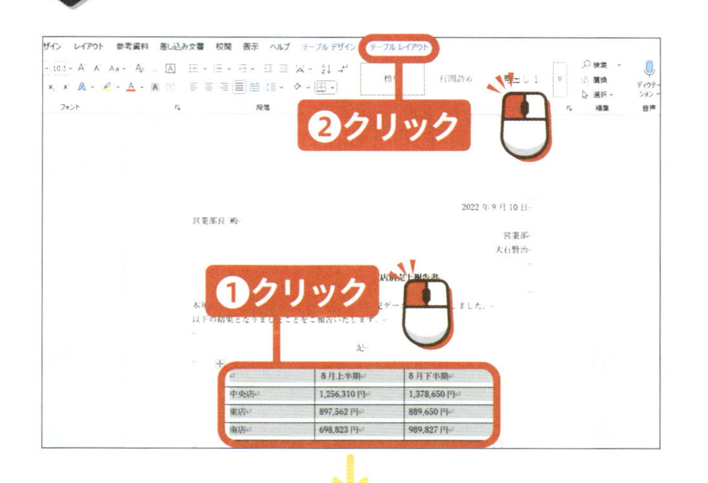

表を クリックして選択します。

テーブル レイアウト を クリックします。

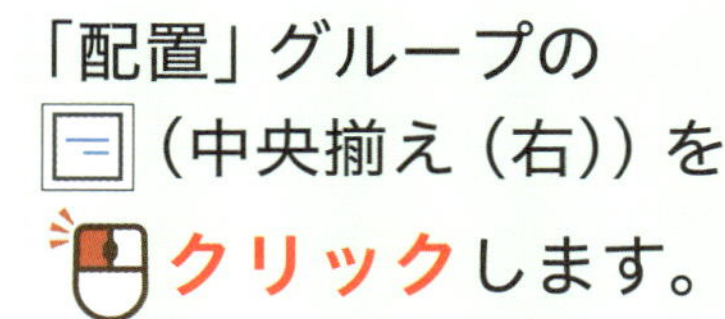

「配置」グループの (中央揃え（右））を クリックします。

アドバイス

「中央揃え（右）」は文字の天地を中央揃えにした後に、文字を右端に揃えます。数値の入った表に使うとわかりやすく配置されます。

2025年1月6日

営業部長 殿

営業部
大石賢治

Aタイアップ商品　12月支店別売上報告書

昨年12月の「Aタイアップ商品」の各支店別の販売データを集計いたしました。
以下の結果となりましたことをご報告いたします。

記

	12月前半	12月後半
中央店	1,256,310円	1,378,650円
東店	897,562円	889,650円
南店	698,823円	989,827円

セル内の文字の位置が変更されます。

終わり

練習用ファイル ▶ 46_表の色.docx

レッスン 46

表の色を変更しましょう

ワード上で作成した表はそのままでは見栄えがあまりよくありません。色やスタイルを変更して見栄えよくしましょう。

ここでの操作   クリック →P.14

1 色を変更する

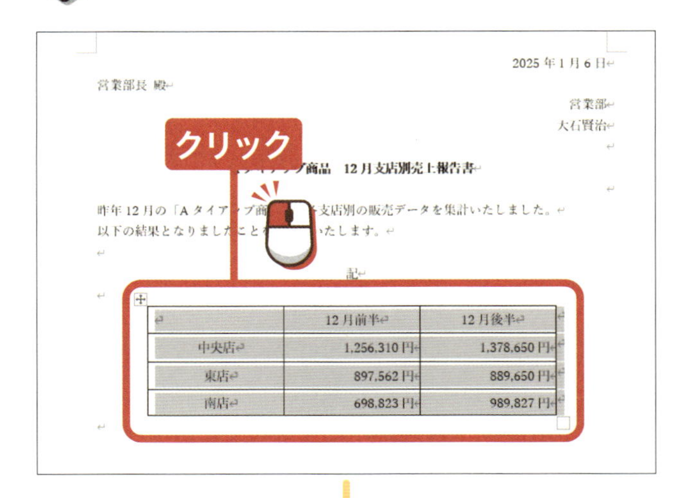

	12月前半	12月後半
中央店	1,256,310円	1,378,650円
東店	897,562円	889,650円
南店	698,823円	989,827円

色を変更したい表をクリックして選択します。

●アドバイス●

表の左上の⊞をクリックすると全体を選択できます。

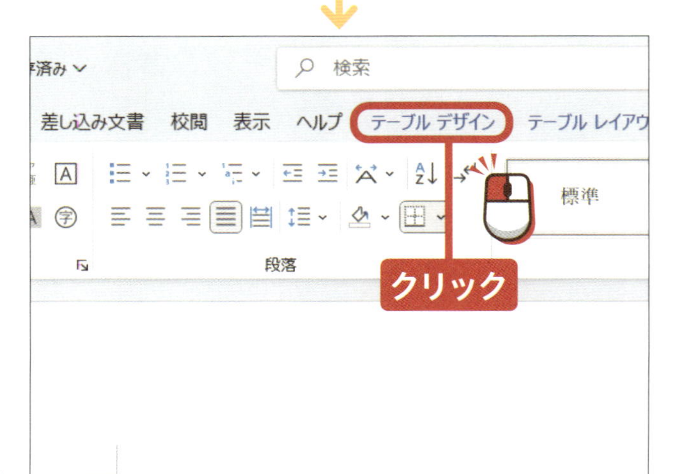

テーブル デザインをクリックします。

●アドバイス●

表を選択すると、「テーブルデザイン」タブと「テーブルレイアウト」タブが表示されます。

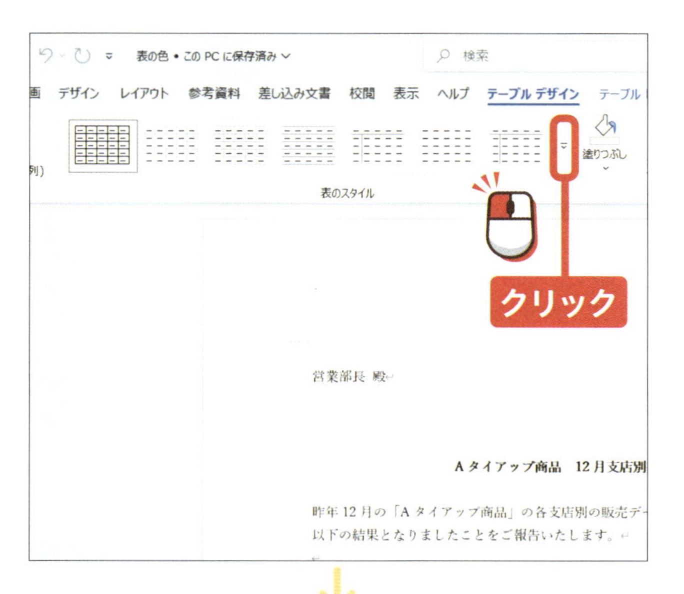

「表のスタイル」グループの ▽ を クリックします。

アドバイス

「塗りつぶし」では表を色で塗りつぶすことができます。

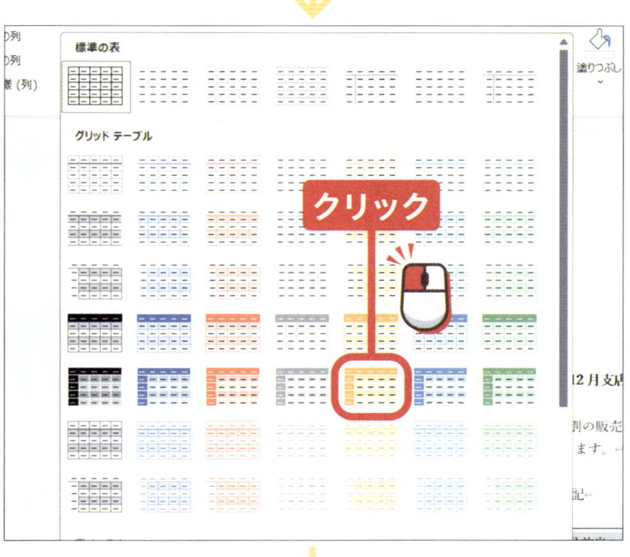

表のスタイル（ここでは「グリッド（表）5 濃色 - アクセント 4」）を選択して クリックします。

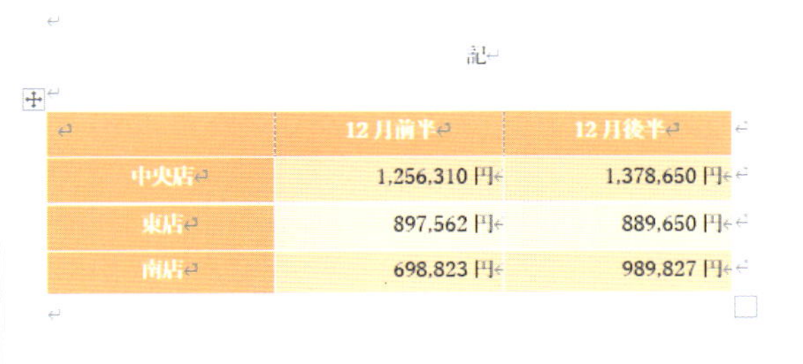
A タイアップ商品　12 月支店別売上報告書

昨年 12 月の「A タイアップ商品」の各支店別の販売データを集計いたしました。
以下の結果となりましたことをご報告いたします。

記

	12 月前半	12 月後半
中央店	1,256,310 円	1,378,650 円
東店	897,562 円	889,650 円
南店	698,823 円	989,827 円

表のスタイルにあわせて色が変更されます。

終わり

表の行や列を追加しましょう

作成した表に行や列を後から追加することもできます。必要に応じて追加をしましょう。

1 行を追加する

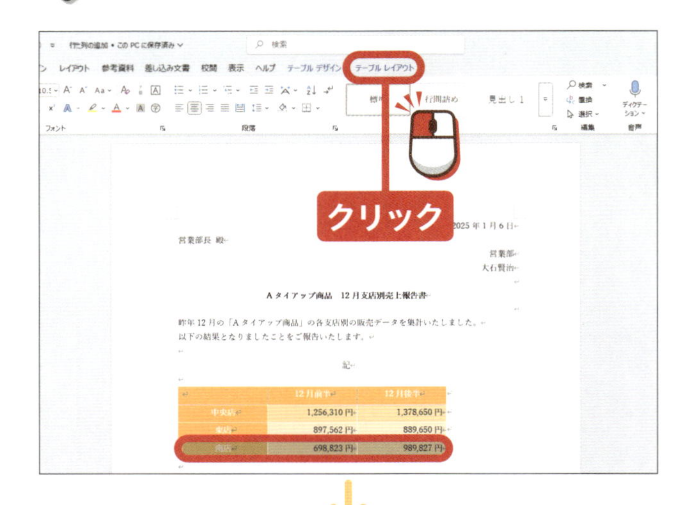

行を選択して、テーブル レイアウトをクリックします。

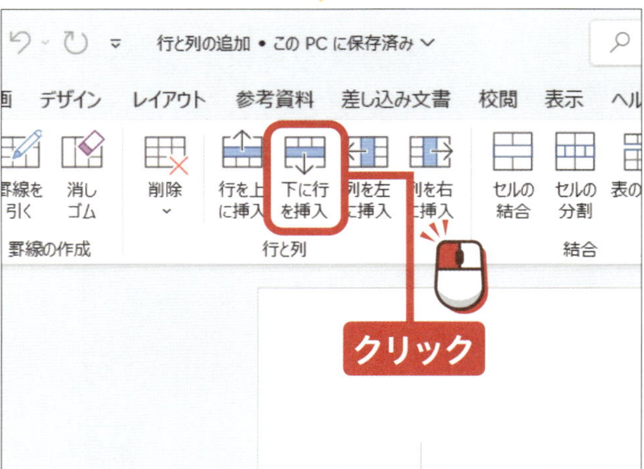

「行と列」グループのをクリックします。

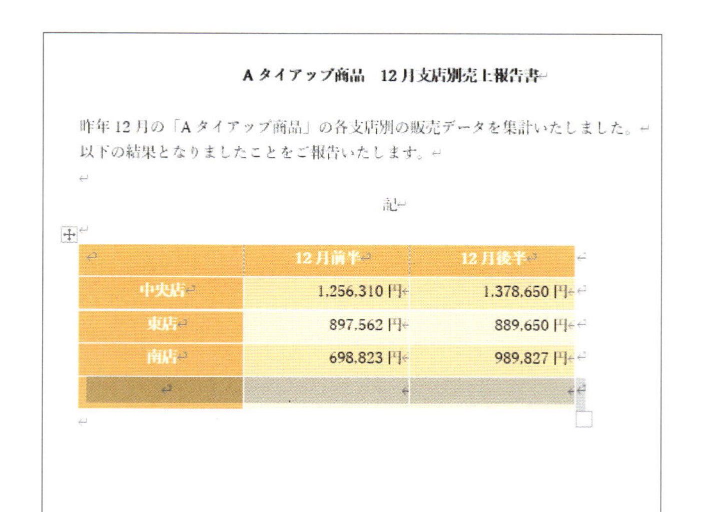

A タイアップ商品　12 月支店別売上報告書

昨年 12 月の「A タイアップ商品」の各支店別の販売データを集計いたしました。
以下の結果となりましたことをご報告いたします。

記

	12 月前半	12 月後半
中央店	1,256,310 円	1,378,650 円
東店	897,562 円	889,650 円
南店	698,823 円	989,827 円

選択した行の下に行が追加されます。

●アドバイス●

「行を上に挿入」をクリックすると、選択した行の上に追加されます。

ヒント 列の追加

列を選択し、「テーブルレイアウト」タブの「行と列」グループの「列を左に挿入」または「列を右に挿入」をクリックすると、列が追加されます。

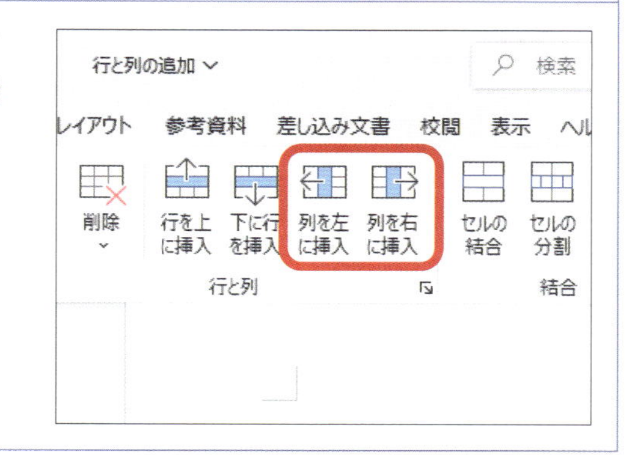

ヒント 行と列の削除

行または列を選択し、「テーブルレイアウト」タブの「行と列」グループの「削除」をクリックして、「列の削除」または「行の削除」をクリックすると、行と列を削除することができます。

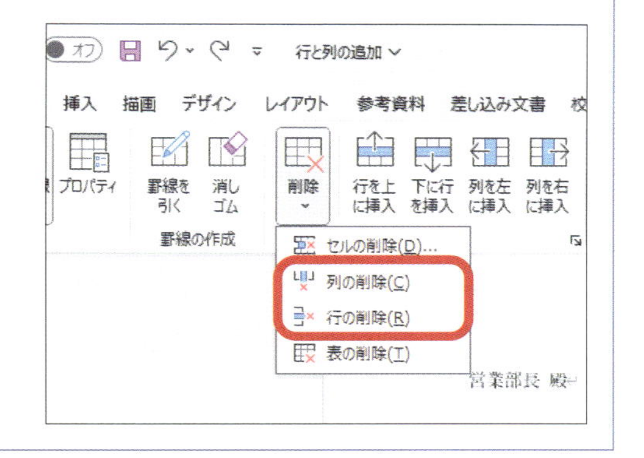

終わり

レッスン 48 エクセルのグラフを貼り付けましょう

エクセルで作成したグラフをワードの文書に貼り付けます。表と同じでコピー＆ペーストで簡単に行うことができます。

クリック
→P.14

1 エクセルのグラフを貼り付ける

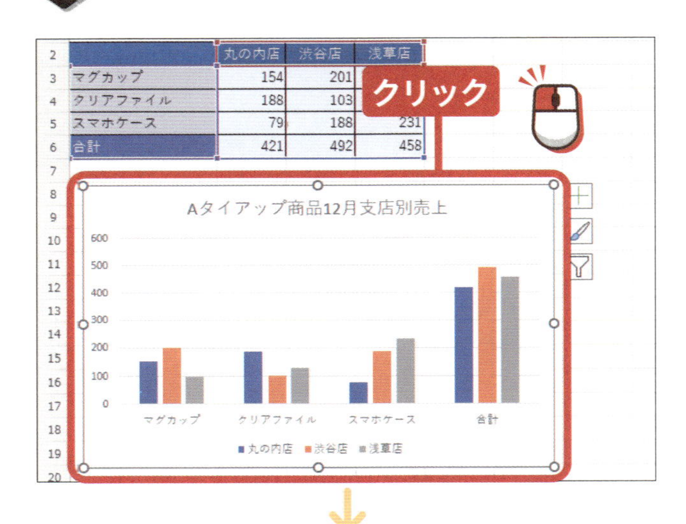

エクセルを起動し、貼り付けたいグラフをクリックして選択します。

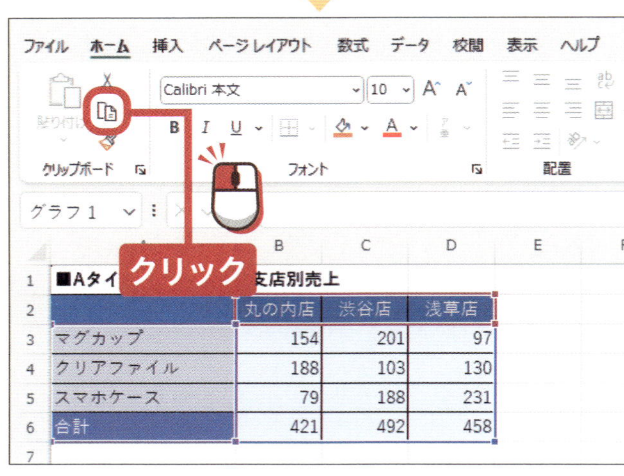

エクセルの「ホーム」タブの「クリップボード」グループの[コピー]をクリックしてコピーします。

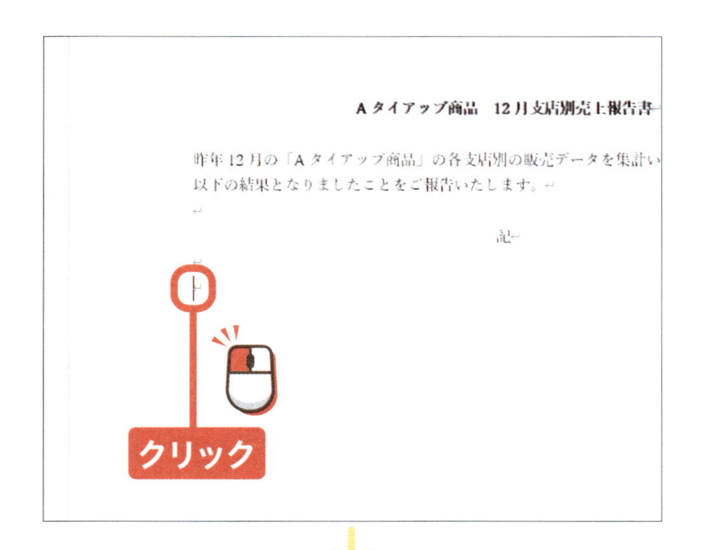

ワードを起動し、グラフを貼り付けたい箇所をクリックして選択します。

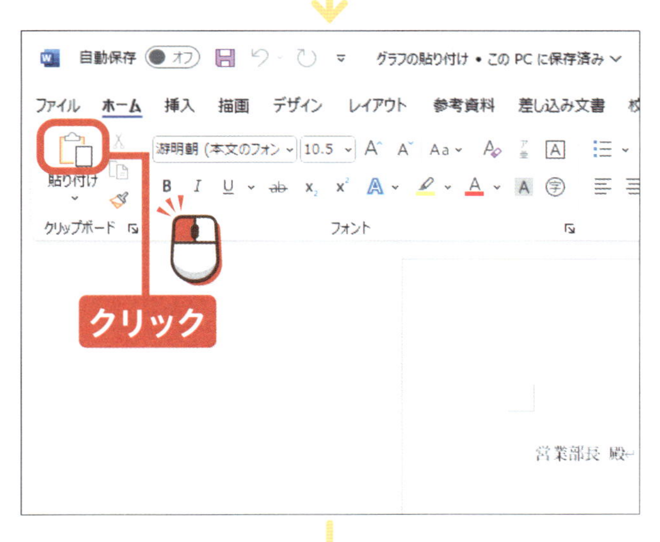

ワードの「ホーム」タブの「クリップボード」グループのをクリックします。

エクセルのグラフが貼り付けられます。

アドバイス

グラフの大きさは引き継がれないので、ワード上で調整しましょう（詳しくはP.186を参照）。

終わり

レッスン 49 ワード上でグラフを作成しましょう

ワード上でグラフを作成することも可能です。グラフを作成する場合は、一緒に表示される表の行と列に文字や数値を入力します。

1 グラフを挿入する

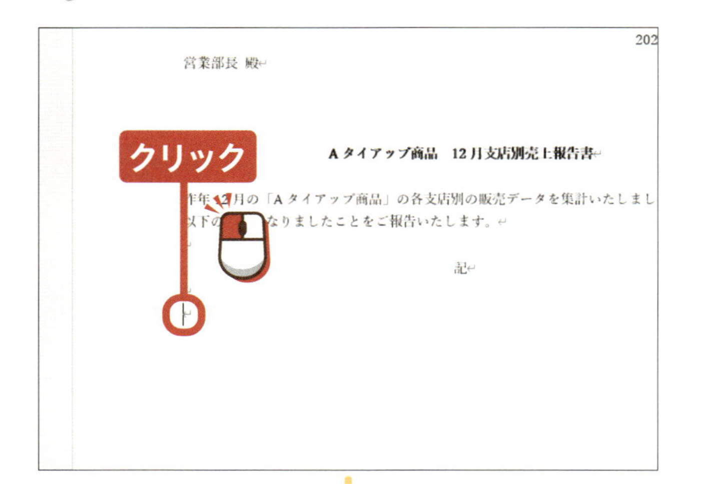

グラフを挿入したい箇所を クリックして選択します。

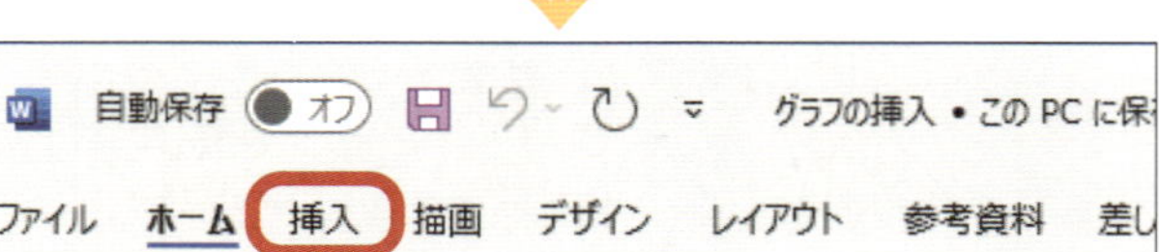

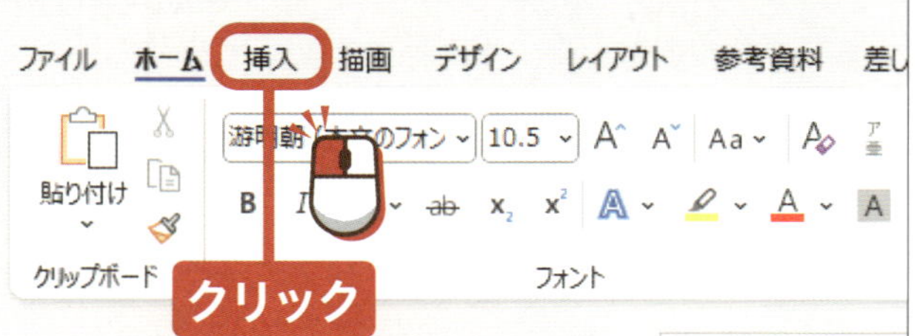

挿入を クリックします。

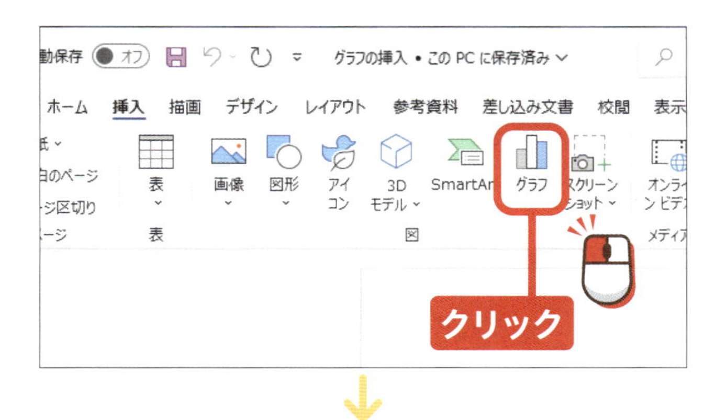

「図」グループの[グラフ]を

クリックします。

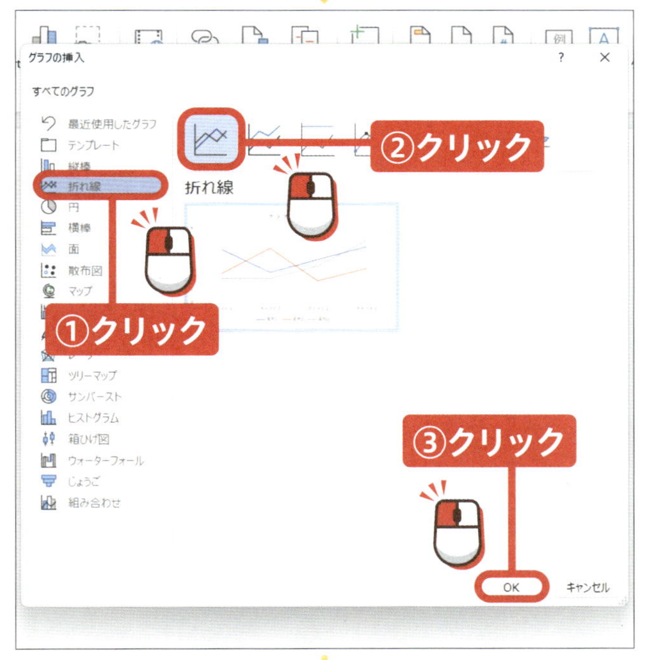

今回は折れ線グラフを挿入します。

折れ線を

クリックします。

グラフの種類を

クリックして

選択します。

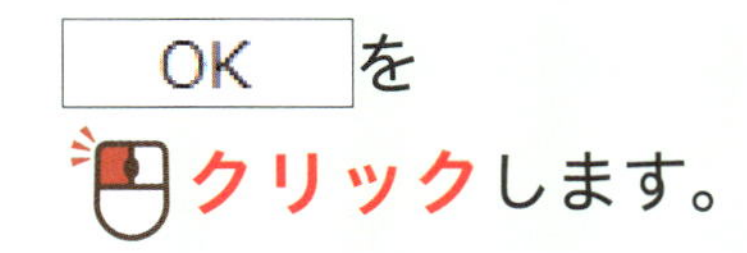
OKを

クリックします。

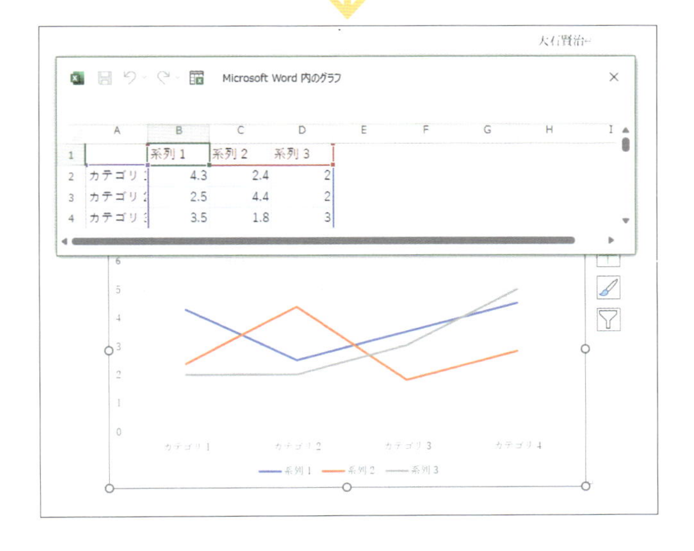

グラフが挿入されます。

•アドバイス•

グラフを削除する場合は、グラフをクリックして選択し、Deleteもしくは BackSpace を押します。

次のページへ

2 文字や数値を入力する

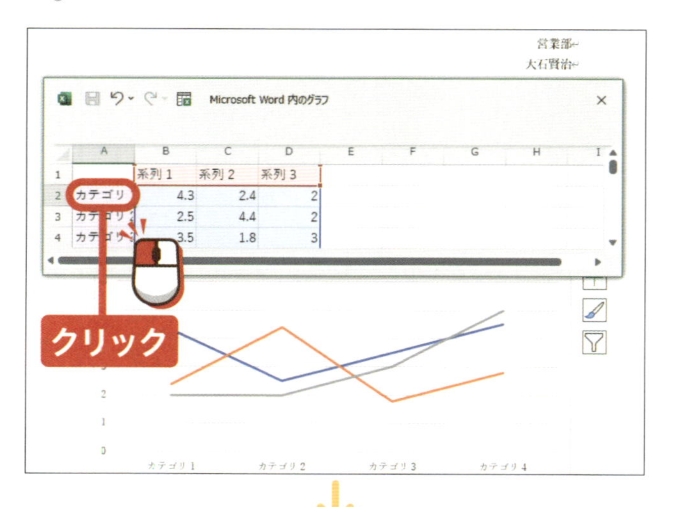

グラフの作成には、一緒に表示される表に数値や文字を入力していきます。表のときと同様に売上のグラフを作成します。

セルA2を クリック して、文字を入力できる状態にします。

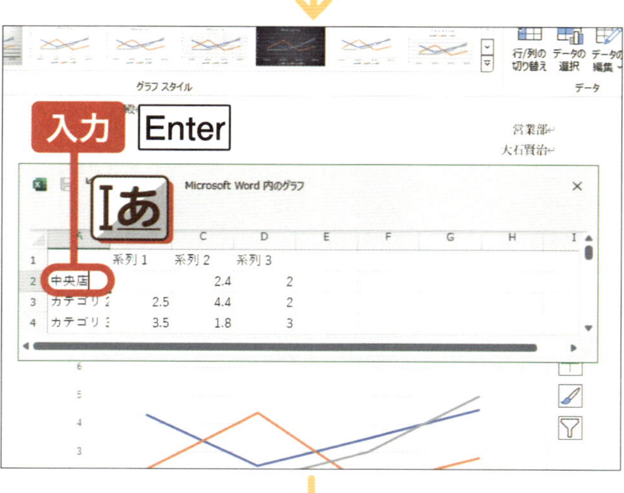

文字を Iあ 入力して、キーボードのEnterを押します。

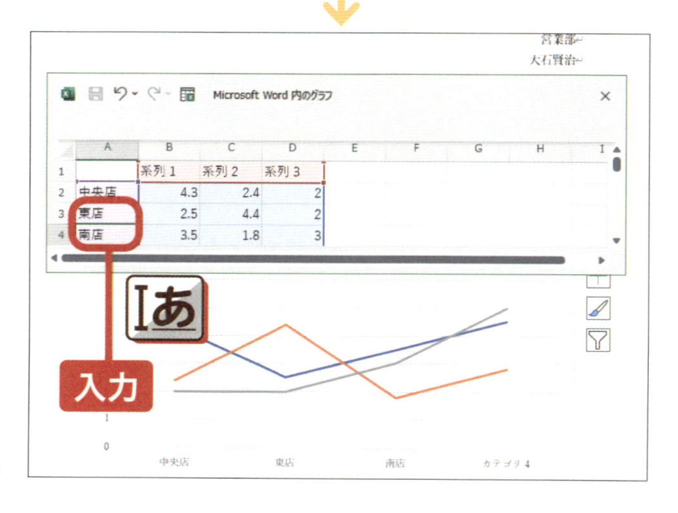

下のセルに移動するので、文字を Iあ 入力していきます。

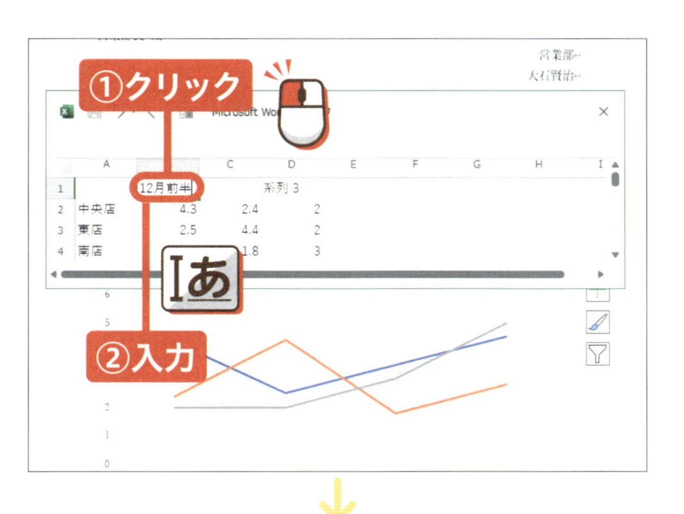

次は列を入力します。

セルB1を クリック して、文字を入力できる状態にします。

文字を 入力 します。

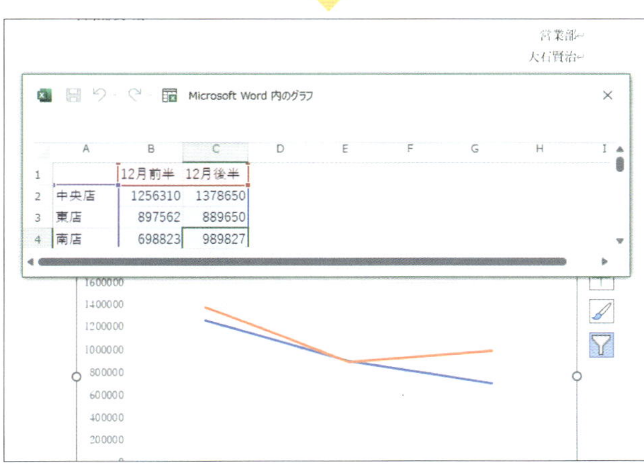

入力した数値にあわせてグラフが作成されます。
以上の操作を繰り返して、表の入力をしていきます。

ヒント グラフになる範囲を指定する

一緒に表示される表の中で、色が付いている部分に入力されている文字や数値がグラフに反映されるようになっています。この色がついている部分をドラッグして変更することで、グラフにする範囲を指定することができます。
なお、指定した部分に空欄があるとグラフがおかしくなってしまう場合があるので、正しく指定する必要があります。

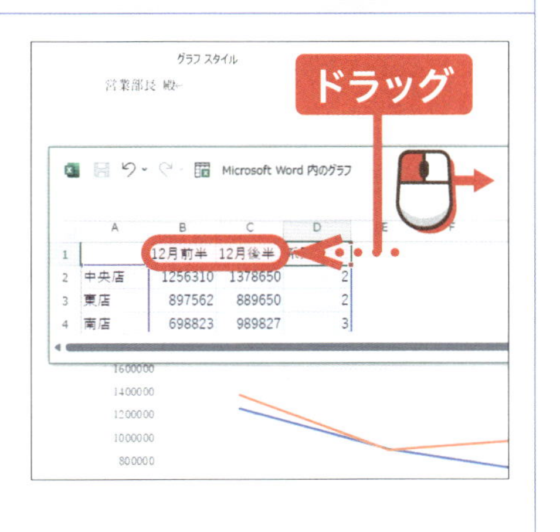

終わり

練習用ファイル ▸ 50_グラフの大きさと位置.docx

グラフの大きさと位置を変更しましょう

ワード上で作成したグラフの大きさや位置を変更しましょう。ドラッグ操作で行えますが、写真と同様に移動については少し制限があります。

P.14

P.15

1 大きさを変更する

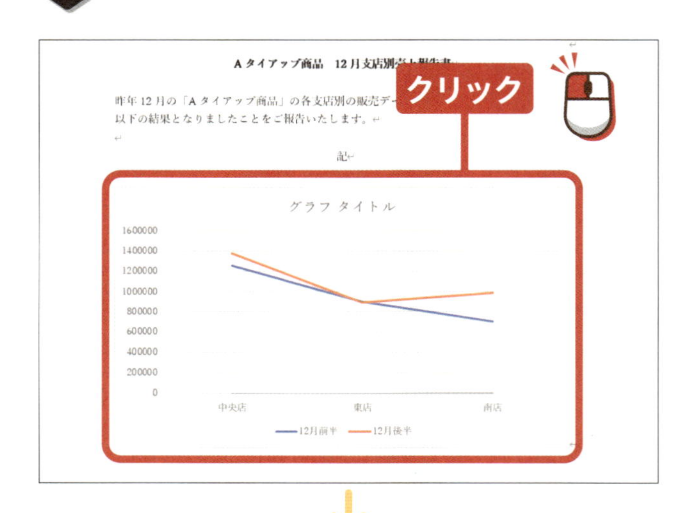

大きさを変更したいグラフを クリック して選択します。

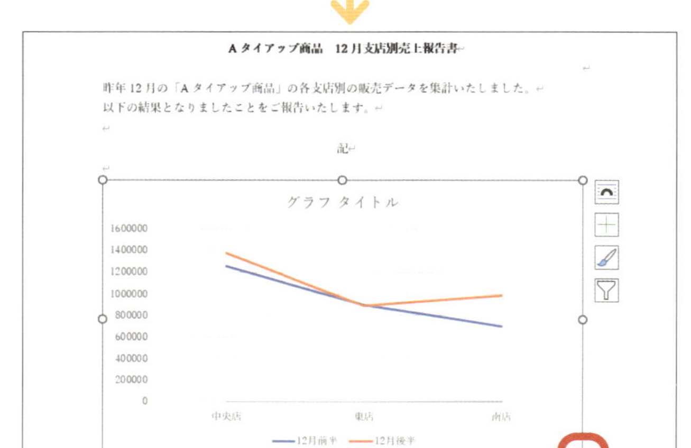

上下左右四隅に が表示されます。

アイコンにマウスポインターを乗せると に変化します。

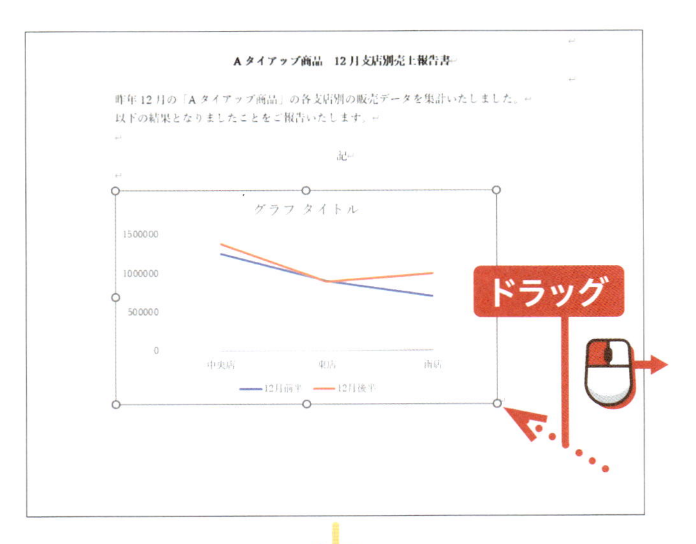

ドラッグして大きさを調節します。

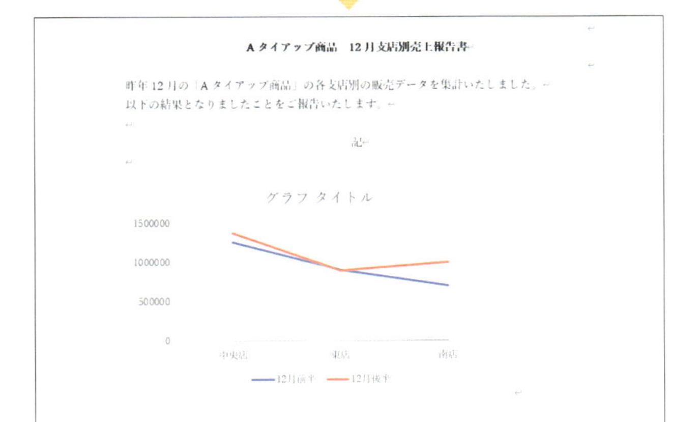

グラフの大きさが変更されます。

●アドバイス●

グラフは外側の枠をドラッグしましょう。内側に表示される枠をドラッグすると、表示がズレてしまう可能性があります。

ヒント グラフのタイトルを変更する

グラフのタイトルをクリックして、文字を入力できる状態にし、文字を入力し直すと、グラフのタイトルを変更することができます。

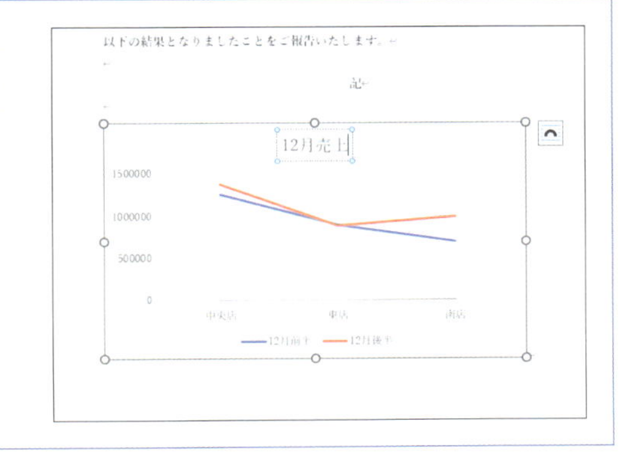

次のページへ

2 位置を変更する

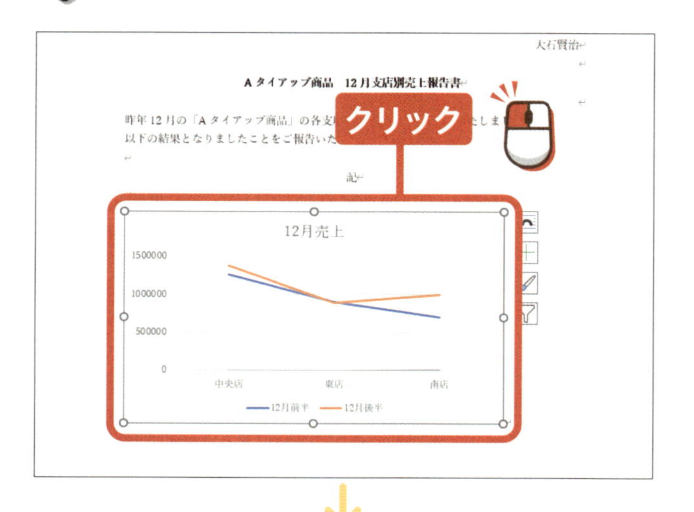

位置を変更したいグラフをクリックして選択します。

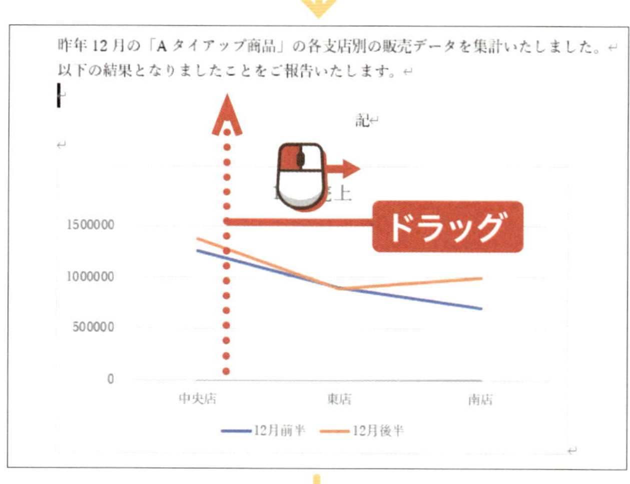

移動させたい方向へドラッグします。

グラフの移動が完了します。

●アドバイス●

グラフの移動については、写真と同じ制限があります。詳しくはP.140を参照してください。

3 グラフの縦軸と横軸を変更する

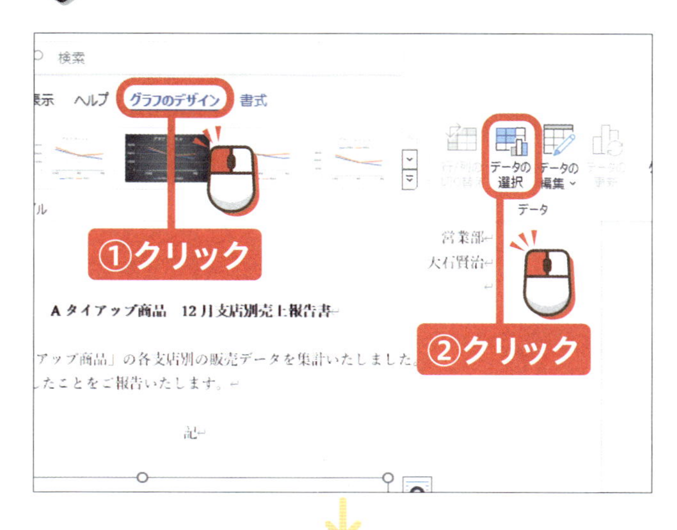

グラフを選択しておきます。

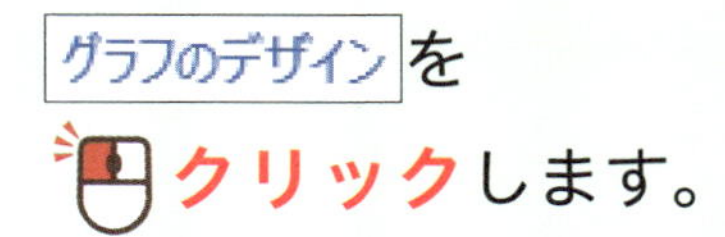

グラフのデザインを

クリックします。

「データ」グループの データの選択 を

クリックします。

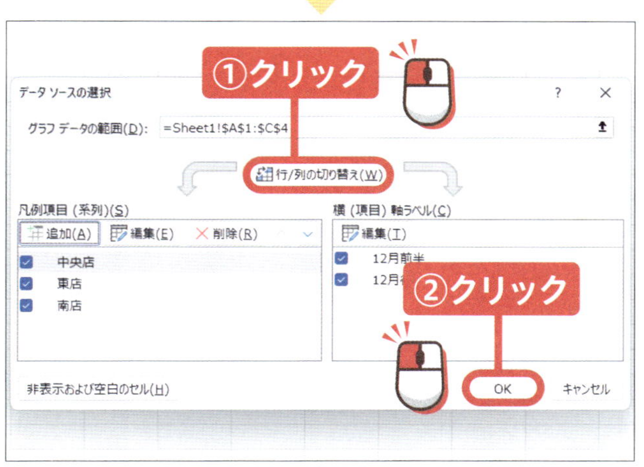

行/列の切り替え(W) を

クリックします。

OK を

クリックします。

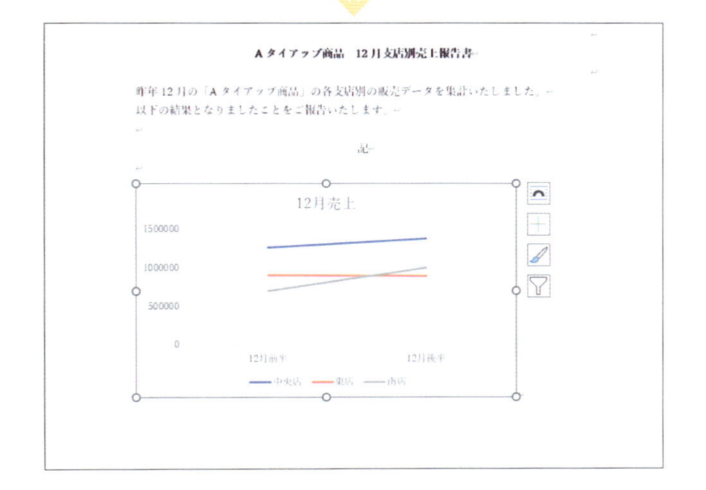

グラフの縦軸と横軸が変更されます。

終わり

グラフの色を変更しましょう

ワード上で作成したグラフは、そのままでは見栄えがあまりよくありません。色やスタイルを変更して見栄えよくしましょう。

クリック
→P.14

1 色を変更する

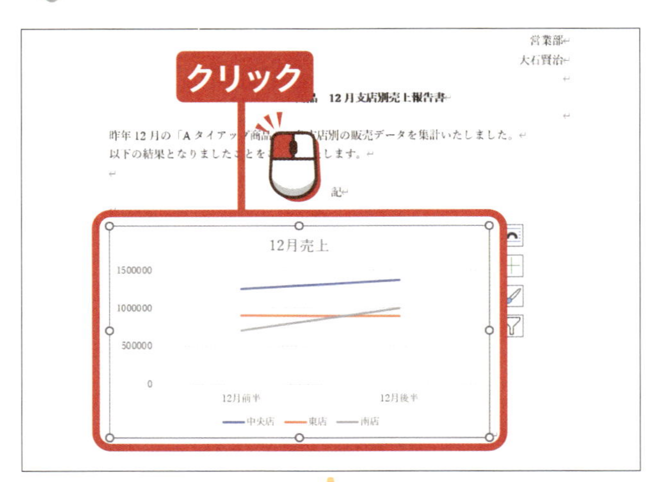

色を変更したいグラフをクリックして選択します。

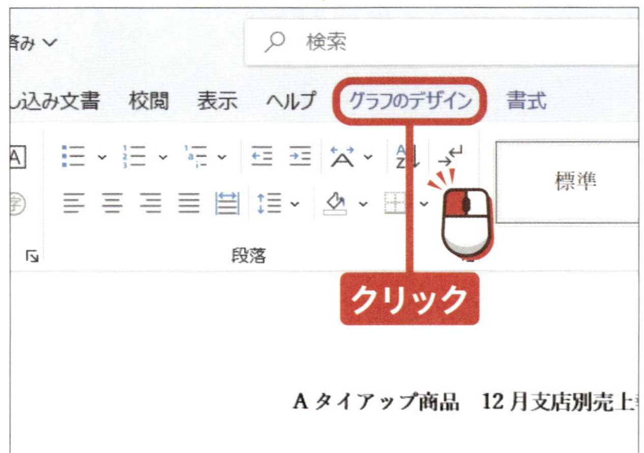

グラフのデザインをクリックします。

アドバイス

グラフをクリックすると、「グラフのデザイン」タブと「書式」タブが表示されます。

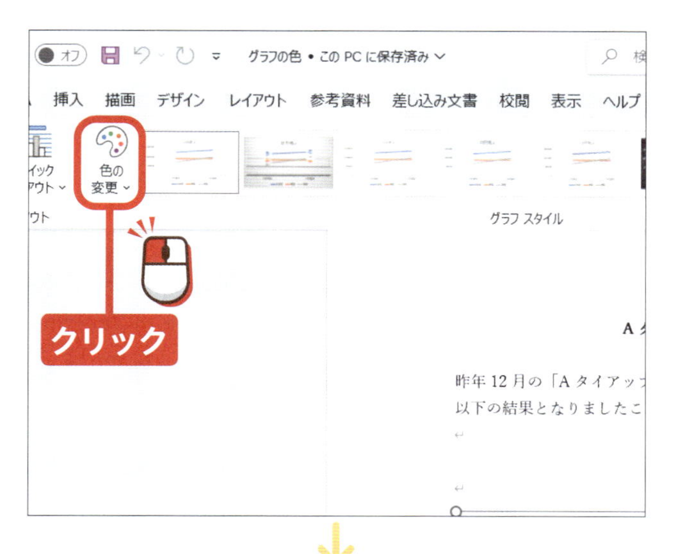

「グラフスタイル」グループの（色の変更）を
クリックします。

●アドバイス●

「グラフスタイル」グループの▽をクリックすると、グラフのスタイルを変更できます。

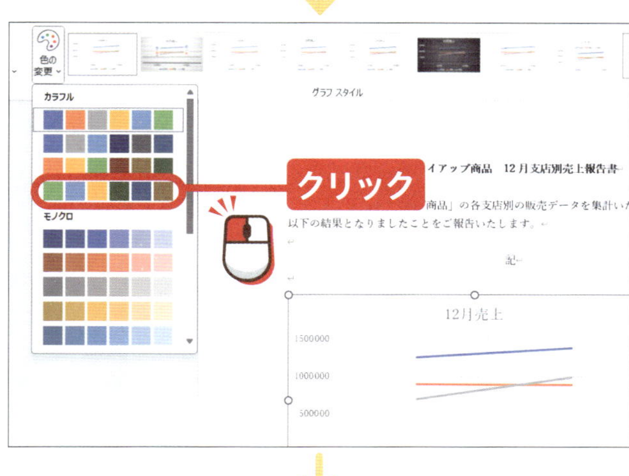

グラフの色（ここでは「カラフルなパレット4」）を選択してクリックします。

グラフの色が変更されます。

終わり

練習用ファイル ▸ 52_グラフの種類.docx

グラフの種類を変更しましょう

最初に作成したグラフの種類を後から変更することができます。今回は折れ線グラフから縦棒グラフに変更します。

クリック
→P.14

1 種類を変更する

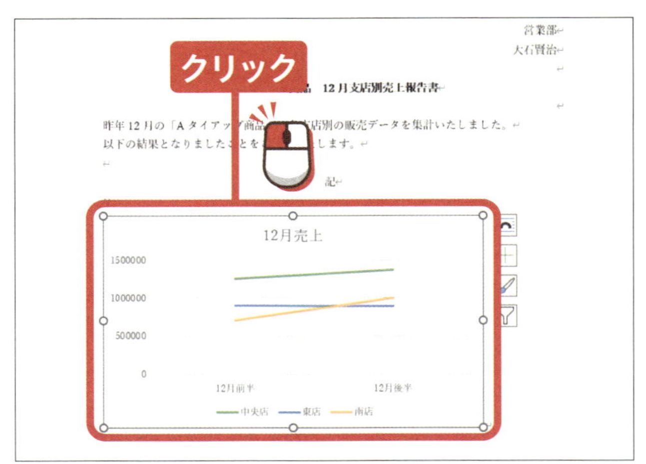

種類を変更したいグラフを クリック して選択します。

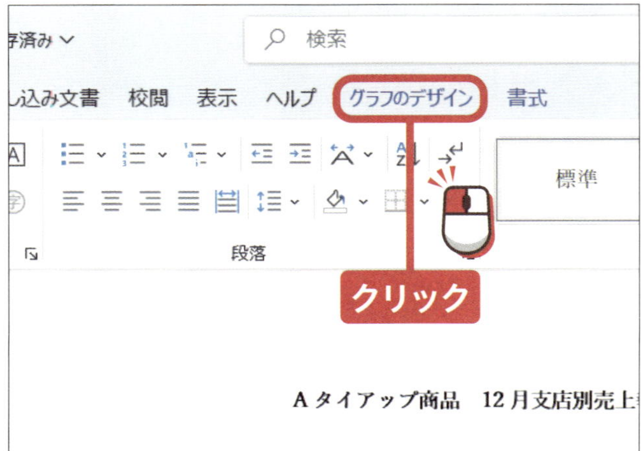

グラフのデザイン を クリック します。

●アドバイス●

グラフをクリックすると、「グラフのデザイン」タブと「書式」タブが表示されます。

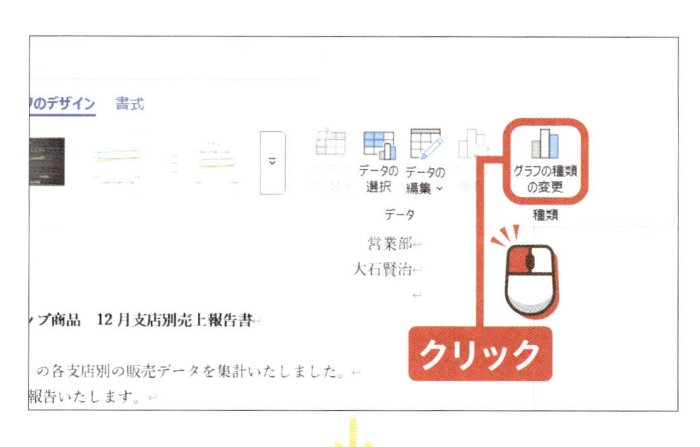

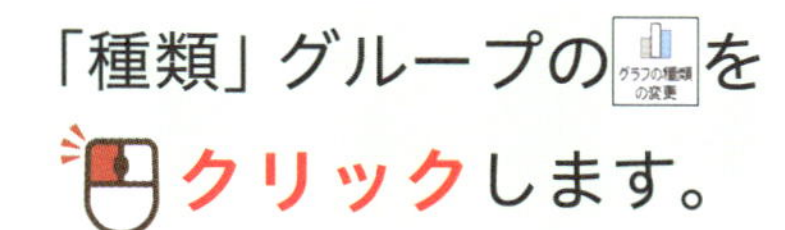
「種類」グループのを
クリックします。

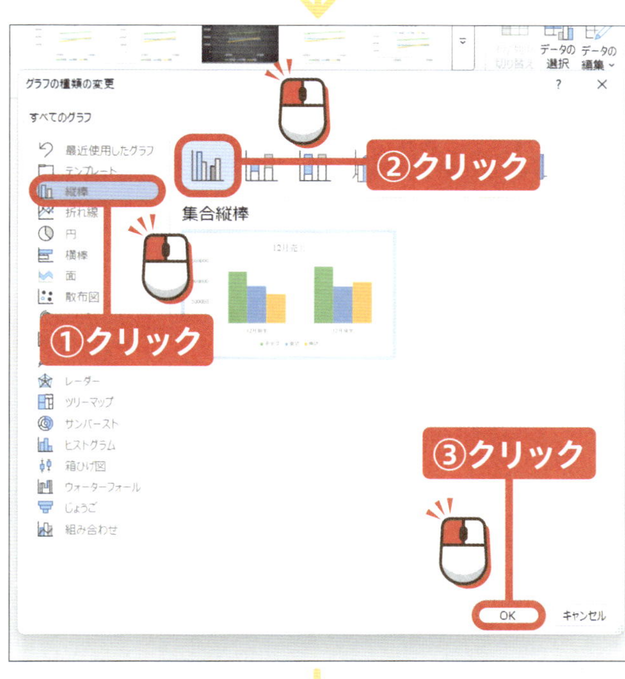

今回は縦棒グラフに変更します。

を
クリックします。

グラフの種類を
クリックして
選択します。

を
クリックします。

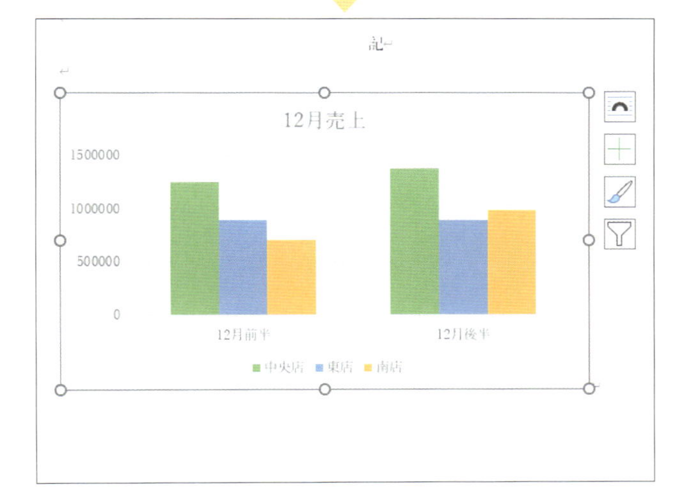

グラフの種類が変更されます。

終わり

レッスン 53 スマートアートを挿入しましょう

スマートアートは組織図などの図表を簡単に作成できる機能で、ワードでも使うことができます。

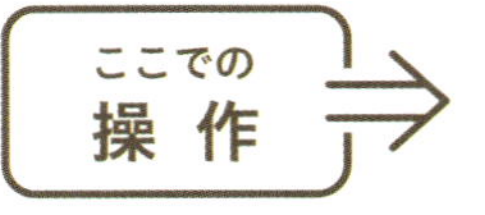

1 スマートアートを挿入する

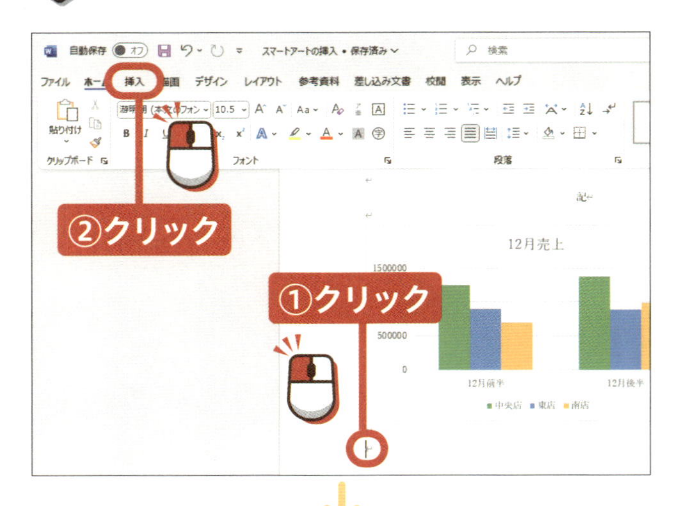

スマートアートを挿入したい箇所をクリックして選択します。

挿入をクリックします。

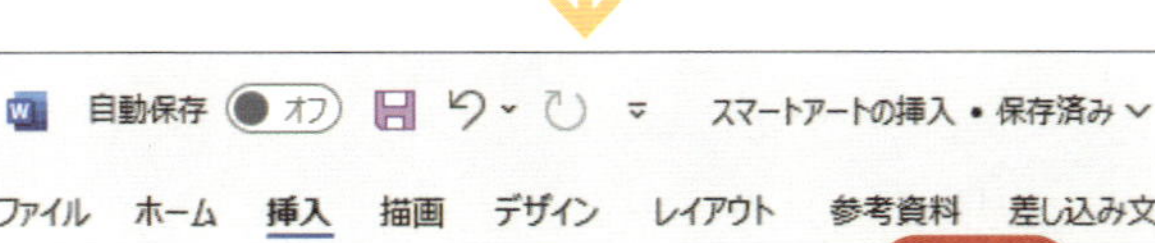

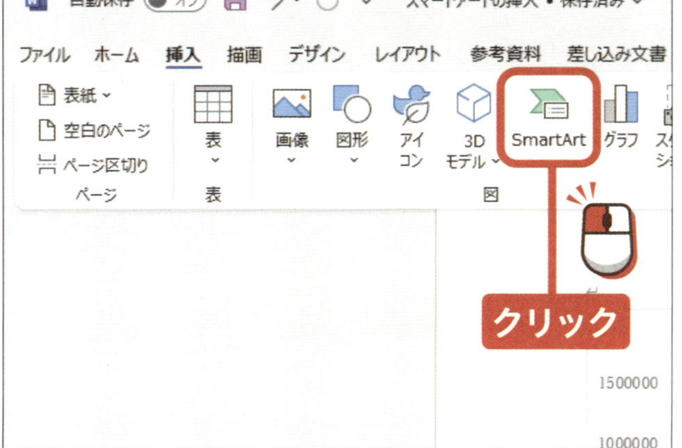

「図」グループのをクリックします。

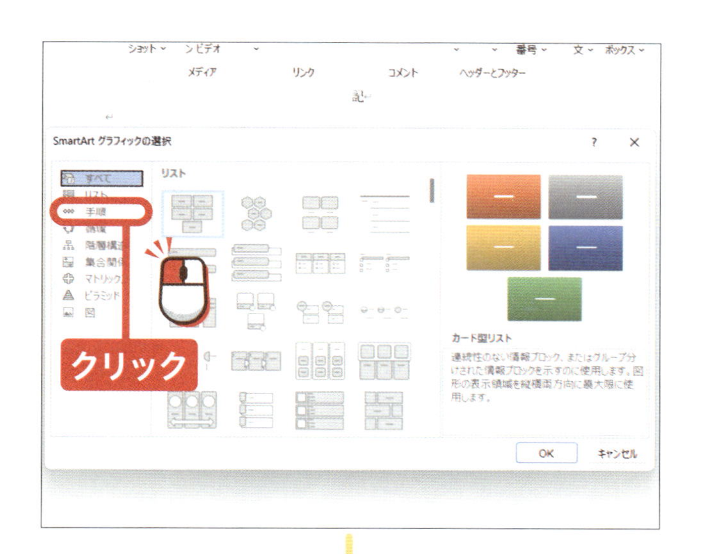

今回は手順のスマートアートを挿入します。

を

クリックします。

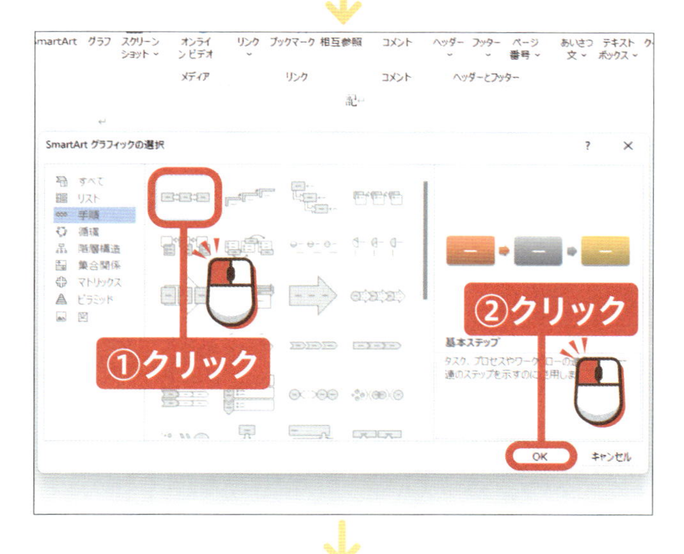

手順の種類を

クリックして選択します。

を

クリックします。

スマートアートが挿入されます。

次のページへ

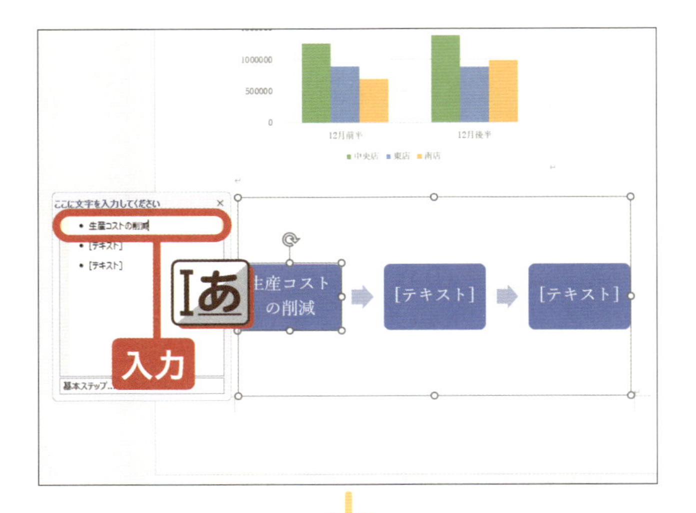

左の入力欄を
クリックして
文字を入力します。

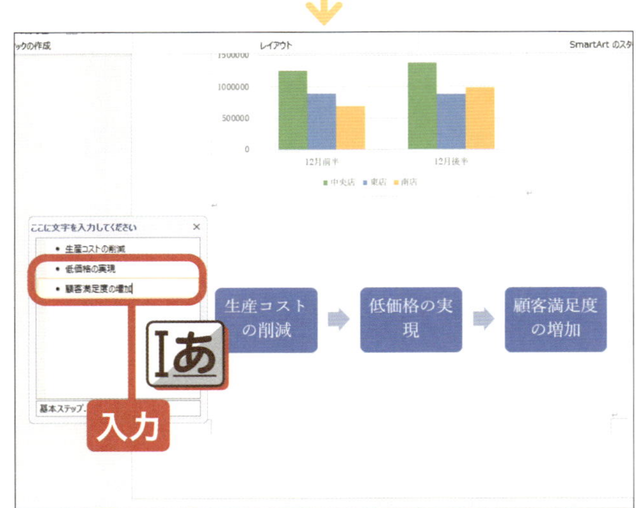

残りの欄も同様に
入力します。

ヒント スマートアートの要素を追加する

文字の入力欄をクリックして選択し、Enterを押すと、その下に要素が追加されます。また、入力欄をクリックして選択し、DeleteまたはBackSpaceを押すと、要素を削除できます。

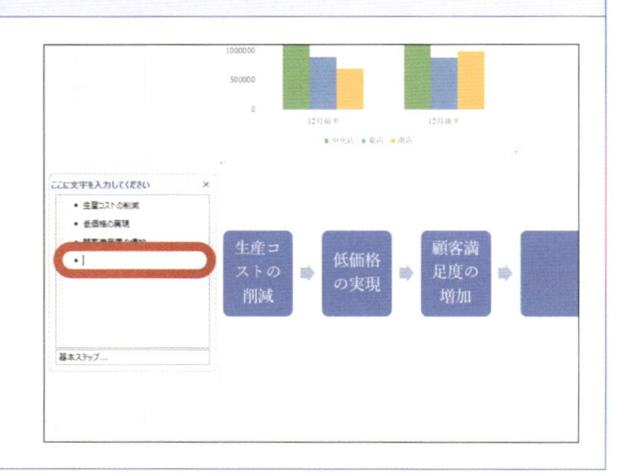

終わり

7章

文書の印刷を行いましょう

レッスンをはじめる前に

作成した文書は印刷できます

ワードで作成した文書は、プリンターを利用して紙に印刷することができます。報告書をはじめ、見積書や納品書のような帳票、会議で配布する資料や議事録など、さまざまな文書を印刷して仕事で利用することができます。

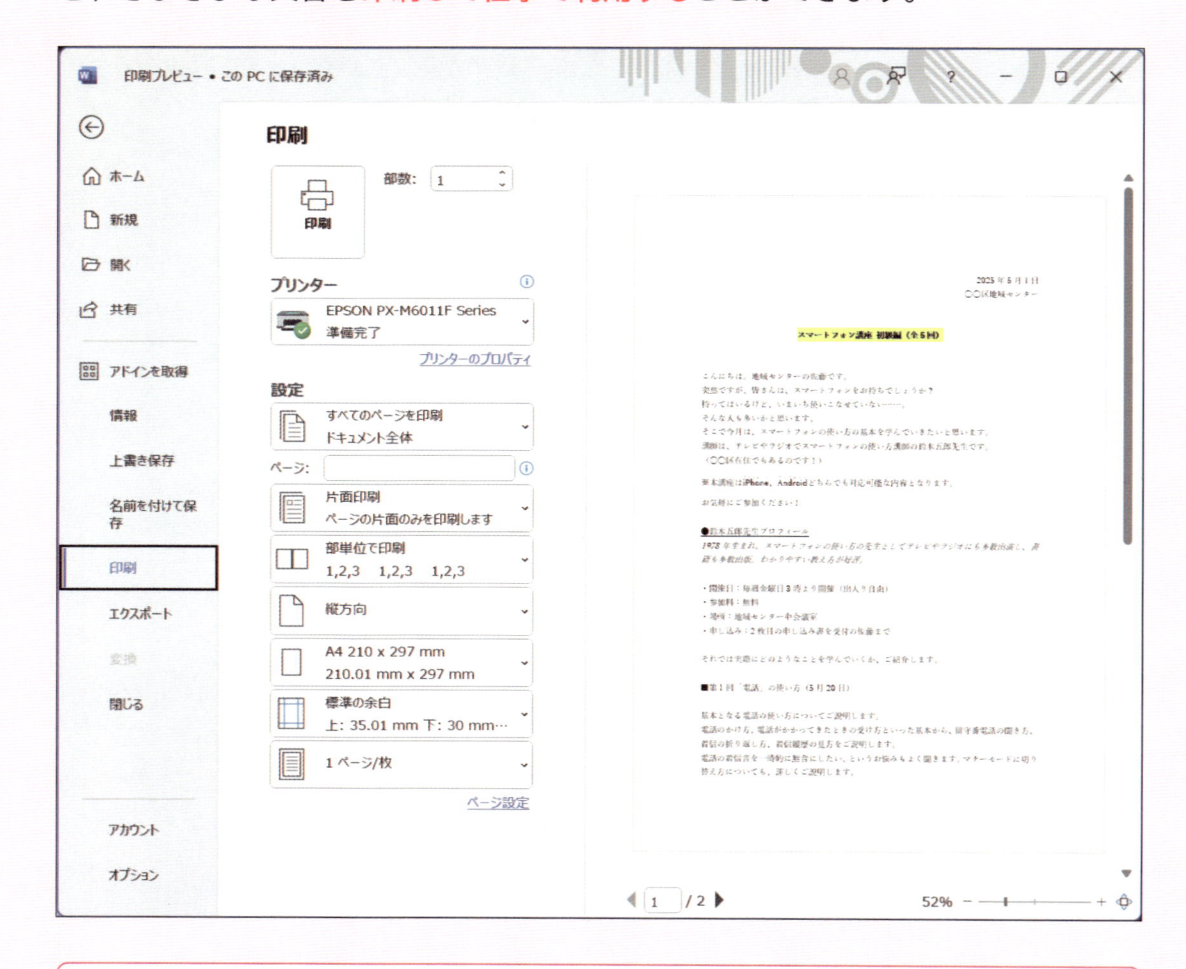

プリンターで紙に印刷することで、内容を共有したい人に配布して、読んでもらうことができます。

印刷設定は変更できます

紙に印刷する際、**印刷するページの範囲や用紙のサイズ、紙に合わせた比率の変更、1枚あたりのページ数など**を設定することができます。印刷したときに見やすいように各種設定を行いましょう。

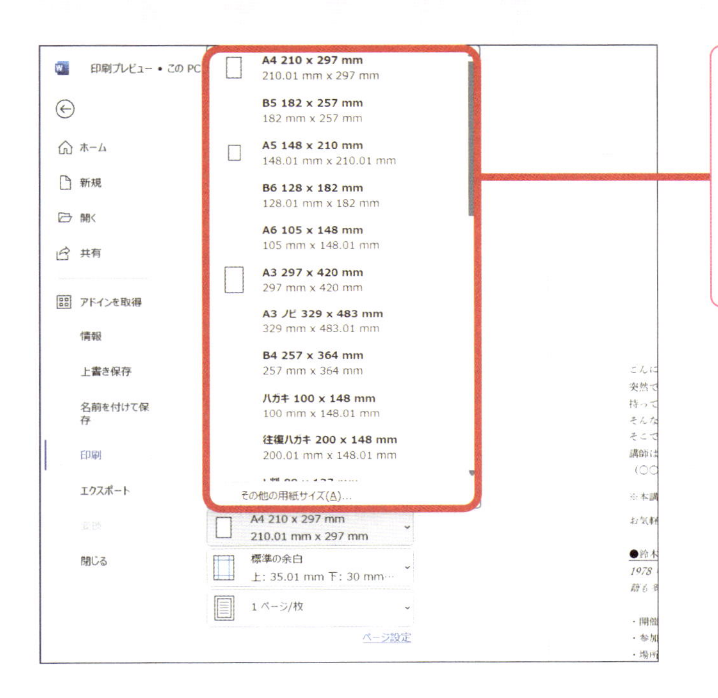

印刷する用紙のサイズを設定できます。作成した文書が実際に印刷する用紙サイズと異なる場合、用紙サイズに合わせて拡大・縮小して印刷することも可能です。

紙1枚あたりに印刷するページ数を設定することができます。たとえば紙1枚に2ページ分を印刷するような設定にすると、30ページのワードファイル文書をすべて印刷しても、15枚の紙で済むようになります。

練習用ファイル ▶ 54_印刷プレビュー.docx

プレビューで文書を確認しましょう

作成したワードファイルの文書をプリンターで紙に印刷しましょう。まずは、どのように印刷されるか、プレビューで確認します。

ここでの操作 ⇒ クリック →P.14 ドラッグ →P.15

1 プレビューを表示する

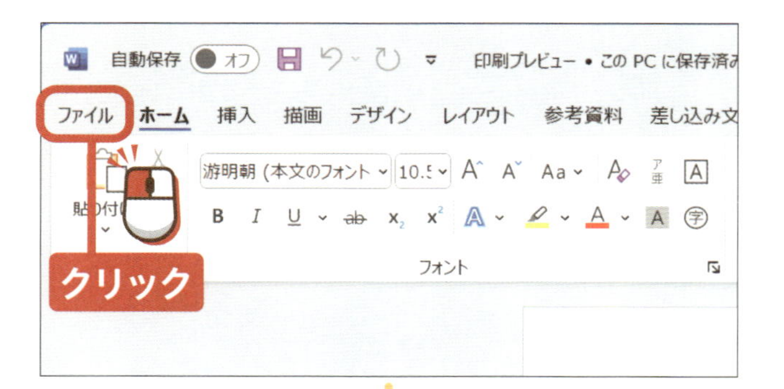

印刷したいワードファイルを開きます。

ファイル を
クリックします。

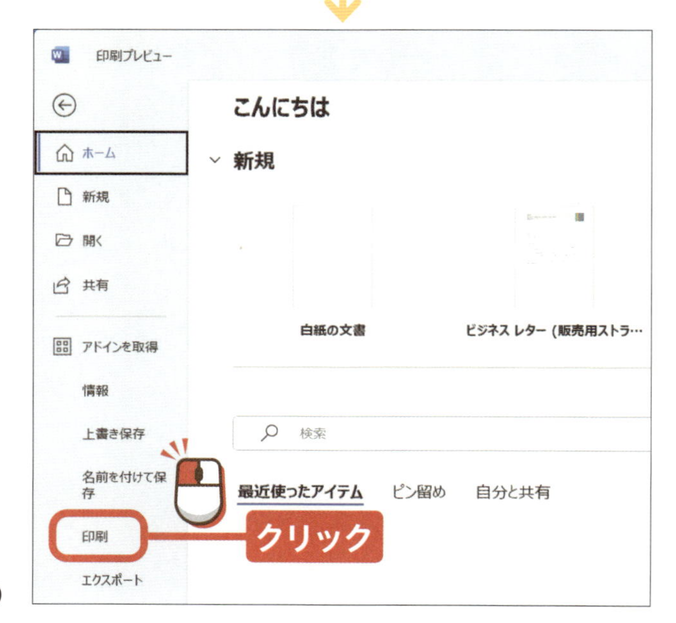

印刷 を
クリックします。

アドバイス

「共有」をクリックするとOneDriveにファイルを保存することができます。

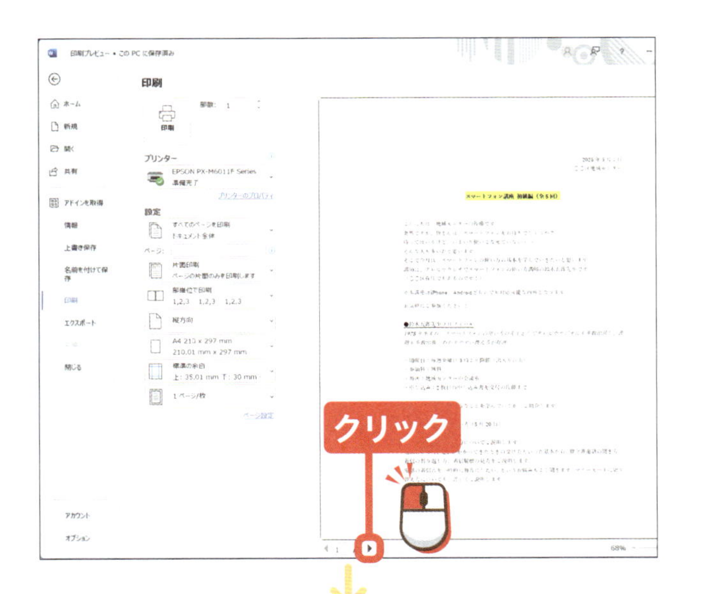

「印刷」画面が表示され、右側にプレビューが表示されます。

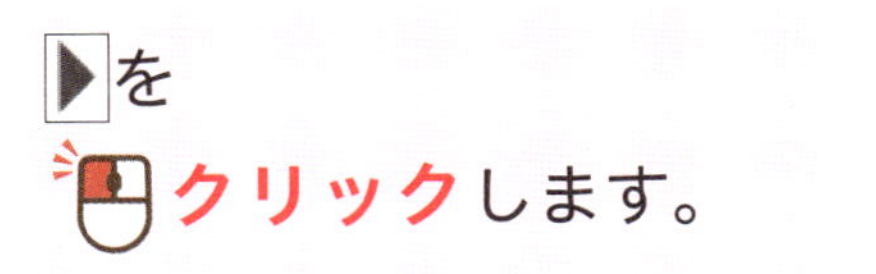

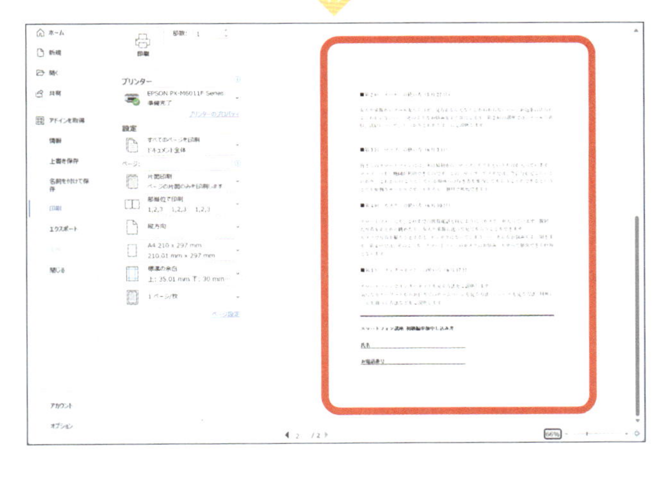

文書の2ページ目がプレビュー表示されます。

ヒント プレビュー表示を拡大・縮小する

プレビュー画面の右下の＋❶をクリックすると表示が拡大し、－❷をクリックすると縮小します。また、真ん中の❸を左右にドラッグすることでも拡大・縮小できます。なお、右にある❹をクリックすると、画面の大きさに合わせて1ページ全体が表示されます。

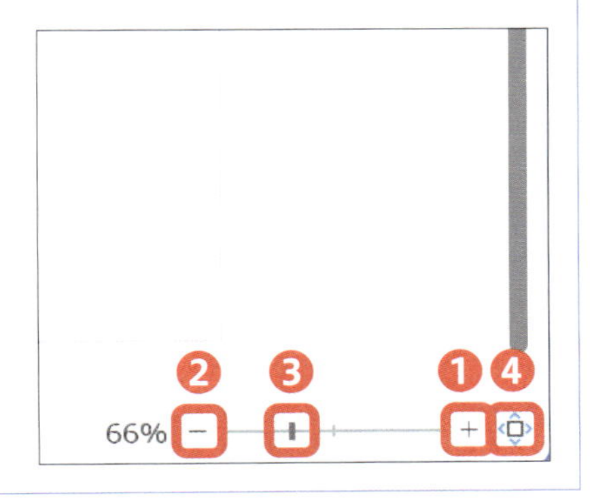

終わり

練習用ファイル ▸ 55_ヘッダーとフッター.docx

ヘッダーやフッターを追加しましょう

印刷した紙にヘッダーやフッターが表示されるように設定しましょう。ヘッダーとフッターには自由に文字を入力することができます。

1 ヘッダーを挿入する

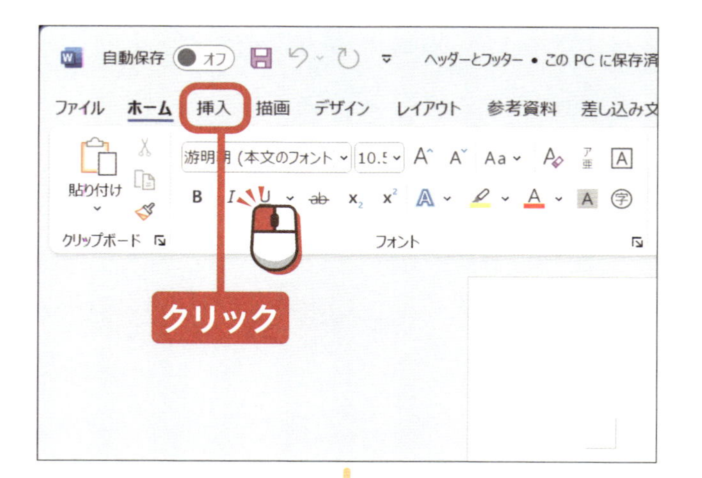

印刷したいワードファイルを開きます。

挿入を

クリックします。

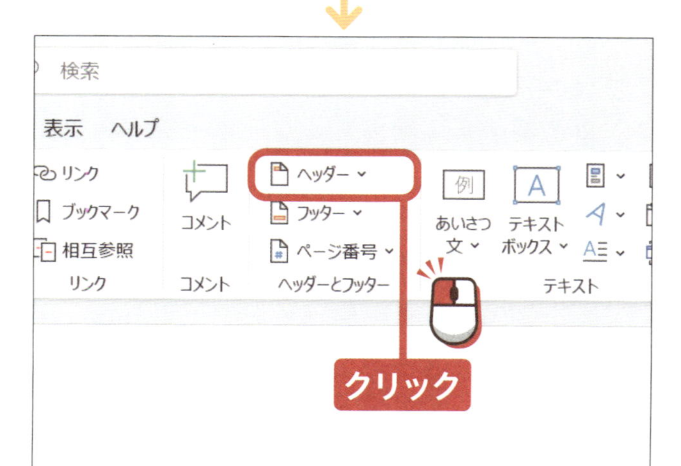

「ヘッダーとフッター」グループの ヘッダー を

クリックします。

アドバイス

ヘッダーはすべてのページの文書に共通して挿入されます。

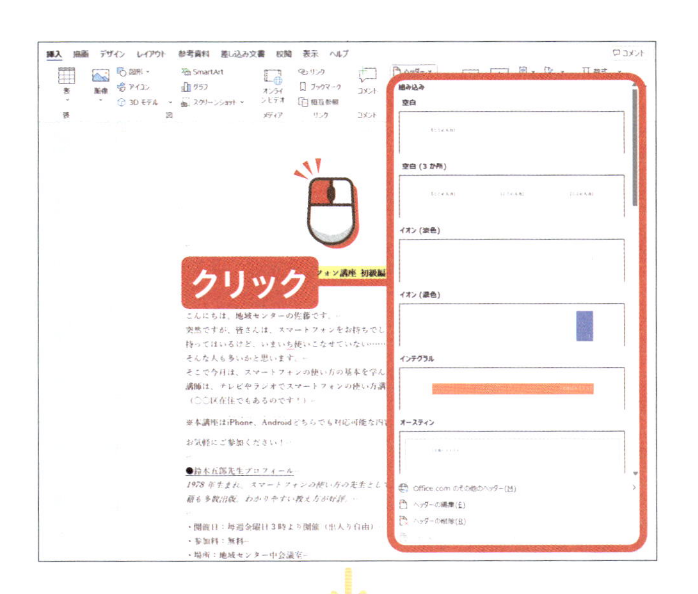

ヘッダーの種類（ここでは 空白 ）を選択して クリックします。

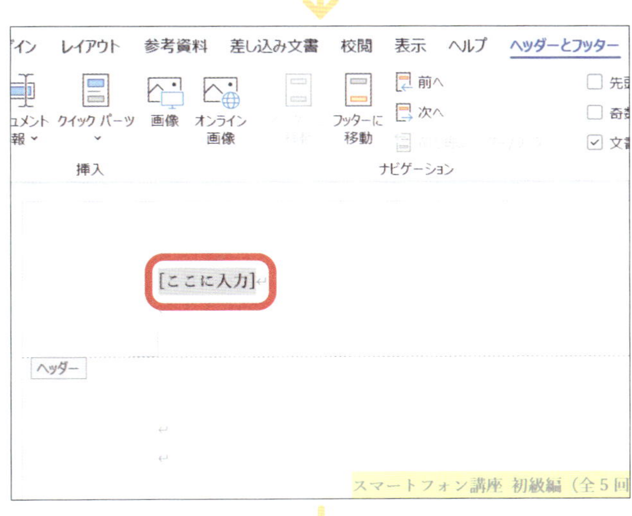

文書にヘッダーが挿入されます。

●アドバイス●

ヘッダーを削除したい場合は、「ヘッダーとフッター」グループの「ヘッダー」から「ヘッダーの削除」をクリックします。

配布資料

入力

ヘッダーに入れる文字を Iあ 入力します。

次のページへ

2 フッターを挿入する

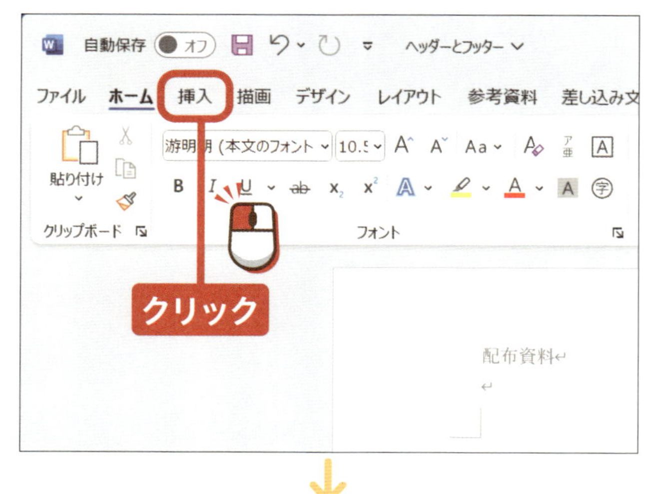

挿入 を クリックします。

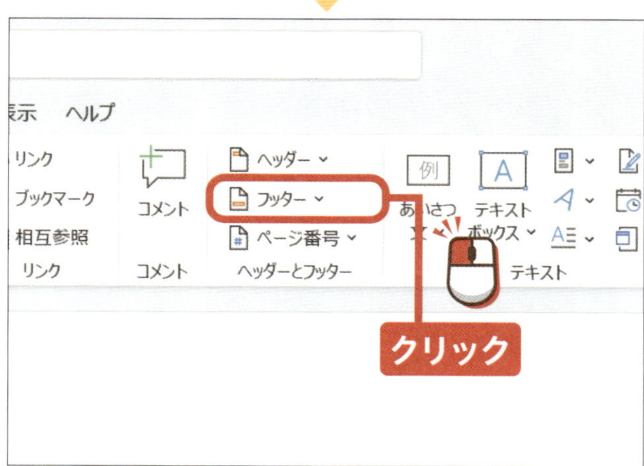

「ヘッダーとフッター」グループの フッター を クリックします。

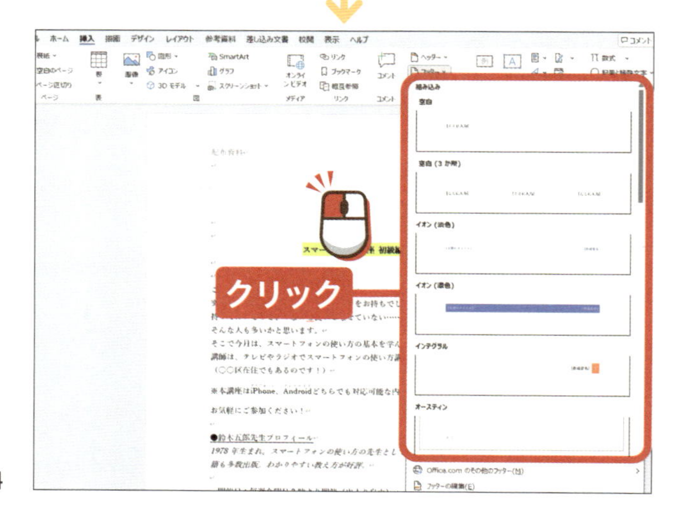

フッターの種類（ここでは 空白）を選択して クリックします。

アドバイス

フッターはすべてのページの文書に共通して挿入されます。

文書にフッターが挿入されます。

●アドバイス●

フッターを削除したい場合は、「ヘッダーとフッター」グループの「フッター」から「フッターの削除」をクリックします。

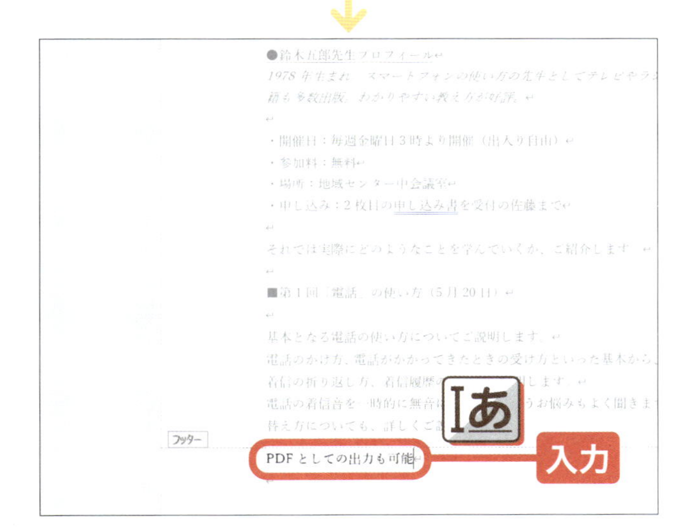

フッターに入れる文字を あ **入力**します。

ヒント ヘッダーとフッターの画面を閉じる

ヘッダーとフッターの入力画面から戻るには、「ヘッダーとフッター」タブの「閉じる」グループの「ヘッダーとフッターを閉じる」をクリックします。なお、ヘッダーとフッターの位置を調整したい場合は、「位置」グループで数値を調整しましょう。

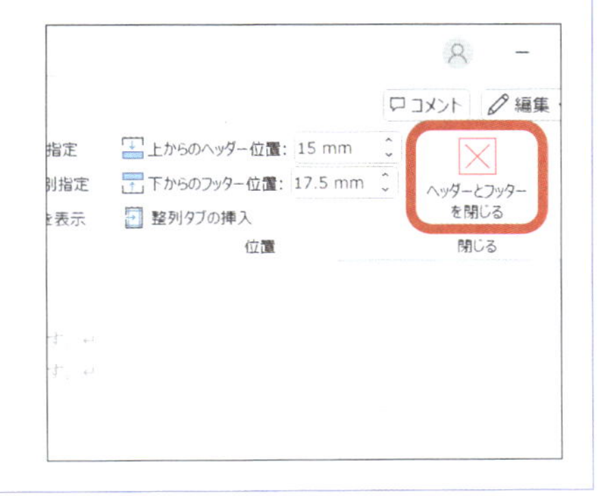

終わり

練習用ファイル ▸ 56_ページ番号.docx

レッスン 56 文書にページ番号を追加しましょう

たくさんのページがある文書には、ページ番号を入れると印刷後に簡単に整理できます。

クリック
→P.14

1 ページ番号を設定する

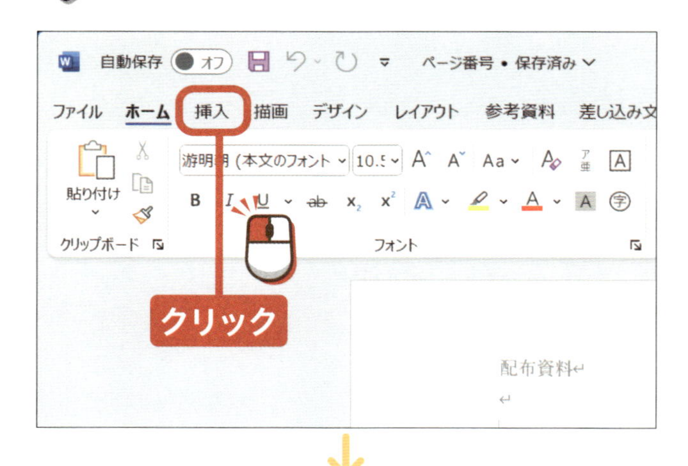

印刷したいワードファイルを開きます。

挿入 を
クリックします。

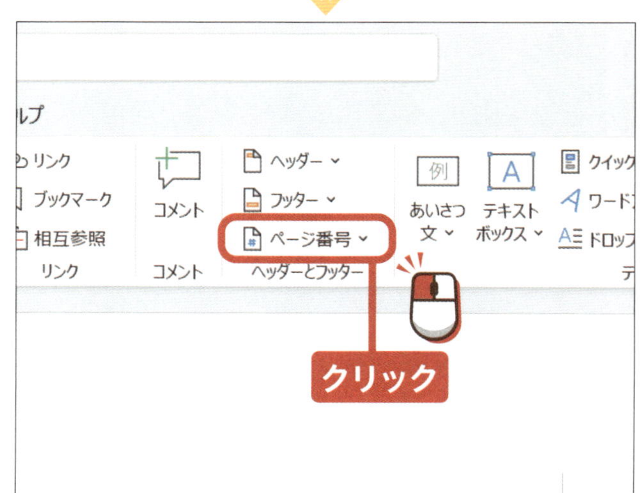

「ヘッダーとフッター」グループの

ページ番号 を
クリックします。

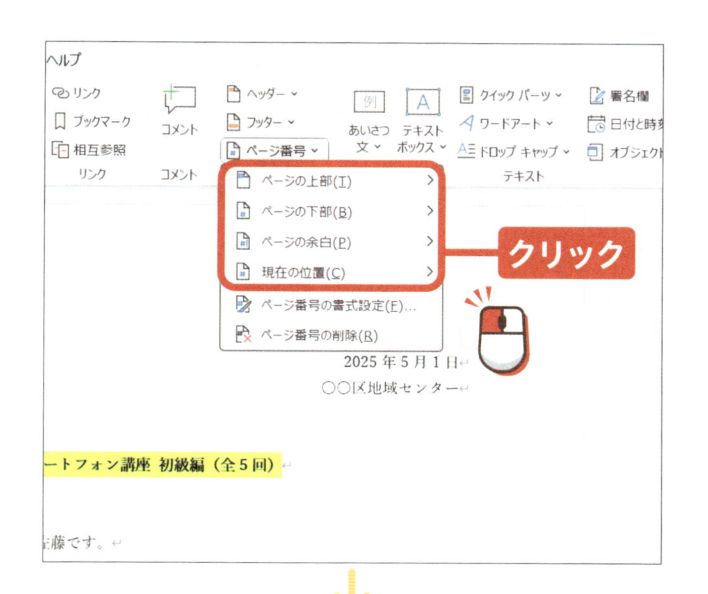

ページ番号を追加する上下の位置（ここでは ページの下部(B)）をクリックします。

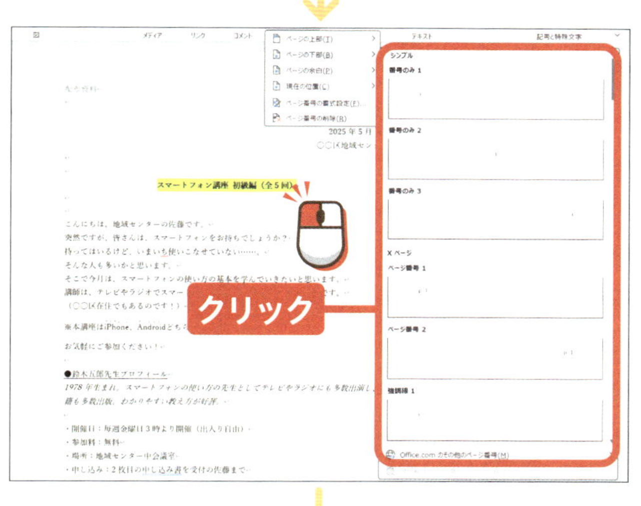

ページ番号を追加する左右の位置（ここでは **番号のみ 3**）をクリックします。

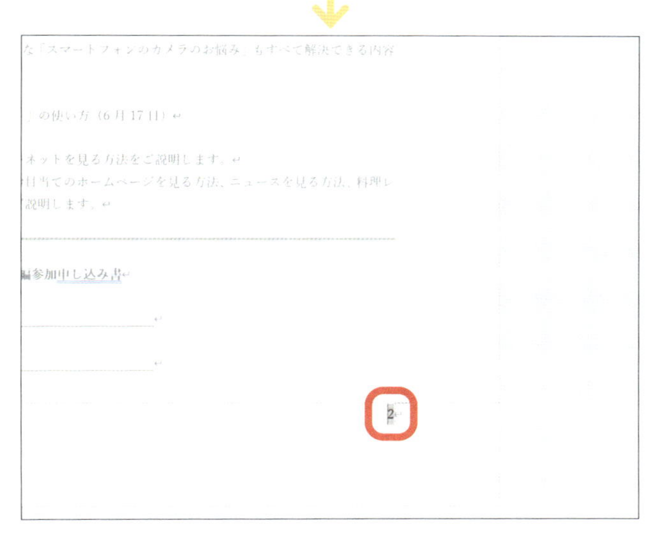

文書にページ番号が追加されます。

アドバイス

ページ番号を削除したい場合は、「ページ番号」から「ページ番号の削除」をクリックします。

終わり

練習用ファイル ▶ 57_印刷範囲の設定.docx

レッスン 57

印刷される範囲を設定しましょう

印刷したい箇所が文書の一部のみの場合、印刷範囲を設定してその部分だけが印刷されるようにしましょう。

クリック →P.14

1 印刷する範囲を変更する

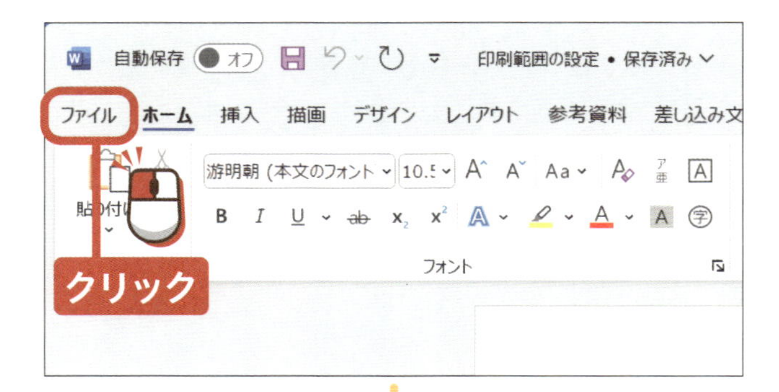

印刷したいワードファイルを開きます。

ファイル を

クリックします。

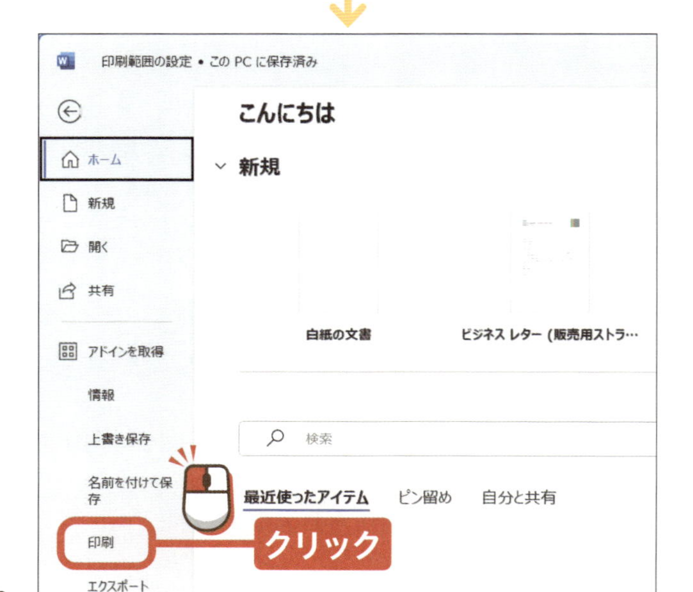

印刷 を

クリックします。

アドバイス

奇数ページのみや偶数ページのみ印刷するなど、特殊な設定もできます。

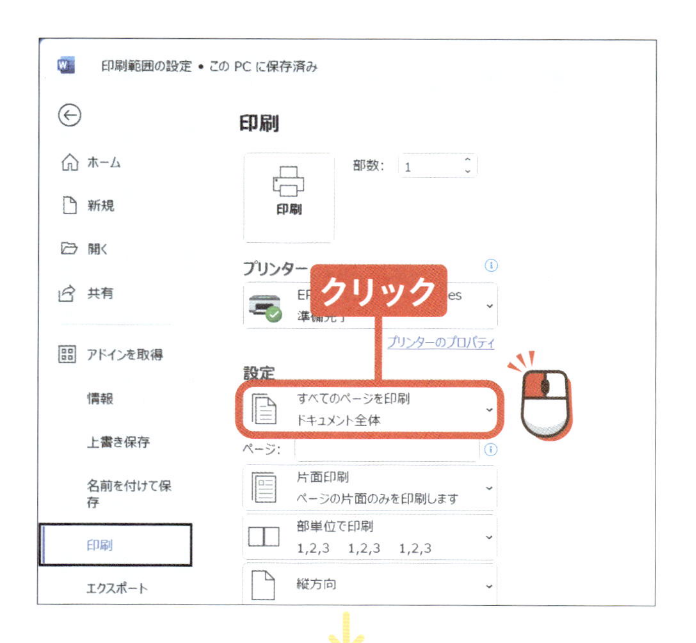

「印刷」画面が表示され、左側に印刷設定メニューが表示されます。

「設定」の

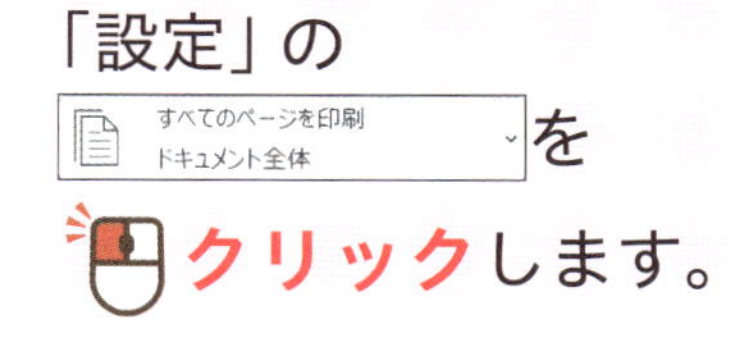

をクリックします。

●アドバイス●

表示されているボタンは、現在の設定状況に応じて変わります。

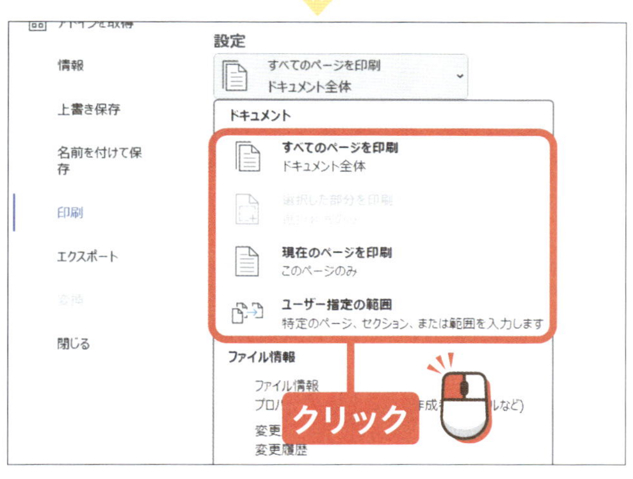

任意の印刷範囲を選択してクリックします。

ヒント 印刷するページを指定する

「印刷」画面の「設定」の下にある「ページ」の入力欄に、印刷したいページ番号を入力すると、入力したページのみを印刷することができます。

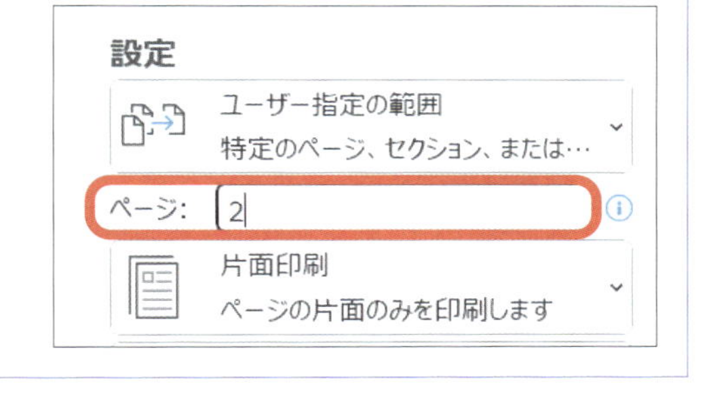

終わり

練習用ファイル ▶ 58_用紙の設定.docx

レッスン58 印刷の用紙を設定しましょう

初期設定では、A4で印刷されるように用紙が設定されています。紙にはさまざまなサイズがあるので、印刷したい用紙に合わせて設定しましょう。

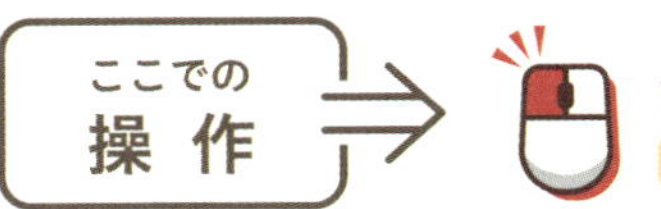

クリック →P.14

1 印刷の用紙を変更する

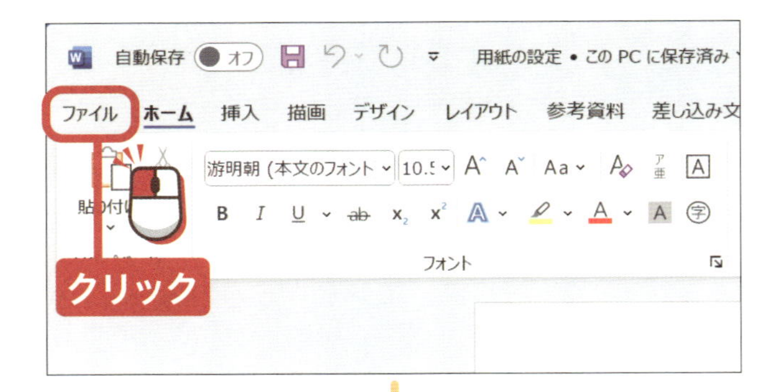

印刷したいワードファイルを開きます。

ファイル を
クリックします。

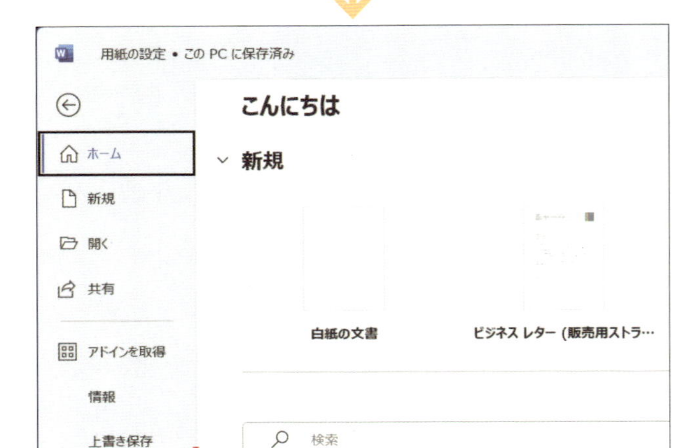

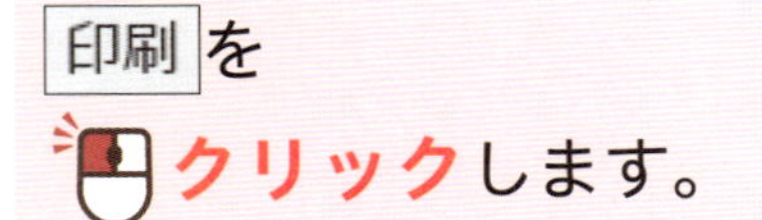
印刷 を
クリックします。

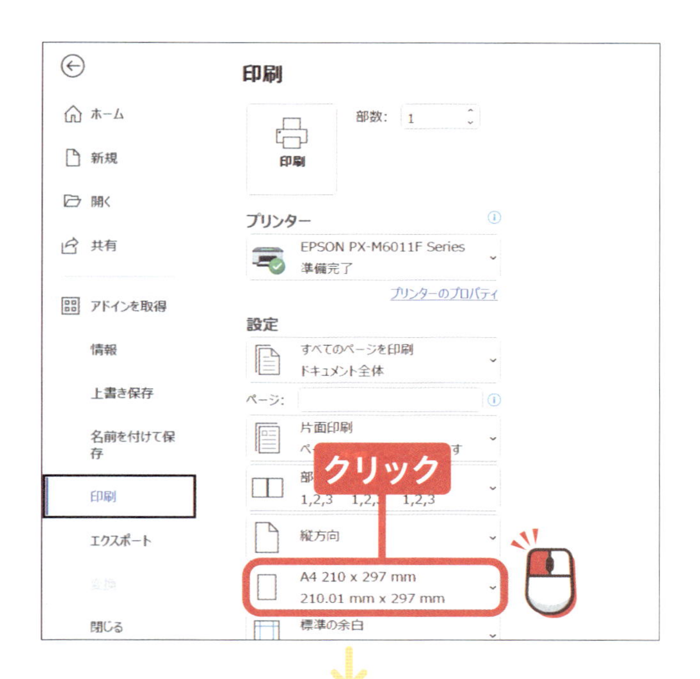

「印刷」画面が表示され、左側に印刷設定メニューが表示されます。

「設定」の

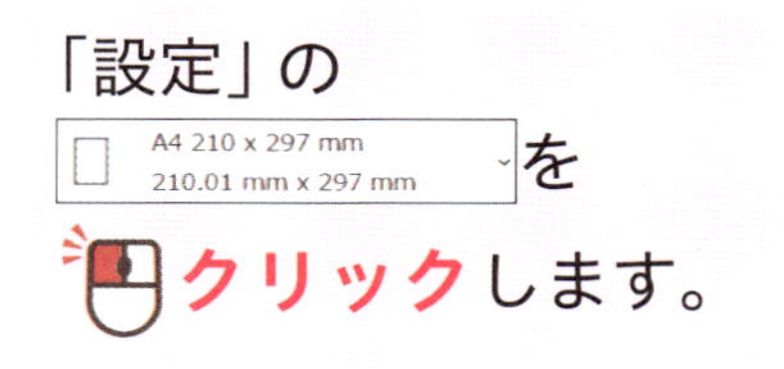

を**クリック**します。

●アドバイス●

表示されているボタンは、現在の設定状況に応じて変わります。

ここでは「A3」の用紙を選択します。

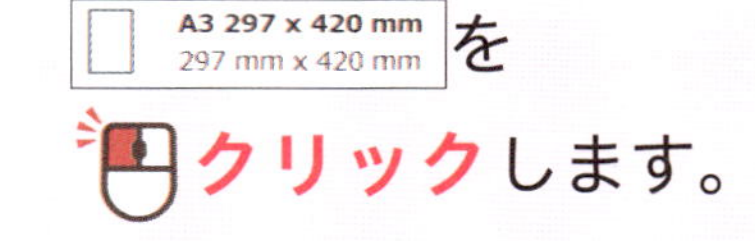

を**クリック**します。

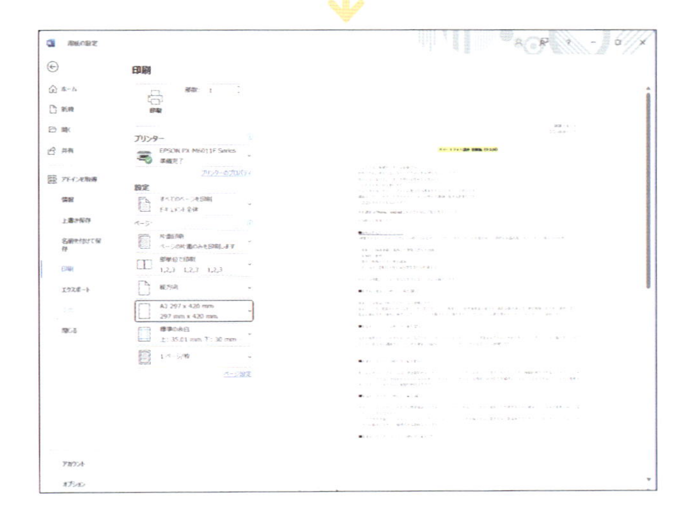

用紙の設定が変更され、プレビュー表示が設定した用紙サイズのものに変更されます。

●アドバイス●

「縦方向」をクリックすると、用紙の向きの設定を変更することができます。

次のページへ

2 1枚の用紙に複数ページを印刷する

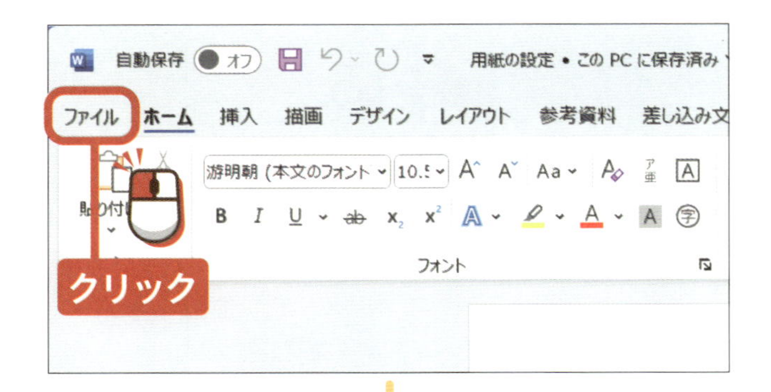

1枚に2ページを印刷する設定を行います。

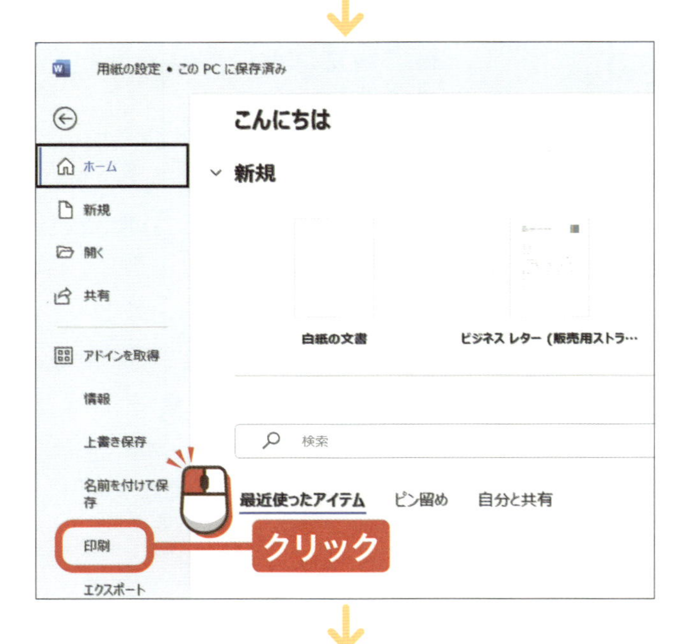

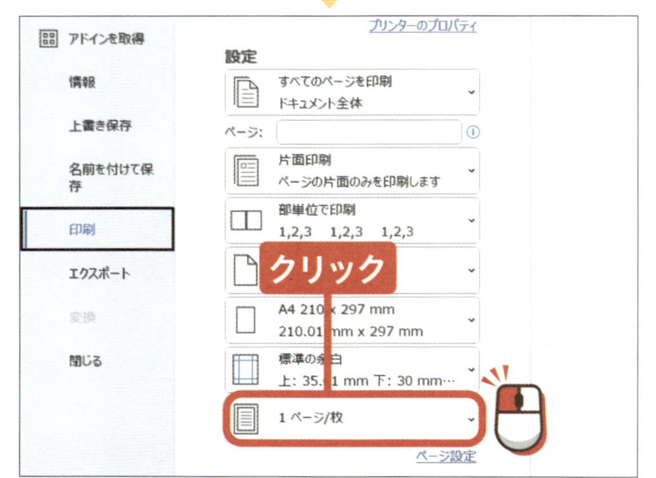

「印刷」画面が表示され、左側に印刷設定メニューが表示されます。

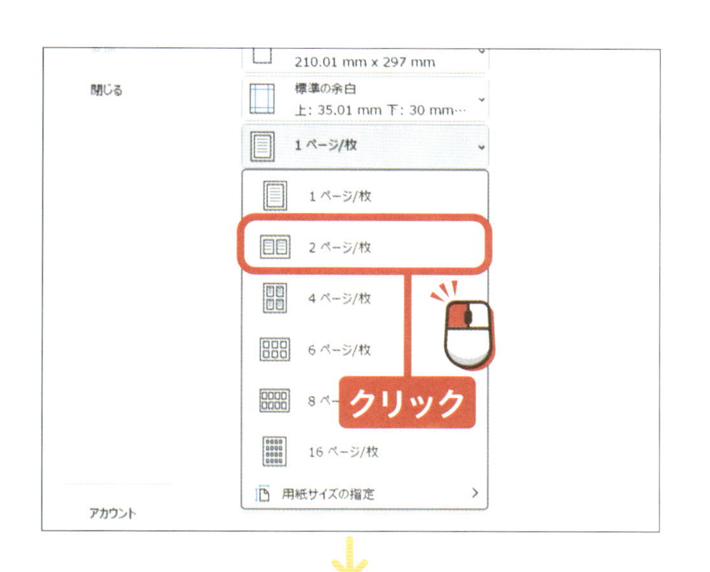

1枚あたりに印刷したいページ数（ここでは 2 ページ/枚 ）を クリックします。

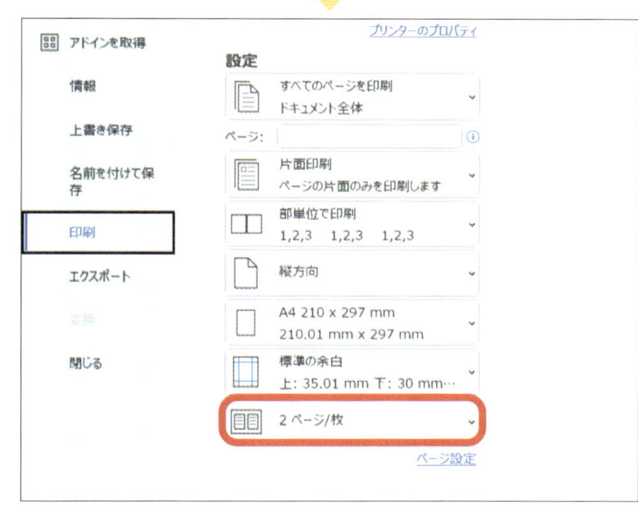

印刷の設定が変更されます。

アドバイス

「片面印刷」をクリックすると、両面印刷を設定することができます。

ヒント 用紙に合わせて拡大・縮小印刷する

設定した用紙サイズと実際に印刷する用紙サイズが異なる場合は、上の画面で1枚あたりのページ数を「1ページ」に設定し、メニューの下にある「用紙サイズの指定」をクリックして、実際の用紙サイズを選択します。

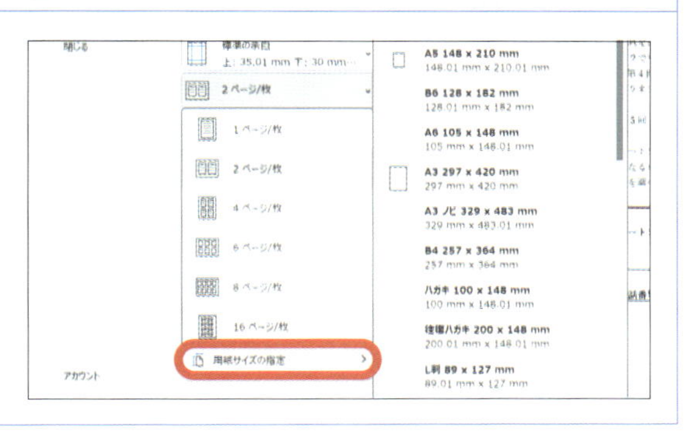

終わり

練習用ファイル ▸ 59_印刷する枚数の設定.docx

印刷する枚数を設定しましょう

印刷時に枚数を指定して印刷すれば、同じ文書を何回も印刷作業する必要はなく、一気に印刷できます。

ここでの操作

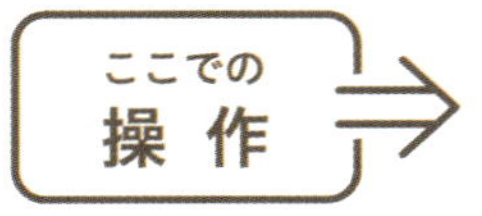

1 印刷する枚数を設定する

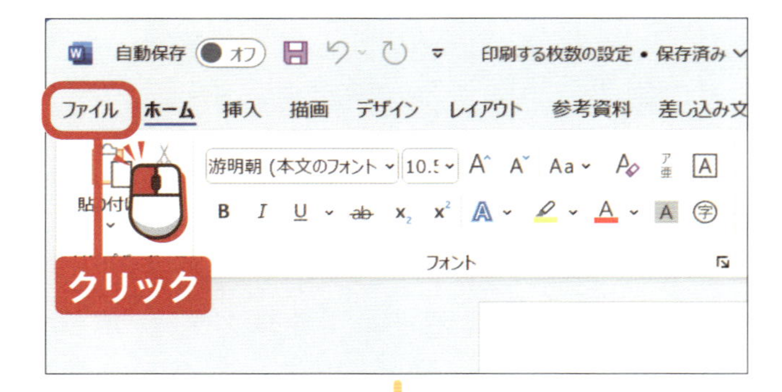

印刷したいワードファイルを開きます。

ファイル を クリックします。

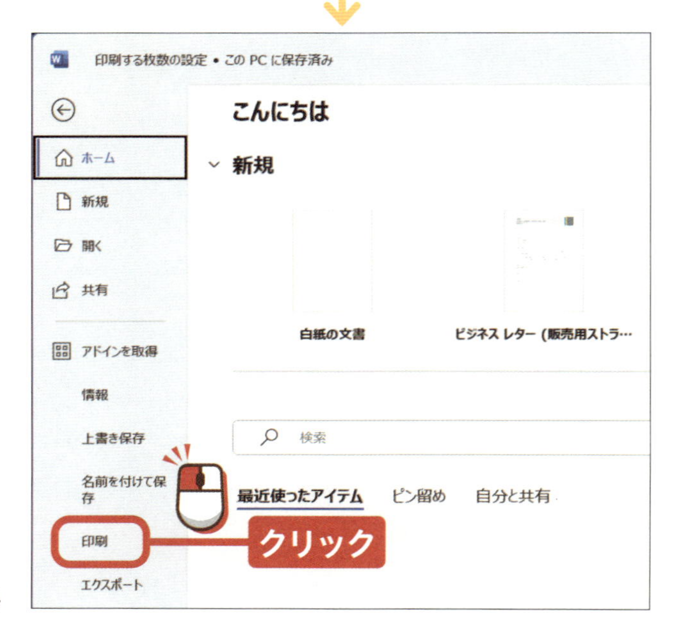

印刷 を クリックします。

「部数」の欄を

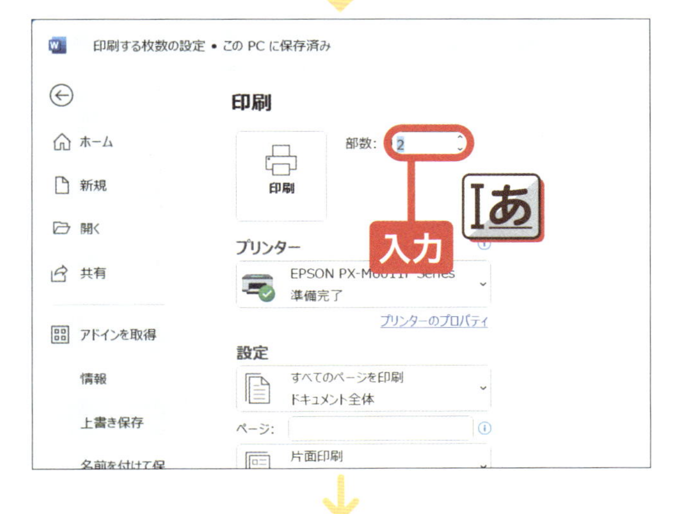

印刷する枚数を

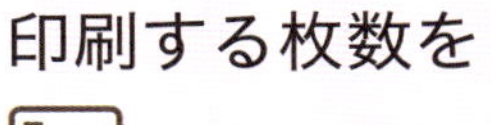

●アドバイス●

^ と v をクリックすることでも、枚数を指定できます。

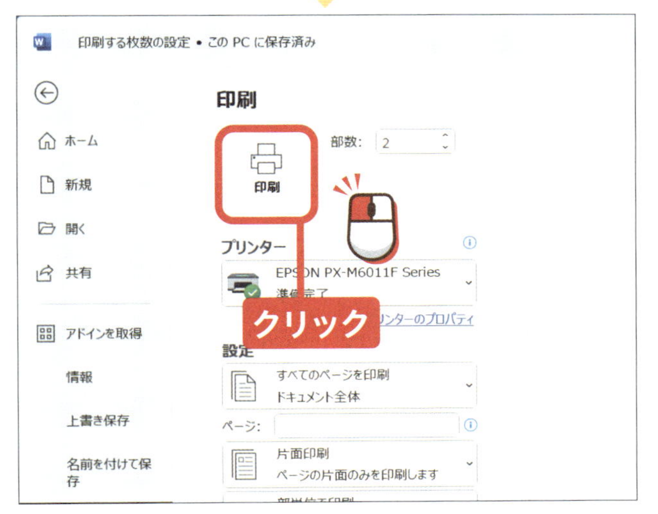

印刷を

クリックすると、
指定した枚数で
印刷されます。

●アドバイス●

印刷については、P.216を参照してください。

終わり

練習用ファイル ▸ 60_文書の印刷.docx

レッスン 60

完成した文書を印刷しましょう

印刷の設定が完了したら実際に印刷しましょう。印刷する際は、プリンターの設定も忘れずに行いましょう。

クリック

→P.14

1 文書を印刷する

ファイルをクリックします。

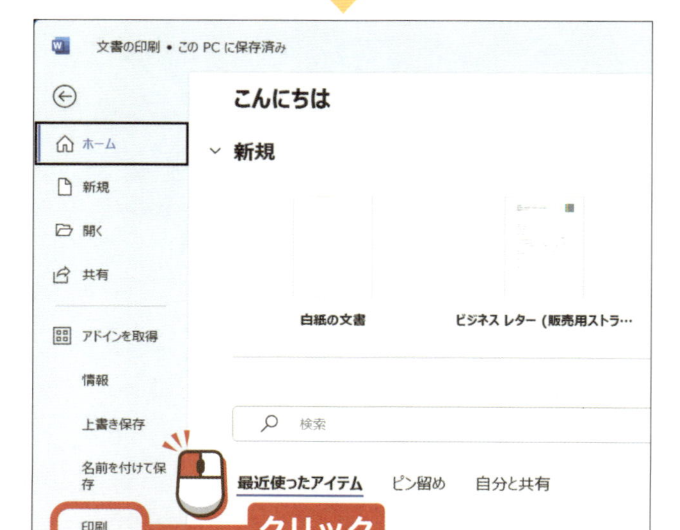

印刷をクリックします。

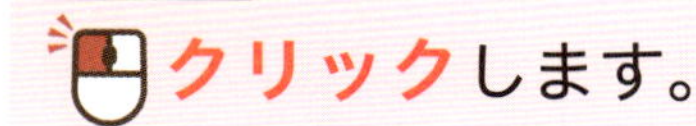

アドバイス

キーボードのCtrl＋Pを押すことでも、「印刷」画面を表示することができます。

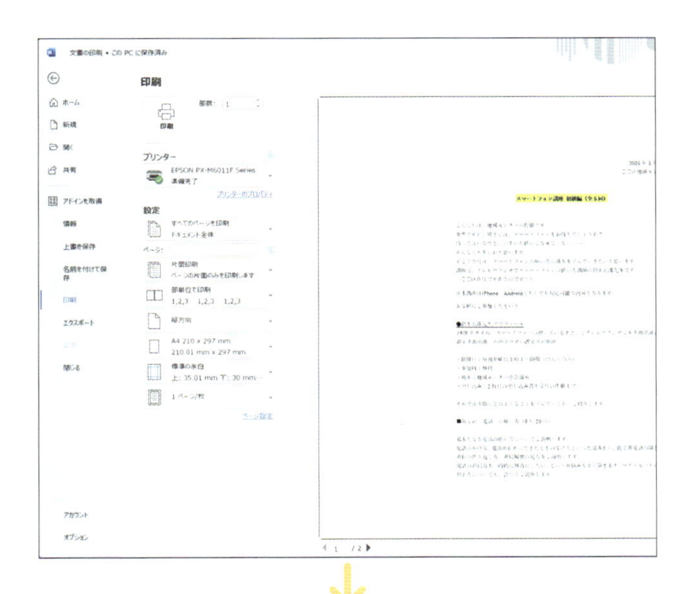

「印刷」画面が表示されます。

左側の印刷設定を行います。

右側のプレビュー表示を確認します。

を

クリックします。

プリンターが起動して印刷が開始されます。

ヒント プリンターの設定

「印刷」をクリックする前に、下にある「プリンター」を確認しましょう。ここに表示されているプリンターで実際に印刷されます。プリンターを変更したい場合はプリンター名をクリックして、印刷を行いたいプリンターを指定しましょう。

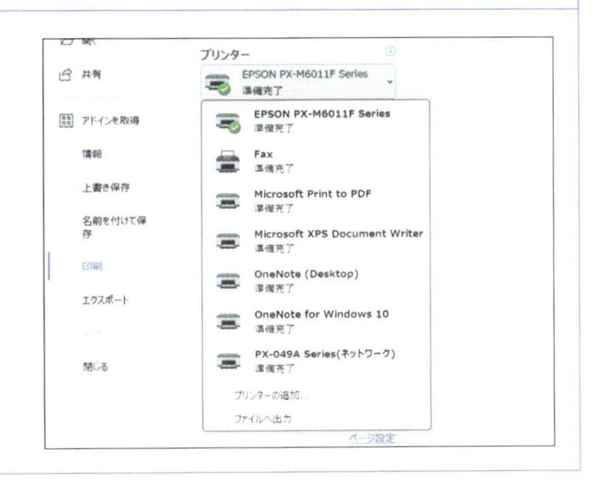

終わり

練習用ファイル ▸ 61_PDF出力.docx

レッスン 61

完成した文書をPDFに出力しましょう

紙に印刷する以外にも、PDFファイルとして出力することができます。PDFファイルなら、メールに添付して送信することもできます。

ここでの操作

クリック
→P.14

入力
→P.16

1 PDFに出力する

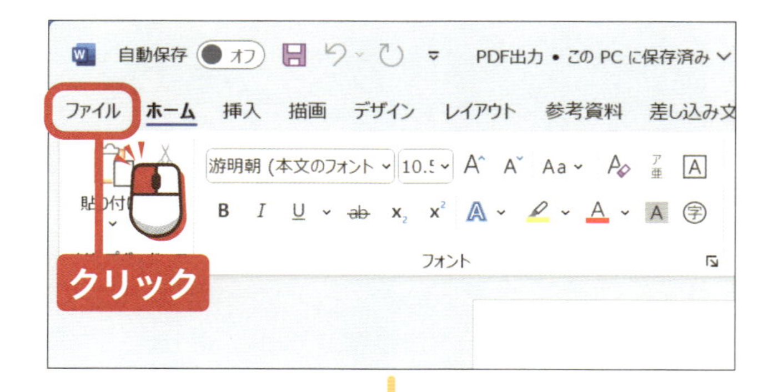

ファイルを クリックします。

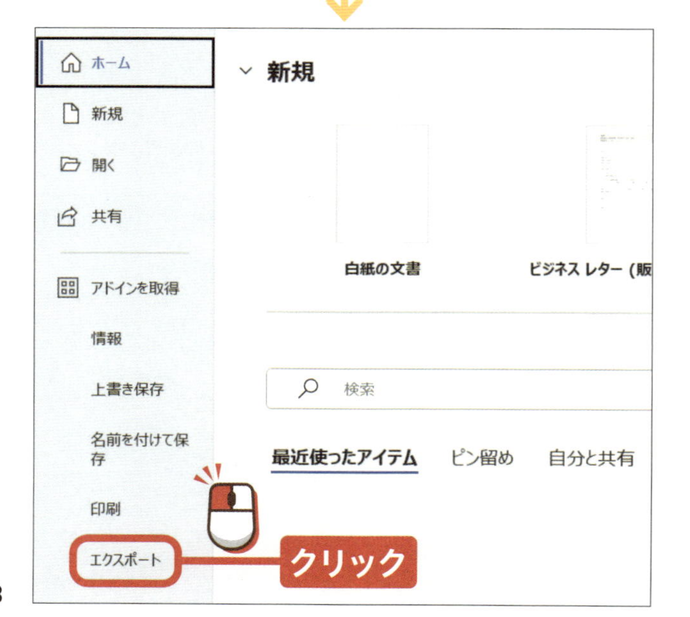

エクスポートを クリックします。

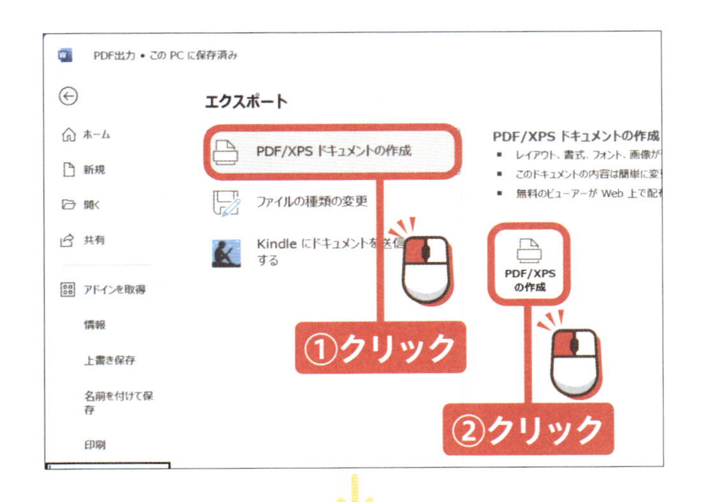

を

クリックします。

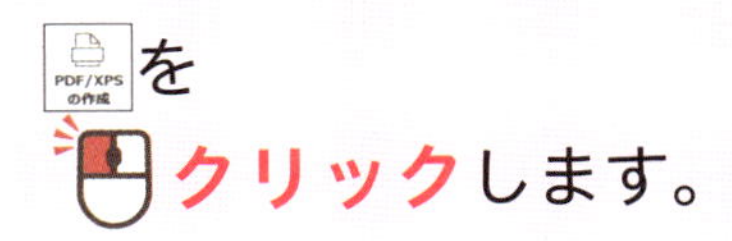

を

クリックします。

ここでは「ドキュメント」フォルダーに保存します。

保存先のフォルダーを

クリックして

指定します。

ファイル名を あ 入力します。

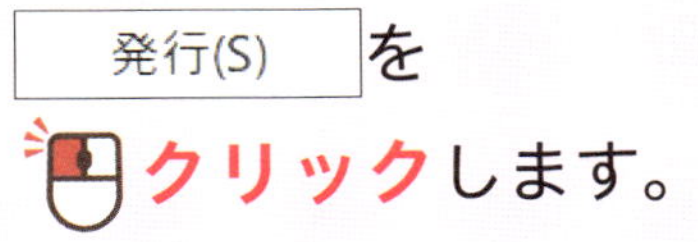

を

クリックします。

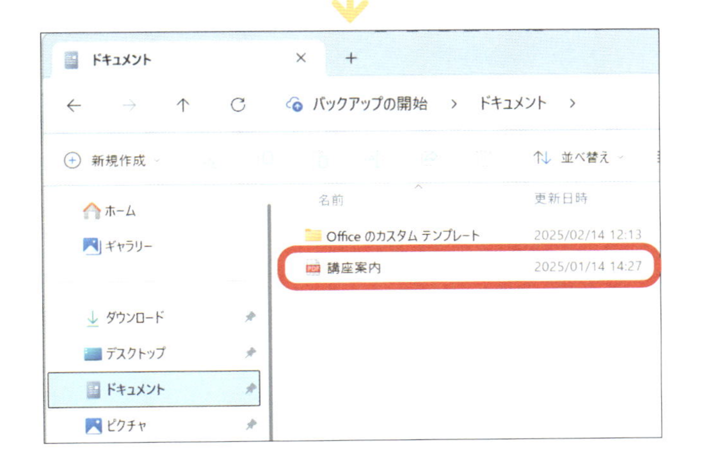

PDFファイルが保存されます。

アドバイス

発行が完了すると、自動的にPDFソフトが起動してファイルが開く場合があります。

終わり

ワードで使える ショートカットキー

Ctrl + O	「開く」画面を表示する
Ctrl + N	新しい文書（ファイル）を作成する
Ctrl + S	ファイルを上書きで保存する
F12	「名前を付けて保存」ダイアログボックスを表示する
Ctrl + Z	直前の操作を元に戻す
Ctrl + Y	元に戻した操作をやり直す
Ctrl + A	文書全体を選択する
Ctrl + C	選択した内容をコピーする
Ctrl + V	コピーした内容を貼り付ける

Ctrl + X	選択した内容を切り取る
Ctrl + P	「印刷」画面を表示する
Home	カーソル位置を今ある行の行頭に移動する
End	カーソル位置を今ある行の行末に移動する
Page Up	1画面上にスクロールする
Page Down	1画面下にスクロールする
Ctrl + Home	文書の先頭に移動する
Ctrl + End	文書の末尾に移動する
Ctrl + Page Up	前ページの先頭に移動する
Ctrl + Page Down	次ページの先頭に移動する
⇧Shift + F5	前の編集箇所に移動する

索引

英字

あ行

か行

さ行

た行

な行

は行

ま行

や行

ら行／わ行

本書の注意事項

・本書に掲載されている情報は、2025年2月現在のものです。本書の発行後にワードの機能や操作方法、画面が変更された場合は、本書の手順どおりに操作できなくなる可能性があります。
・本書に掲載されている画面や手順は一例であり、すべての環境で同様に動作することを保証するものではありません。利用環境によって、紙面とは異なる画面、異なる手順となる場合があります。
・読者固有の環境についてのお問い合わせ、本書の発行後に変更された項目についてのお問い合わせにはお答えできない場合があります。あらかじめご了承ください。
・本書に掲載されている手順以外についてのご質問は受け付けておりません。
・本書の内容に関するお問い合わせに際して、お電話によるお問い合わせはご遠慮ください。

著者紹介

大石 賢治（おおいし・けんじ）

神奈川県出身。大学卒業後、技術系出版社の勤務を経て、フリーのITライターとして独立。現在はパソコンスクールのインストラクターをしながらWeb、書籍を問わずパソコンやガジェットに関する記事の執筆を中心に活動中。

・本書へのご意見・ご感想をお寄せください。

URL：https://isbn2.sbcr.jp/31048/

いちばんやさしいワード超入門
Office 2024 ／ Microsoft 365対応

2025年　3月15日　初版第1刷発行

著者……………………………大石 賢治
発行者…………………………出井 貴完
発行所…………………………SBクリエイティブ株式会社
〒105-0001 東京都港区虎ノ門2-2-1
https://www.sbcr.jp/
印刷・製本……………………株式会社シナノ
カバーデザイン………………西垂水 敦・岸 恵里香（krran）
カバーイラスト………………香桜里

落丁本、乱丁本は小社営業部にてお取り替えいたします。

Printed in Japan ISBN 978-4-8156-3104-8